從科技、動植物、人體、天文氣象到公共建設

寫給大人的自然科學讀本

生活科學大百科

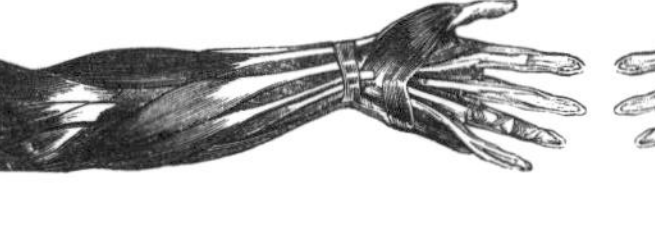

涌井[illegible]、涌井貞美——著

楓葉社

前言

我們日常周遭所看見、所接觸的事物，其實都各自具備了「驚奇的原理」。但是，我們對此卻渾然不知，或者說是在幾乎不曾發現的茫然無知狀態下，持續日復一日地過著每一天。

比方說，我們都不會特別注意萬里無雲的晴朗藍天，然而這抹「藍」卻是其來有自，而且是直到近幾年，科學家才終於察覺了它的「原理」。

再另外舉一個例子，當昆蟲在葉子上緩緩蠕動時，我們也會覺得這是再普通不過的現象而不以為意，根本不會懷疑「明明蟲子會吃葉子，為什麼卻從來不把葉子吃光光呢？」即使如此，這場葉子與昆蟲的壯烈戰爭依舊每天上演。當然，其中的「原理」，也是直到二十一世紀以後才終於釐清。

除此之外，日式料理餐廳的菜單，經常能見到「松」、「竹」、「梅」或是「特上」、「上」、「並」的等級差別，平常也不會令人感到疑惑。但是，這種三段式分類卻隱藏著足以撩撥人類心理的絕妙「原理」。研究人的這種幽微心理機制的論文，還是直到最近才榮獲了諾貝爾經濟學獎。

我們所處的這個現代，簡而言之，正逢「科學好有趣」的時代。就像剛才提及，這是因為我們生活周遭事物內藏的「原理」，終於逐漸真相大白所致。

愈是近在眼前的事物，就愈難理解的時代已經終結。本書從高科技、動植物、社會各個層面、人體，再到電氣工程相關，搭配圖解簡單說明我們身邊隨處可見的「驚奇原理」。在現在這個「科學好有趣」的時代，如果各位能夠透過本書，窺見身邊精妙的科學理論與相關知識，就是身為著者最意外的驚喜了。

涌井 良幸、涌井 貞美

生活科學大百科　目錄

PART1 「高科技」的驚奇原理

PART2 「動植物」的驚奇原理

PART3 「社會全貌」的驚奇原理

PART4 「人體」的驚奇原理

PART5 「生活周遭」的驚奇原理

PART6「氣象」的驚奇原理

PART7 「電氣相關」的驚奇原理

內文版型　小林哲也
內文設計　島田利之（sheets-design）
內文影像　Shutterstock

»Part 1«

「高科技」的驚奇原理

生物辨識技術

只要輕輕一掃描，就能完全解密個人身分！

智慧型手機（後面簡稱手機）的解鎖功能、銀行ATM的身分驗證、活動的防盜措施等等，我們的生活周遭充斥了非常多的**生物辨識技術（biometrics）**。

過去最常見的傳統驗證方法是密碼，但總是用同一套密碼，會造成安全上的疑慮，而且一旦密碼外洩，任何人都可以「盜用身分[*1]」。因此，目前才會推廣從本人的特徵確實進行驗證的生物辨識技術。

不過，並不是所有特徵都適用。主要條件為**所有人都具備的特徵**、

＊1 卡式的「資格執照」和「健保卡」也有遺失的疑慮。

各式各樣的生物辨識技術

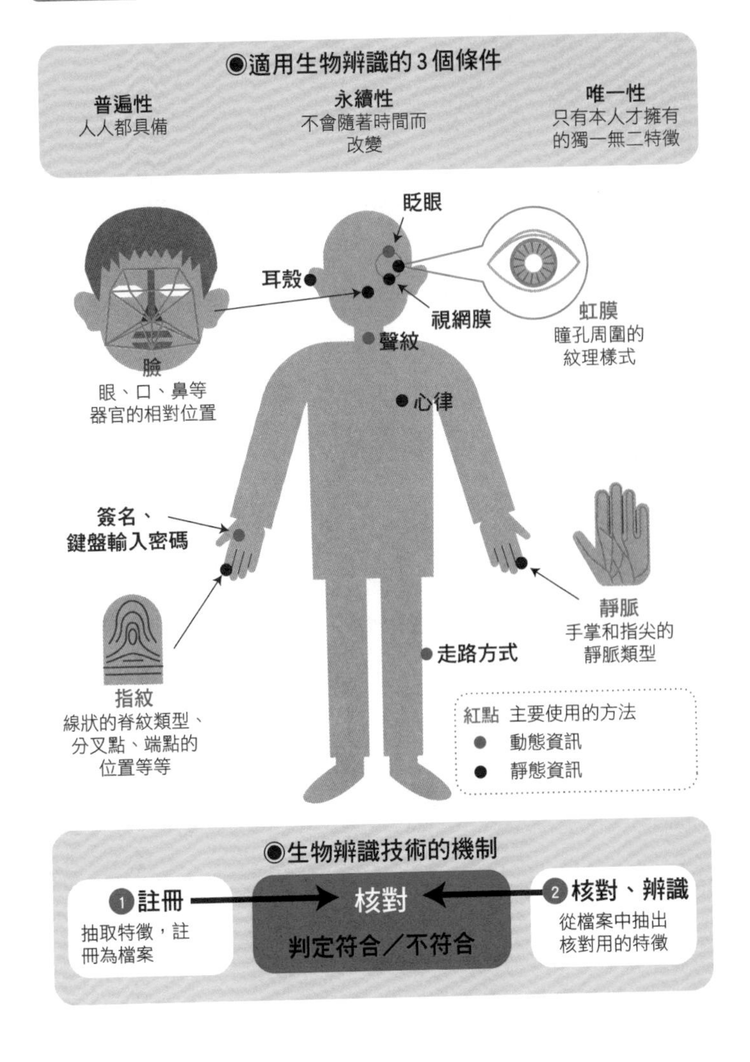

◉生物辨識技術的機制

沒有第二人擁有相同特徵，以及**特徵不會隨時間改變**這三項。

手機一般採用的是指紋辨識、虹膜辨識[*2]、臉部辨識，銀行等機構則會使用手掌或手指的靜脈辨識[*3]。

近年來特別受到矚目的，就是**臉部辨識**。臉部辨識包含從影像中尋找人臉的「**人臉檢測**」，檢測出瞳孔中心、鼻子凸起、嘴角等特徵的「**特徵檢測**」，比對註冊在系統裡的臉部來判斷是否符合身分的「**人臉核對**」，以這三個步驟依序進行。

傳統的臉部辨識會受到光線的照射、臉部方向等因素的影響，不易正確核對；如果是影片，那難度就更高了。不過近年的技術已經進步到實用化的驗證方式，監視器可直接連結網路，能立即辨識動態的拍攝對象臉部。該技術已應用於機場等公共設施、大型店鋪賣場、活動會場等等，應用的場所今後也會繼續拓展下去。

＊2 運用眼睛虹膜（圓盤狀的構造）的辨識方法。

＊3 手指靜脈辨識法是由日立製作所（HITACHI）研發，手掌靜脈辨識法則是由富士通（Fujitsu）研發。

靜脈辨識的種類

手指的靜脈辨識

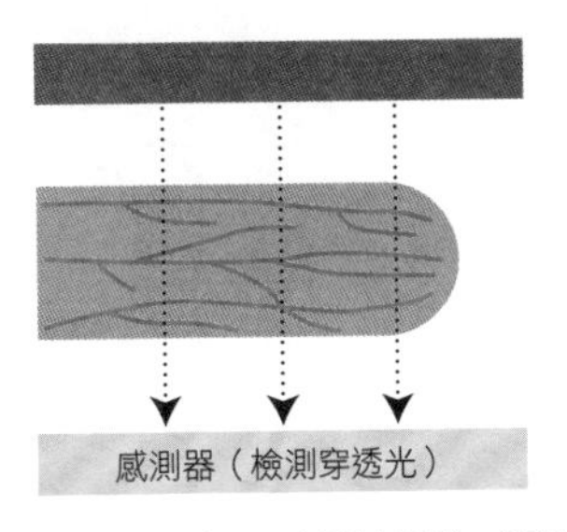

手指按在裝置上，可以穩定攝影，裝置也容易小型化。

手掌的靜脈辨識

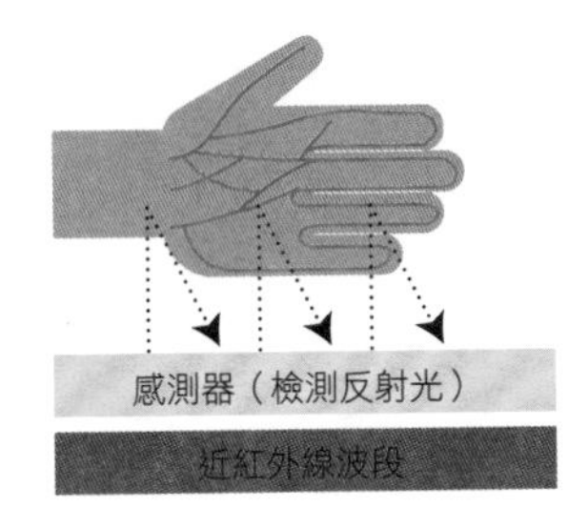

檢測面積較大，可以取得更多資訊，即使在低溫環境也能穩定攝影。

臉部辨識的流程

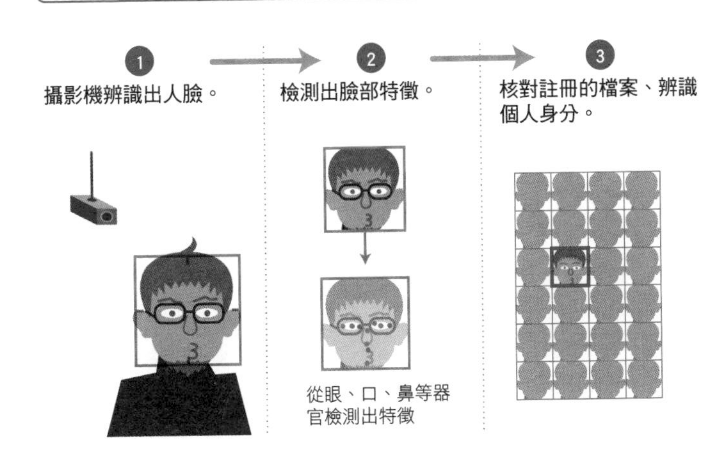

GPS

只需四顆人造衛星，就能以極小誤差鎖定位置！

GPS（全球定位系統）是用GPS接收器，接收飛行高度在兩萬公里左右、總數約三十二架的人造衛星（**定位衛星**）傳送的無線電波（訊號），藉此來鎖定位置[*1]。

那麼具體而言，它究竟是怎麼鎖定位置的呢？衛星傳送的無線電波包含了正確的時間數據，所以可以看出衛星傳送的時刻，與接收器接收到無線電波的時刻之間的時間差距。無線電波的傳送速度和光速相同，秒速大約是30萬公里，所以從衛星到接收器的距離是用「**接收**

*1 美國研發的GPS，當初是以軍事用途為優先，刻意調低民用系統的精準度。不過從2000年開始已經停止這種作法，定位精準度的誤差已經從大約100公尺，縮減至約10公尺。

GPS 的廣泛用途

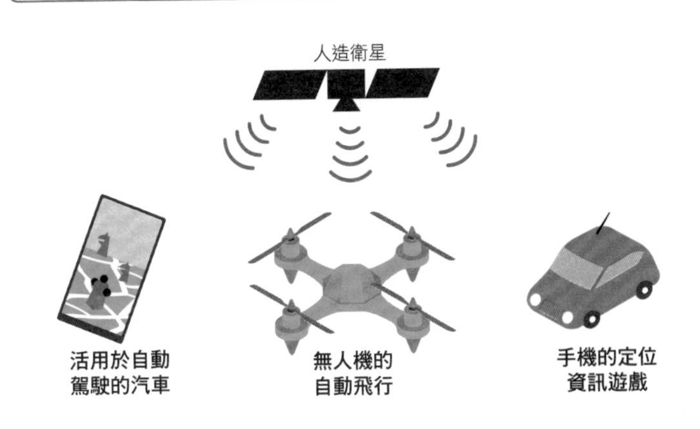

4 顆衛星，正確掌握現在位置

接收器接收 4 顆衛星發射的無線電波，測量接收器和人造衛星之間的距離，再依測得的距離數據來計算位置和時刻。

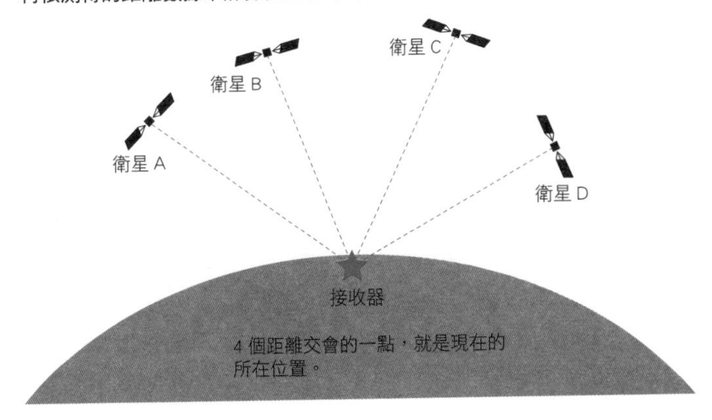

到無線電波所花的時間×無線電波的速度」這個公式來計算。

不過，要鎖定位置，不能只靠單一衛星傳送的無線電波，而是要組合四架衛星[*2]的距離、修正誤差以後，才能推算出正確的位置。

如果GPS因為受到障礙物影響而無法傳送訊號，定位的精準度就會下降[*3]。為了避免這種情況，最好能讓衛星來到接收器的正上方，日本則是發射一種叫作「引路（MICHIBIKI）」的**準天頂衛星**來因應這種情況。引路衛星的特徵是從日本到澳洲附近、以8字型的軌道（準天頂軌道）來回運行，這樣才能讓它長時間滯留在日本上空。

而且，一架衛星只會在日本上空滯留八小時左右，為了保持日本上空在一年三百六十五天、二十四小時都有衛星常駐的狀態，現今已經發射了四架衛星，補足GPS的覆蓋率。因此日本的定位技術精準度非常高，誤差僅僅只有**幾公分**。

---

*2
理論上，只要3顆衛星就可以推算出接收器的位置，但實際上接收器內建的計時器會有細微的誤差，所以才需要第4顆衛星來修正誤差。

*3
GPS的無線電波，會在接觸高山和大樓時反射成多條傳播路徑，造成多重路徑傳輸，或是因為電離層（高空100~1000公里處帶電的大氣層部分）造成電波延遲，而產生誤差。

以8字軌道運行的準天頂衛星定位系統

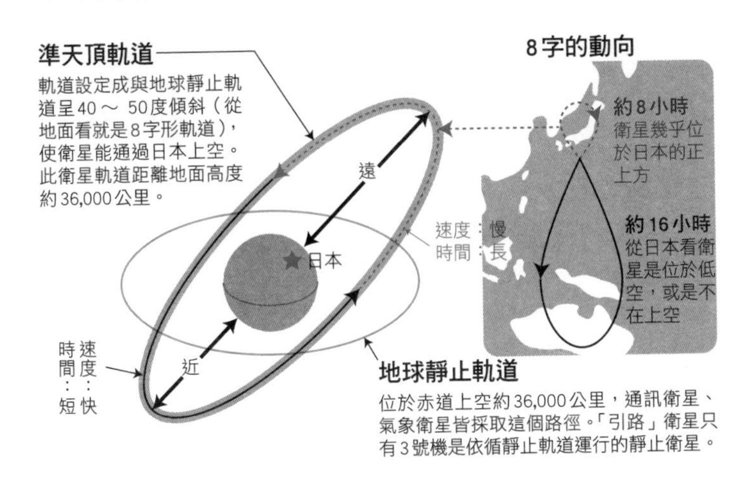

「引路」的誤差改善

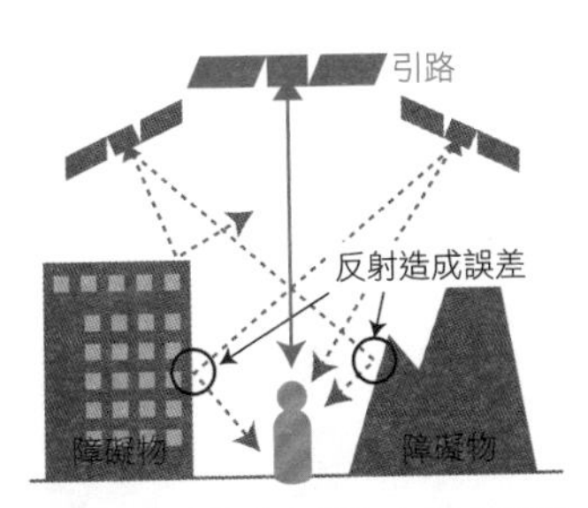

衛星的無線電波會因為山和大樓而產生反射，延遲抵達接收器的時間，造成誤差，但「引路」會從不易反射的正上方傳送電波至日本，可有效改善誤差。

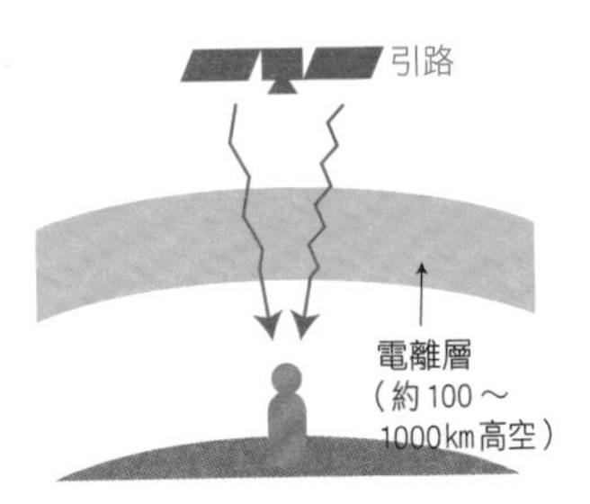

衛星的無線電波會因為電離層（帶電的大氣層）而延遲，產生誤差，不過「引路」1號機透過傳送多頻率電波，即可改善誤差問題。

行為定向廣告

網頁跳出的廣告，都「剛剛好」符合你的喜好？

不知道大家有沒有這種經驗，在網路上逛各種網站時，不知道為什麼，網頁上出現的竟是減肥輔助品、或其他自己感興趣的廣告。這就是「**行為定向廣告**」[*1]的機制，會分析使用者和內容資訊，發布使用者可能適用的廣告。

網站上用來辨識使用者身分的資料稱作「**Cookie**」，它會透過瀏覽器，在連結網站的使用者電腦、手機等終端裝置裡生成檔案，並且暫時儲存。此時建立的資料夾裡，會分配許多辨別使用者的「**唯一識別**

＊1 又稱作「追蹤式廣告」。

依照使用者喜好或興趣，投放廣告！

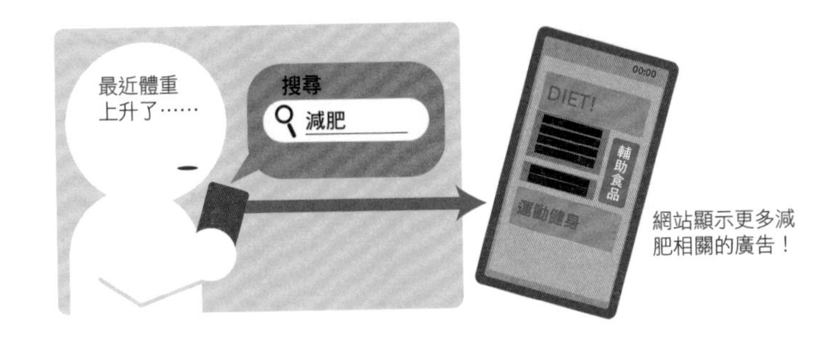

行為定向廣告的機制

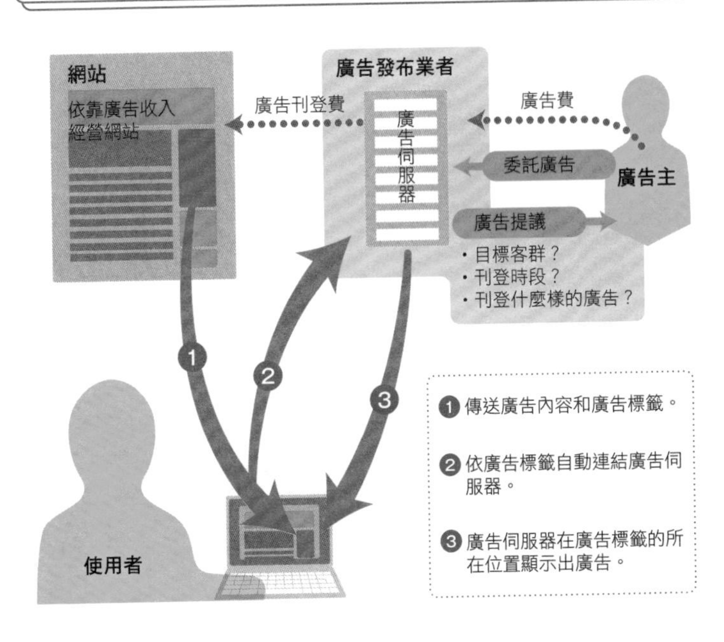

碼」，並在其中記錄使用者的**登入資訊和瀏覽紀錄**[*2]。假設使用者在會員制的網站上登入過一次後，第二次開始就不需要再次輸入帳號與密碼。我們之所以能夠直接登入網站，還有購物網站上之所以會推薦你與上次瀏覽過的商品相關的產品，主要都是因為該網站參照了裝置裡儲存的Cookie資料。

還有一種Cookie叫作**第三方Cookie**。一般而言，它是發布網站內旗幟廣告[*3]的伺服器Cookie。這種Cookie並非來自使用者正在瀏覽的網站營運者，而是從發布旗幟廣告的業者伺服器，傳送到使用者終端裝置的資料。

本文開頭提到的廣告，很有可能就是旗幟廣告業者在使用者以前瀏覽過的減肥相關網站上刊登廣告，於是才會從自家伺服器傳送Cookie給使用者[*4]。

---

*2
一般來說，Cookie並不是用來取得姓名、地址等個人資料的技術，只要依循原本目的來使用，對使用者而言其實是非常方便的功能。

*3
搜尋引擎和網頁上提供的「框架」裡顯示的圖片或影片廣告，又稱作「展示型廣告」。

*4
Cookie可透過瀏覽器的設定，禁止存取。

第三方Cookie的概念

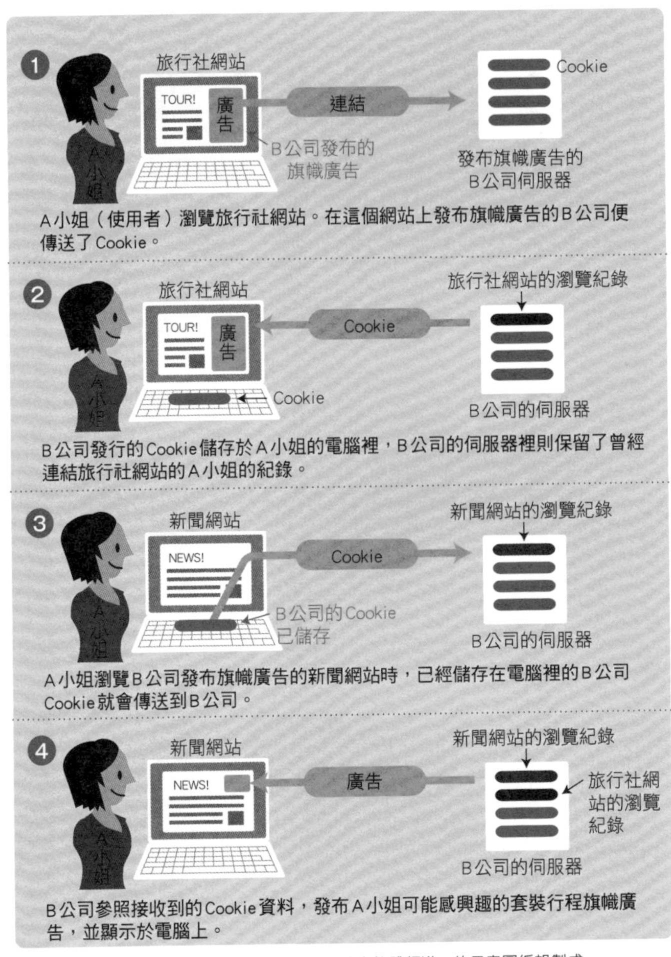

出處：本圖參考趨勢科技資訊網站「PC-cillin防毒軟體頻道」的示意圖編輯製成

地震即時警報

智慧型手機的情報整合，早一步接收「地震」警報

發生地震時，來自震央的搖晃會形成波動向外擴散。這就稱作地震波，主要可以分為**P波**和**S波**[*1]。發生地震時，一開始先是小幅度的顫動，接著才會慢慢變成大幅度的搖晃；最初的「顫動」就是P波，後續的「搖晃」則是S波。

地震初期顫動的P波，是與地震波行進方向相同的縱波式震動，以**每秒約六～七公里**的速度在地殼中傳播。至於地震的主要波動S波，則是與行進方向呈垂直的橫波式震動，以**每秒約三・五～四・五**

＊1 P波是取「Primary」（第一次）的首字母縮寫，S波則是取「Secondary」（第二次）的首字母縮寫。

地震會釋放兩種「波」

P波與S波

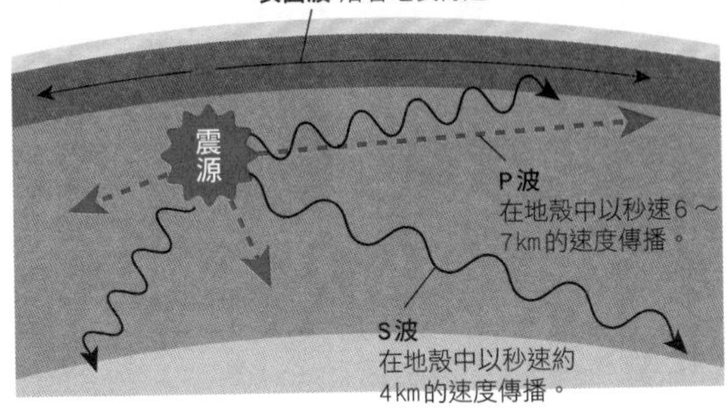

抵達時間的差異

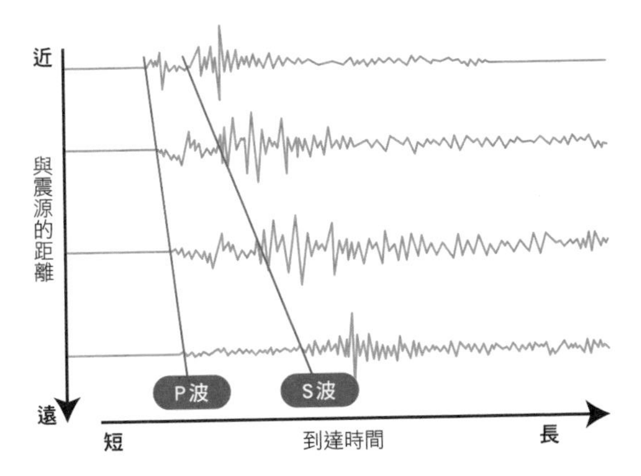

距離震源愈遠，P波和S波抵達的時間差距就會愈長。

公里的速度在地殼中傳播，以強烈的搖晃造成災害。

地震警報系統[*2]就是利用地震波的這種傳播速度差距，在檢測出先行傳導的P波的階段，趁S波傳來以前發布危險即將來臨的通知，這就是**地震即時警報**[*3]。

現在，各地的廣播電視台只要一接收到氣象局發布的地震即時警報，就會立刻在電視和廣播節目上播放。至於發布給手機的警報，則是透過電信業者傳送，採用**緊急廣播通知功能**，基地台單方面發布的情報通知會強制傳送到所有對象裝置。這個通知可以透過不同於一般通話和數據通訊的優先路徑來傳送，不會受到網路連線流量太大，或是大量傳送數據封包導致傳送延遲的影響，可以迅速且廣泛地傳遞地震即時警報。

---

*2 從地震發生到S波抵達以前，會因為距離而有幾秒～幾分鐘的時間差距。警報的目的就是讓人能利用這短短的時間採取避難措施，將傷害降低到最小限度。

*3 當地震的最大震度推測接近5度時，氣象局會向可能發生震度4以上強烈搖晃的地區發布警報。

地震即時警報的機制

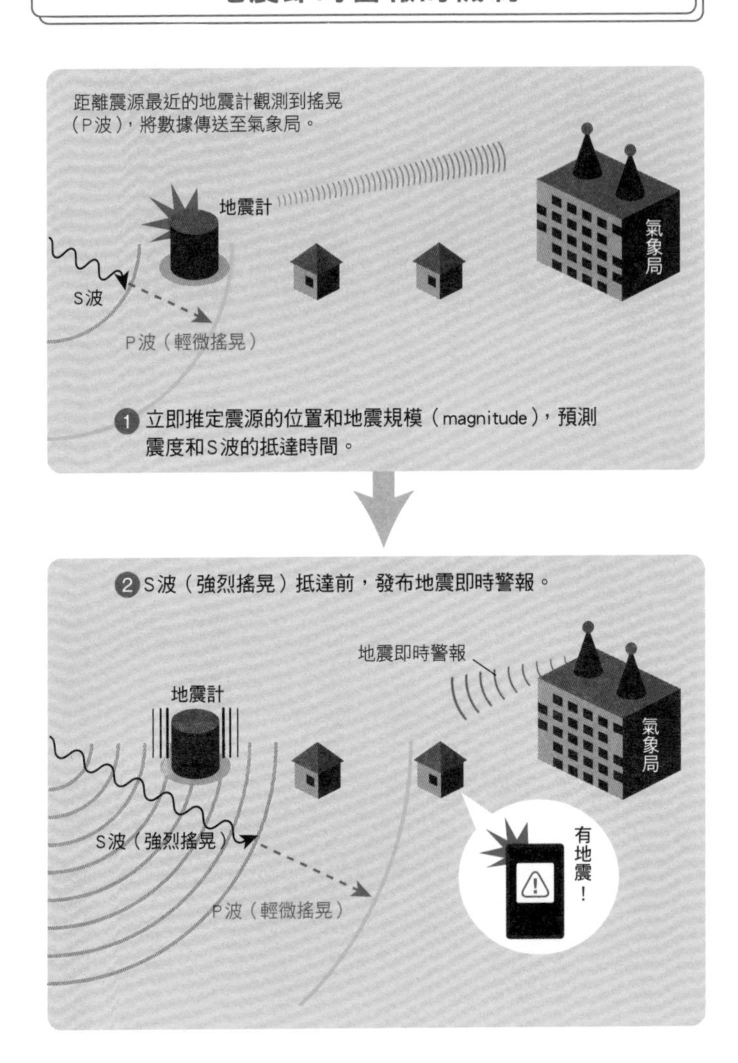

距離震源最近的地震計觀測到搖晃（P波），將數據傳送至氣象局。
地震計
氣象局
S波
P波（輕微搖晃）
❶ 立即推定震源的位置和地震規模（magnitude），預測震度和S波的抵達時間。
❷ S波（強烈搖晃）抵達前，發布地震即時警報。
地震即時警報
地震計
氣象局
S波（強烈搖晃）
P波（輕微搖晃）
有地震！

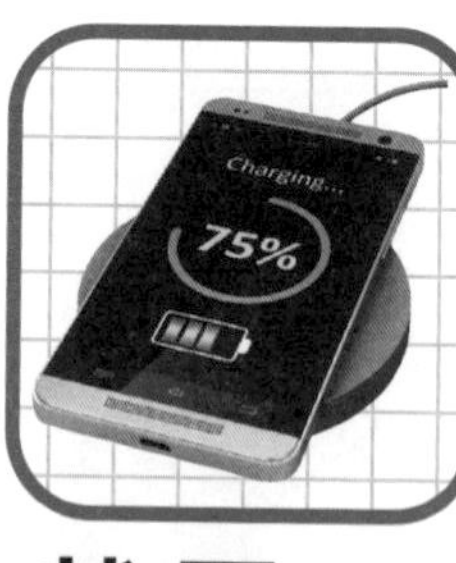

無線充電

兩個線圈放在一起，就能神奇地產生電流？

手機和平板電腦等裝置，一般都是插入充電線、從插座補充電力，不過近年來不使用充電線的無線充電方法也愈來愈普及了[*1]。這種無線充電器只要將手機放在充電板上即可充電，且針對手機和其他攜帶型電子裝置，國際上也已制定相關標準，通稱「Qi[*2]」。無線充電器又分為電磁感應式和電磁共振式兩種方法。

電磁感應是利用磁鐵靠近線圈會產生電流的充電機制[*3]，發電機和電動機也會使用。只要供電方的線圈（充電器）靠近接電方的線圈（手

＊1 無線充電也有使用雷射或微波，將電力傳輸遠方的「放射式」方法，不過手機使用的是近距離的「非放射式」（電磁感應等方式）。

＊2 取自中文的「氣」，意指肉眼看不見的力量。

什麼是電磁感應？

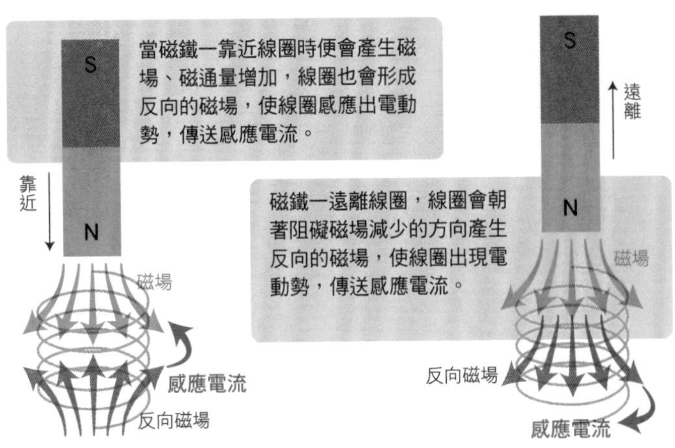

當磁鐵一靠近線圈時便會產生磁場、磁通量增加，線圈也會形成反向的磁場，使線圈感應出電動勢，傳送感應電流。
S
N
靠近
磁場
感應電流
反向磁場
S
N
遠離
磁鐵一遠離線圈，線圈會朝著阻礙磁場減少的方向產生反向的磁場，使線圈出現電動勢，傳送感應電流。
磁場
反向磁場
感應電流

電磁感應式的充電器原理

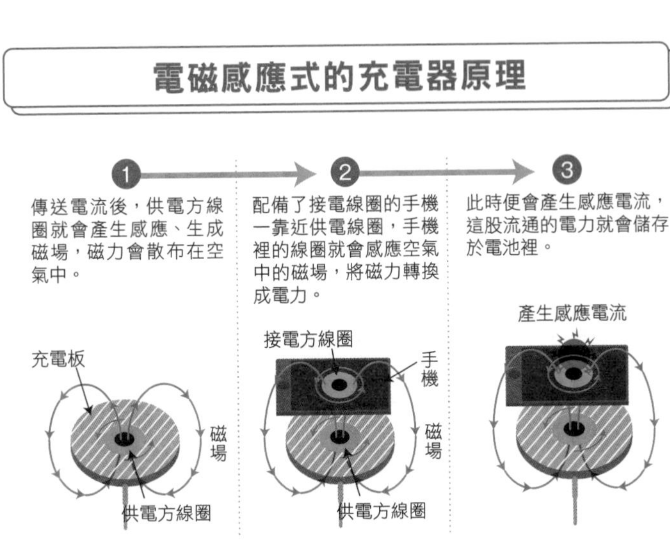

1
傳送電流後，供電方線圈就會產生感應、生成磁場，磁力會散布在空氣中。
2
配備了接電線圈的手機一靠近供電線圈，手機裡的線圈就會感應空氣中的磁場，將磁力轉換成電力。
3
此時便會產生感應電流，這股流通的電力就會儲存於電池裡。
充電板
磁場
供電方線圈
接電方線圈
手機
磁場
供電方線圈
產生感應電流

機），然後將交流電傳送至供電方線圈，電流也會一併傳送到未接觸的接電方線圈、進行充電。這個方法可以確實傳輸電流，優點是可減少電力浪費，但是傳輸距離只有**數公釐**到**十公分**左右。缺點還包括如果兩個線圈的位置稍有偏移，電力便無法傳輸。

電磁共振和電磁感應相同，都是藉由兩個線圈靠近來傳輸電力，但不同點在於是利用「**共振**」的方法傳輸。它的原理和鋼琴調律用的**音叉**[*4]共鳴一樣，供電方線圈和接電方線圈的共振頻率必須相同。這個方法的特徵是傳輸距離很遠，一公尺可以傳輸百分之九十，就算是兩公尺遠也有百分之四十的傳輸效率。

近年來，搭載可同時支援電磁感應與電磁共振的Ｑｉ充電標準的手機也上市了，使用者可以因應狀況分別運用。

＊3 由19世紀英國科學家法拉第發現的原理。

＊4 敲響音叉後，和其音波同一頻率的其他音叉就會共振、發出聲音。

電磁共振式的充電器原理

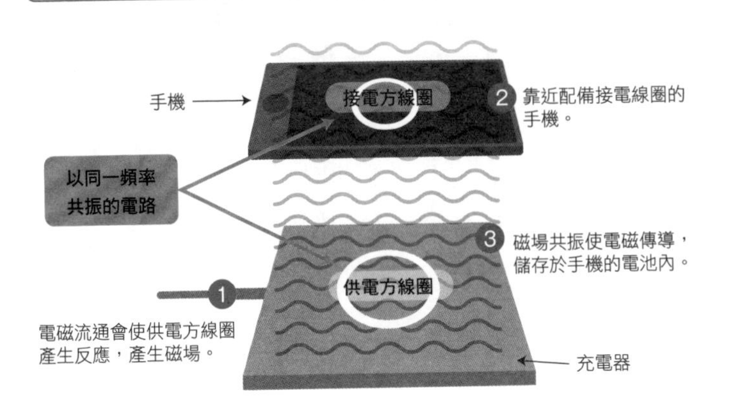

可應用於汽車的無線充電

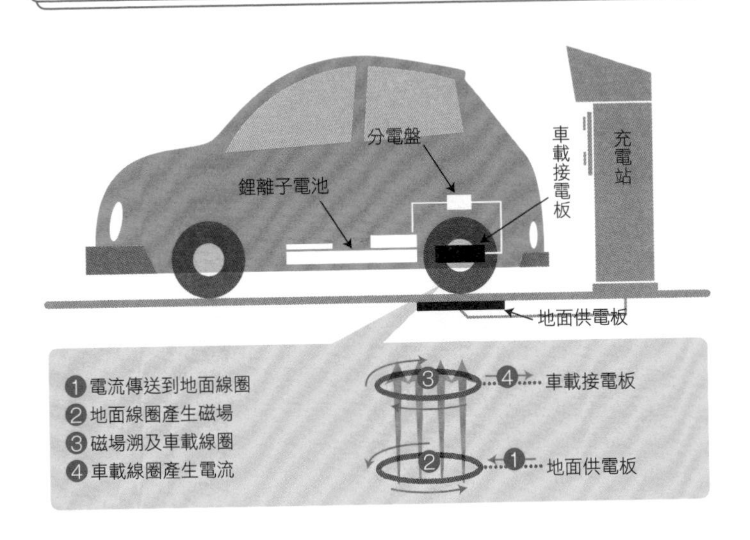

近距離無線通訊

Wi-Fi、藍牙與NFC，三種無線裝置究竟差異何在？

以手機為主要裝置活用的近距離無線通訊[*1]，包含了Wi-Fi、藍牙、NFC，但這些技術有哪裡不一樣呢？

過去在住宅和辦公室等地方，一般都是用**區域網路**[*2]在有限的範圍內連結多台電腦和印表機，不過現在不用線路即可連結的**無線區域網路**（Wireless LAN，縮寫為WLAN）已經普及。**Wi-Fi**就是無線區域網路的一種規格，是預設五〇～一〇〇公尺左右的通訊範圍架設的網路。

它需要設置有連接網路線路的主機，以及可以和主機無線傳輸數據的

＊1 使用電波和光線來傳輸數據的無線通訊技術當中，通訊距離較短（約100公尺左右）的通訊技術，就稱作「近距離無線通訊」。

＊2 即Local Area Network，縮寫為LAN。

無線區域網路和藍牙

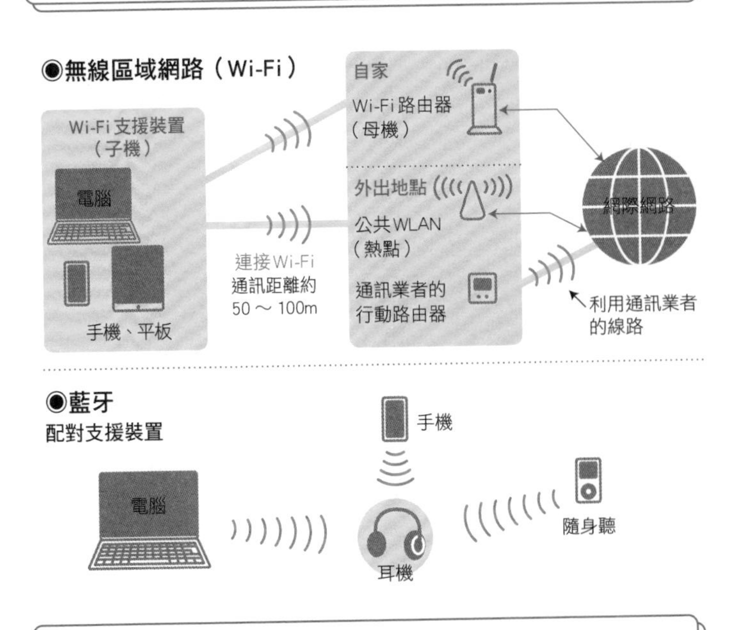

藍牙的 FH 和 AFH

◉FH（跳頻）

訊號強度

頻率

頻率的位置會隨著時間變換，避免被環境干擾。

◉AFH

訊號強度

Wi-Fi 訊號

頻率

找出沒有干擾的頻率，像是鑽過縫隙一樣進行通訊。

Wi-Fi對應裝置子機，不過只要有公共無線區域網路的連接熱點，出門在外也能夠上網。

藍牙[*3]是連結電腦和手機附近機器的通訊規格。一般連結距離為數公尺～數十公尺，用於簡單的資訊傳輸。

要連結支援藍牙的裝置，兩者必須先互相登錄、設定「配對」。藍牙和無線區域網路一樣，使用的頻寬皆為二・四吉赫（GHz），所以藍牙使用可慢慢切換頻道的**跳頻**[*4]**（FH）**技術，以及自動搜尋頻道、避免蓋掉無線區域網路頻寬的適應性跳頻（AFH）技術，均可減少干擾造成的通訊障礙。

NFC是使用電子錢包和IC定期票卡、插入機器收發數據，適合十公尺左右通訊範圍的非接觸式IC導向的規格。手機適用的服務「行動支付」採用的**FeliCa**[*5]就是其中一種規格。

＊3 Bluetooth這個名稱，其實是取自10世紀丹麥國王的暱稱「藍牙」。

＊4 又稱跳頻展頻（FHSS）。

＊5 由索尼公司研發的非接觸式IC卡規格。與NFC並不完全相容。

NFC的功能

卡類比	讀卡機	P2P（機器間通訊）
廣泛活用於IC卡和電子標籤。代表例子為「行動支付系統」。	只要靠近海報上的電子標籤感應，即可取得網址、打開連結網站。	支援NFC的裝置之間，互相傳送電子郵件地址等數據資料。

Sony研發的「FeliCa」的機制

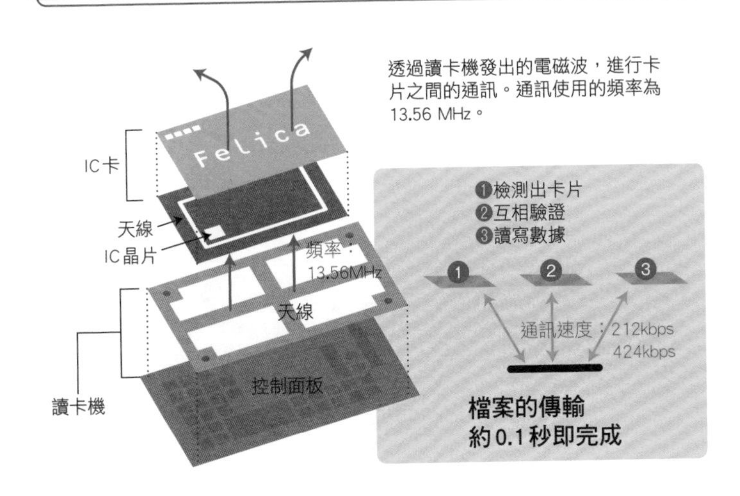

鋰離子電池

電池百百款，如何達到成功縮小又輕量？

可以充電的**蓄電池**[*1]，現在已經應用在各種領域上。其中大多數使用水作為**電解質**[*2]，所以稱作**水系電解液電池**，但是它只能從水分解電力形成的電壓中抽出一・五伏特左右的電，所以很難做到小型輕量化。

為了解決這個問題，一九九〇年代推出了新的蓄電池商品，那就是不用水當作電解質、屬於**非水系電解液電池**的**鋰離子電池**[*3]。而發明鋰離子電池的日本人吉野彰和另外兩名研究員，也因此榮獲了二〇一九年的諾貝爾化學獎。小型又輕巧的鋰離子電池，對於後來的筆記型電

---

*1 電池分為不能充電、只能耗完電量的一次電池，和可以充電的蓄電池。

*2 具有通電性（導電性）的物質。

*3 2016年，東京大學研究團隊發現可用水製成的電解液，未來有望實用化。

可充電的「蓄電池」主要種類

◉水系電解液電池

鉛酸蓄電池

電解液：硫酸溶液

這是歷史最古老的蓄電池。除了可作為汽車和摩托車的電池以外，亦可當作醫院、工廠、大樓的緊急備用電源。

鎳氫電池
鎳鎘電池

電解液：氫氧化鉀溶液

鎳氫電池的容量比鎳鎘電池大，除了用於影音器材和電動工具以外，也會用於混合動力車輛。鎳鎘電池的使用不會受到溫度影響，所以會用於緊急照明器具。

◉非水系電解液電池（高電壓、高容量）

鋰離子電池

電解液：有機電解液

於1990年代問世的新型電池。重量輕，卻能產生高電壓、大電力，而且自然放電率很低，是一種功能十分出色的電池，應用於手機、數位相機、筆記型電腦，近年來也用於平板電腦和電動汽車。

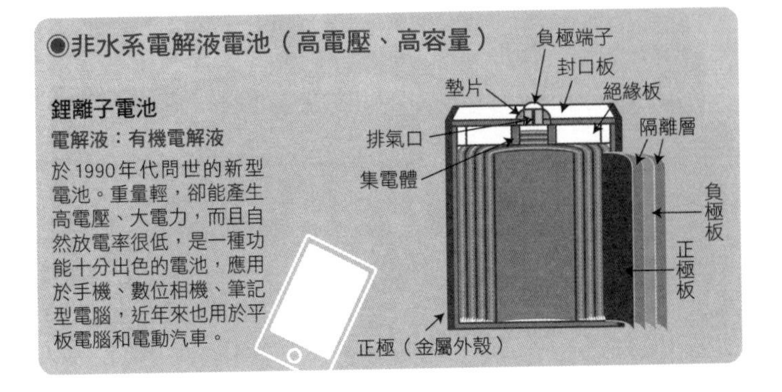

腦、手機等電子產品爆發式的普及率貢獻深遠，但它到底為什麼可以做到小型輕量化呢？如果想要知道這個答案，就必須先了解電池的原理。

使用電池（**放電**）時，內部溶解為電解質的負極材料會變成電子、往正極移動，形成電流、產生電力。另一方面，為蓄電池**充電**時，則會產與上述相反的化學反應，使負極材料重生。

鋰離子電池是使用**鋰鈷氧化物**作為正極材料，鋰是一種很輕的固體元素，所以能在電解液中快速移動，讓電子順利進出電極。與其他蓄電池相比，同樣大小的鋰離子電池不僅可以釋放多出數倍的能量，還能多次充放電，使用壽命也更長[*4]。

近年來，鋰離子電池已應用於電動汽車、飛機、隼鳥二號等太空探測器和國際太空站，活用領域愈來愈廣泛。

＊4 優點還有可以製造高電壓，放著不用時也不太會自然放電。

「鋰離子」是指什麼？

◉元素週期表

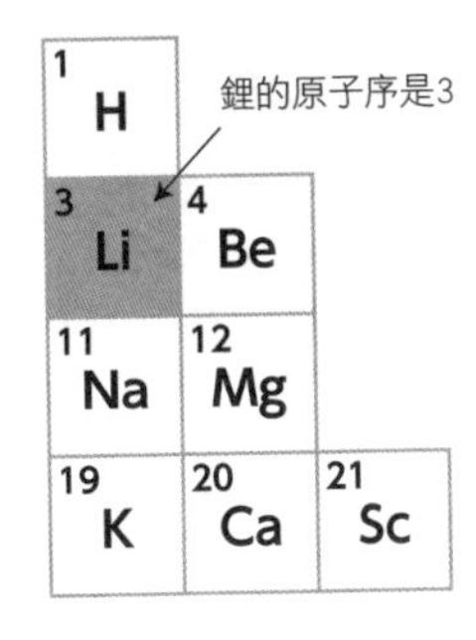

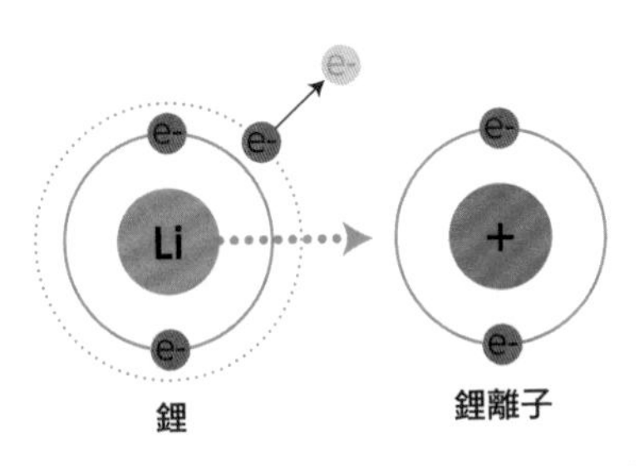

帶負電的電子分布在外側軌道上。當電子放出後，鋰就會帶有正電性。

鋰離子電池的原理

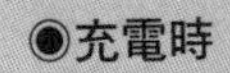

◉充電時

正極材料中的鋰離子會穿過隔離層，藉由在碳材料（負極）當中移動的方式形成電流，而得以充電。

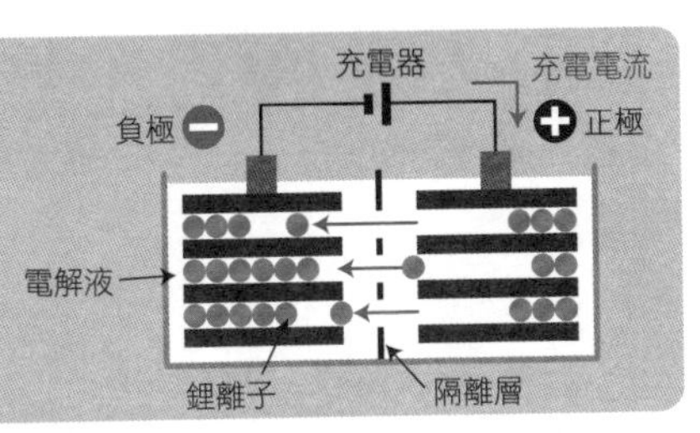

◉放電時

碳材料（負極）層裡的鋰離子會穿過隔離層，藉由在正極材料中移動的方式形成電流，釋放電能。

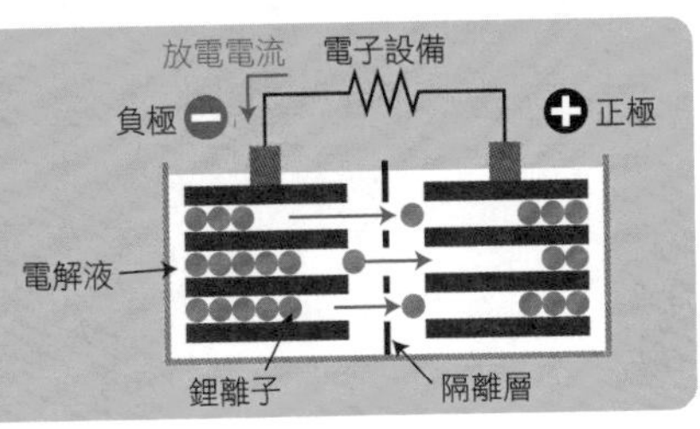

MVNO

留學打工都適用，日本廉價SIM卡的上市機制

手機的**SIM卡**，是通話時不可或缺的IC卡[*1]，而近幾年來，由**MVNO[*2]公司提供的廉價SIM**已日漸普及。

廉價SIM的月租費比大型電信業者便宜的最大原因，在於它們是**租用**大型電信業者已經遍布全國的**通訊網路**，提供通話和上網的服務。當然，它們並不是租借所有線路，而是各家MVNO向電信業者支付規定的金額，得以使用部分線路；但因為**省下了設備投資和研究開發的費用**，所以才能降低使用費率。

＊1 不只是通話，也有網路通訊用的SIM卡。

＊2 MVNO一名是取自「虛擬行動網路服務經營者」的英語「Mobile Virtual Network Operator」的縮寫。

手機可通話乃是SIM卡的功勞

◉電話號碼等識別資訊都會註冊在SIM卡中

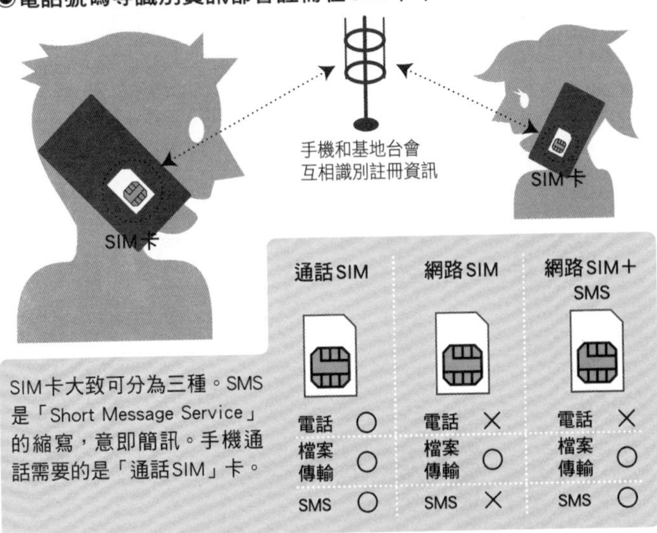

SIM卡大致可分為三種。SMS是「Short Message Service」的縮寫，意即簡訊。手機通話需要的是「通話SIM」卡。

大型電信業者與MVNO的不同

	 裝置	 銷售據點	 服務據點	 基礎設備
大型電信業者	須獨自開發機型，開發費大	遍及全國，人事開銷大	遍及全國，成本高	自行投資，維護費用高
MVNO	直接用市售商品，不需開發費	以網路簽約為主，人事開銷小	只提供客服專線，或是少數幾間門市	租借設備，只須支付使用費

而且，提供MVNO的公司**不需要開發通訊裝置**、**不需要在全國各地設置門市和據點**，這兩點也是得以壓低價格的原因。除此之外，服務內容也幾乎只縮限在語音通話和網路數據通訊而已，可藉此降低經營成本，放寬綁約年數條件，一開始就以低價提供，月租費的明細不包含購買手機的補助金，僅計算通話、網路通訊的費用，以符合時代需求的服務系統成功達到低價化。

不過，因為MVNO價格低廉，所以仍然存在比不上大型電信業者的缺點[*3]。比方說，通訊區域和速度基本上和大型電信業者相同，但是MVNO如果在短期內大量通訊傳輸，**可能會遭到限速**。此外，MVNO的流量負荷比大型電信業者弱，在午休時間、公司下班、學校下課等多人通訊的時段[*4]，電信設備的負擔較大，所以可能會出現容易斷訊的情況。

＊3　如果要改用廉價SIM卡，就無法使用電信業者提供的專屬電子郵件帳號，也沒有網路吃到飽等服務。

＊4　大型電信業者提供租借的頻寬，是由多家廉價SIM卡公司共同使用，所以在通訊高峰時段會因為流量太大而導致速度下降。

MVNO的機制

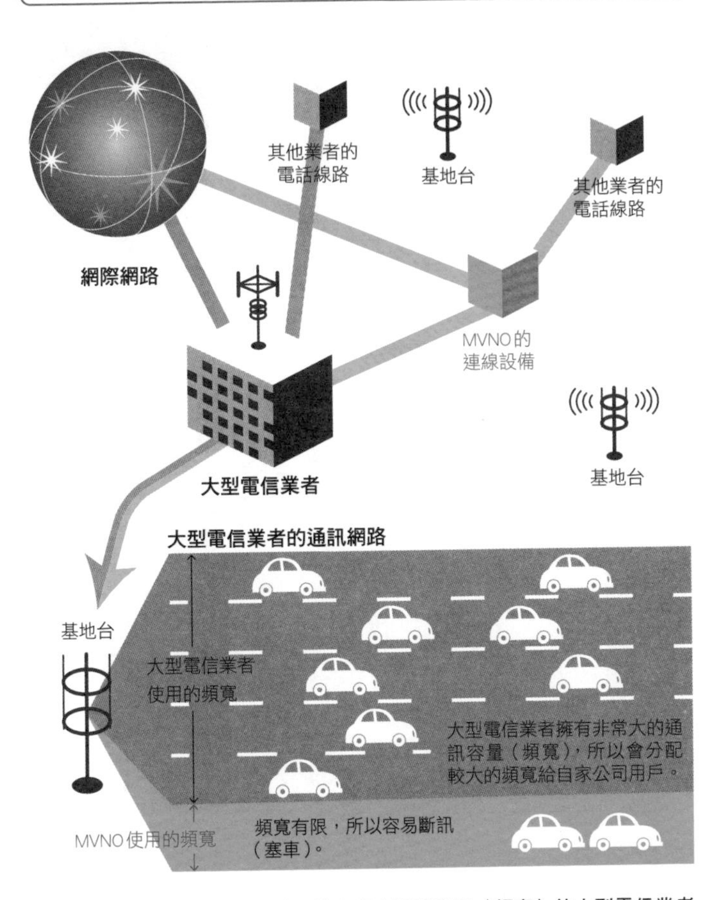

MVNO是支付規定的金額、使用擁有龐大通訊容量（頻寬）的大型電信業者的通訊線路，所以MVNO雖然還是「容易連線」，但分配到的頻寬依然比大型電信業者要小，因此也很容易斷訊（塞車）。

無現金支付

不必掏錢就能立刻付款！無需現金的支付系統

無現金支付就是不必特地從皮夾裡掏錢，只要用手機就能支付款項。近年市面上有多種無現金支付的方法，不過付款的時機又分成**事後付款**、**即時付款**、**預付款**這三種方法。

事後付款的代表工具，就是在日本已經耳熟能詳的信用卡。它的機制是由信用卡公司先代替持卡人支付購物貨款，持卡人事後再向信用卡公司支付款項[*1]。現在，也可以在智慧型手機搭載的非接觸型ＩＣ晶片裡安裝行動刷卡程式，或是用信用卡綁定手機支付程式服務，省

＊1 幾乎全球所有的信用卡都是由ＶＩＳＡ或萬事達卡等國際組織發行，最大的特徵是全世界的加盟店皆可使用。

付款時機和介面

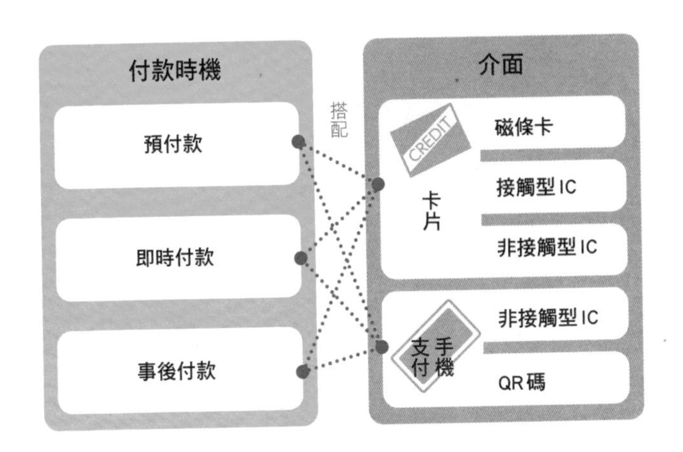

信用卡的支付流程

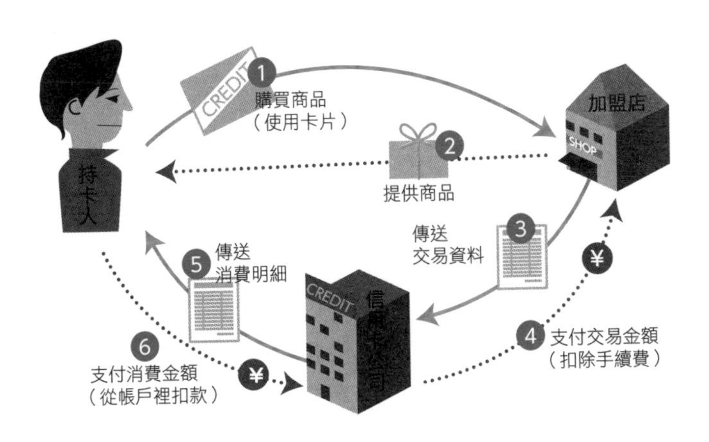

略每次付款時都要從皮夾中取出信用卡的工夫。

即時付款的代表工具是**簽帳金融卡**[*2]，採取的機制是在付款當下就會扣除持卡人預存在金融機構裡的存款。

預付款的代表工具是**電子錢包**。電子錢包並沒有明確的定義，涵蓋範圍很廣，但通常是指使用非接觸型ＩＣ卡的預付方式。只要用卡片感應一下裝置就完成支付，非常方便，所以主要普及於交通機關、便利商店、連鎖餐廳等小額付款的商家。

近年來廣受矚目的方法，就是**ＱＲ碼**（50頁）支付。只要在手機上下載支付程式，登錄銀行帳號或信用卡號等付款資訊，就能立即使用[*3]。扣款時間也分為預付款、即時付款、事後付款，依業者而定。

＊2 日本是由名為J-Debit的公司發行簽帳金融卡。

＊3 付款方法分為使用者出示自己手機上顯示的ＱＲ碼供店家掃描，以及使用者用手機讀取店家提供的ＱＲ碼。

簽帳金融卡的付款流程

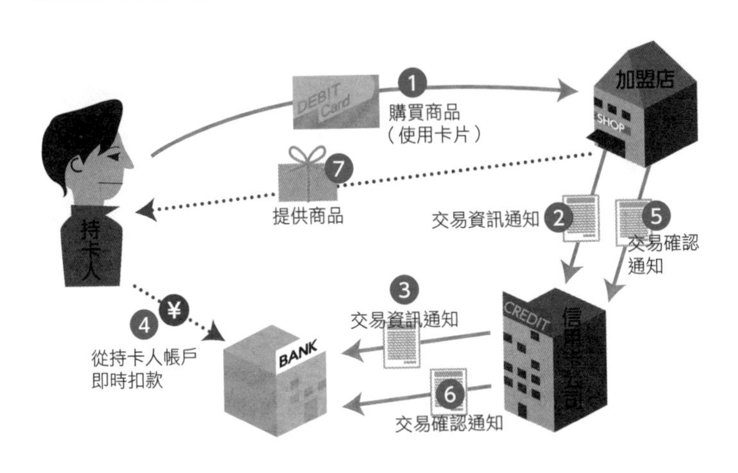

電子錢包的付款流程（預付款）

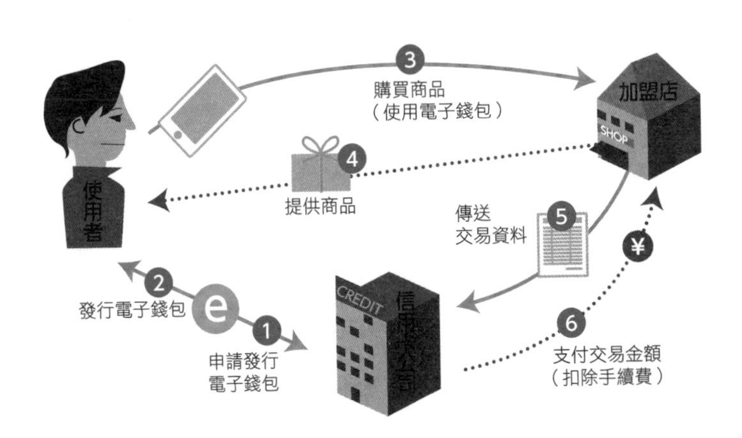

QR碼

以縱橫雙向記錄資訊，二維條碼的真實面目

條碼是用粗細不一的黑白線條組合來表示數字，用以識別品名和廠商的編碼方式。黑白線條下方標示的**十三碼數字**，代表了國籍、製造商、商品資訊，而最後一碼是為了避免條碼讀取錯誤而設定的數字，稱作**校驗碼**＊1。

在便利商店等商家的收銀台掃瞄條碼，不僅可以瞬間計算出商品的價格，還能查詢庫存和銷售狀況，非常方便，而應用這些資料的查詢系統就稱作**POS**（銷售時點情報系統）。

＊1 條碼是為了使奇數列的數字合計，與偶數列數字合計的3倍相加後，一定會成為10的倍數，才需要校驗碼來補正。如果合計後並非10的倍數，就會造成讀取失敗，讀碼機不會產生任何反應。

QR碼和條碼的差異

QR碼

由日本DENSO WAVE公司發明的二維碼。單純的數字資訊最多可容納7089字，包含漢字、全形假名的資訊最多可容納1817字，中文漢字最多為984字。資訊量愈多，尺寸也會愈大。

條碼

這是用一維（直線）樣式標示資訊的「一維碼」。資訊量最大只有20碼，因為如果想用一個條碼標示更多資訊，條碼就會延伸得愈來愈長。

日本條碼的含義

日本條碼的範例

書籍條碼（上段）

另一方面，條碼的進化版本就是**QR碼**[*2]。條碼是歸類為用一維（直線）樣式標示資訊的**一維碼**，QR碼則是歸類為以縱橫雙向標示資訊的**二維碼**，後者的特徵是占用的面積更小[*3]，相較於前者卻能容納更多資訊。

從資訊量來看，傳統的**條碼大約有二十碼**，但QR碼如果只記錄數字的話，**最大可容納七千零八十九個字**的資訊量。除了數字以外，還能處理英文字母、日語（平假名、片假名、漢字）、二進制檔案[*4]；如果以中文漢字資訊，最多可以容納九百八十四個字元。

QR碼最大的特徵是從任何方向都能讀取[*5]。近年來隨著配備攝影鏡頭的手機普及，即使沒有專用的讀碼機，也可以用手機讀取QR碼，**電子支付**等應用的領域也大幅增加。

＊2
日本公司DENSO WAVE於1994年發明。

＊3
如果容納的是和傳統條碼相同的資訊量，面積大約只需要條碼的十分之一。

＊4
純文字形式（文字檔）以外的檔案形式。

＊5
右上、左上、左下三處設有定位標記，所以不會受到背景的圖樣和方向的影響，可以穩定快速讀取。

QR碼的規格

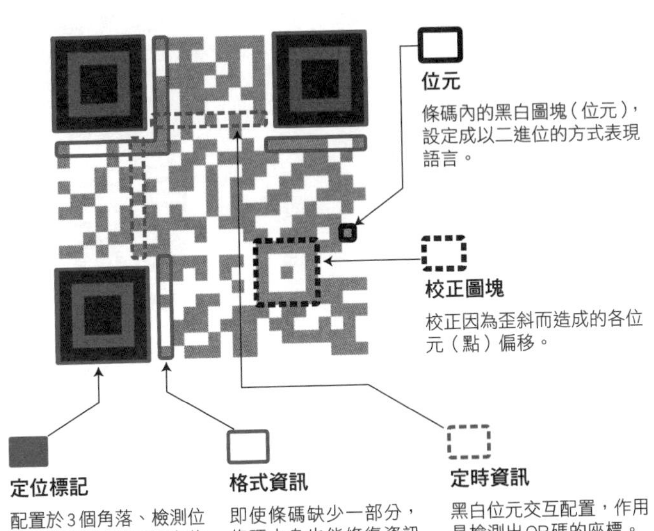

位元
條碼內的黑白圖塊（位元），設定成以二進位的方式表現語言。
校正圖塊
校正因為歪斜而造成的各位元（點）偏移。
定位標記
配置於3個角落、檢測位置用的標記。機器會偵測這個標記，以辨識QR碼的位置。
格式資訊
即使條碼缺少一部分，條碼本身也能修復資訊的「錯誤修正功能」。
定時資訊
黑白位元交互配置，作用是檢測出QR碼的座標。

QR碼的各種用途

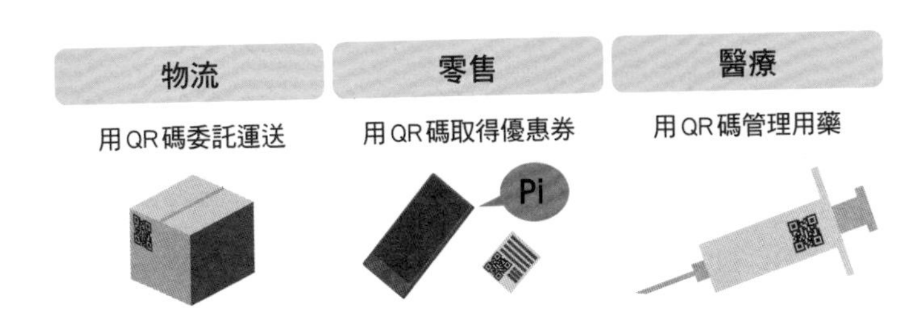

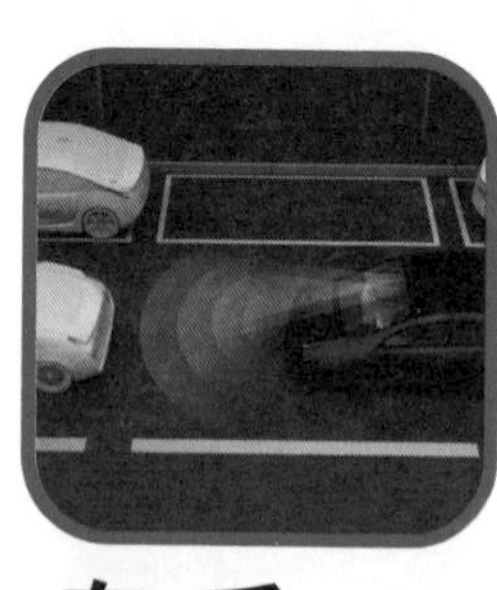

汽車防撞系統

千萬不可大意！自動煞車可不是「防碰撞」

由於高齡駕駛人引發的嚴重車禍與日俱增[*1]，搭載「**自動煞車**」的車輛需求也愈來愈高[*2]。

自動煞車是指檢測車輛和行人、防患於未然的煞車系統，正確名稱為「**汽車防撞系統**」。汽車防撞系統和其他現在市售車輛搭載的輔助駕駛功能，其實都不是「自動駕駛」。既然如此，汽車防撞系統究竟是什麼樣的機制呢？

搭載汽車防撞系統的車，是透過攝影鏡頭或感測器辨識前方的障礙

＊1　日本75歲以上的高齡駕駛人引發的死亡車禍，比未滿75歲的駕駛人多了2倍以上。

＊2　日本和歐盟（EU）等40個國家地區，皆已同意新車安裝自動煞車功能義務化的國際法案。該規定於2020年生效。

汽車防撞系統的原理

❶ 偵測

感測器或鏡頭確認車頭靠近前方車輛

❷ 警告，輕度煞車啟動

透過警示音提醒駕駛人太靠近前方車輛，並自動減速。

❸ 強烈煞車啟動

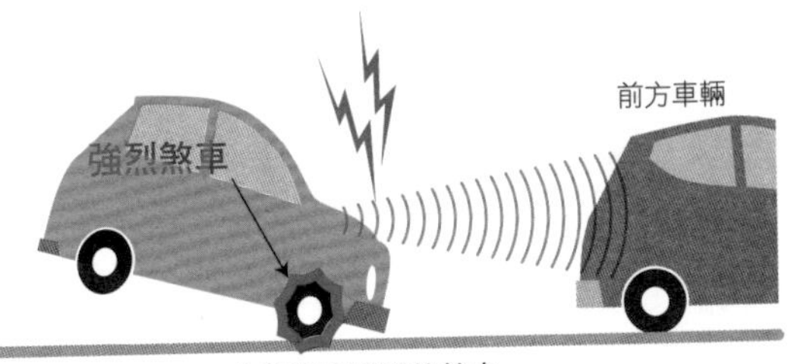

在衝撞可能性很高的狀況下，會啟動更強烈的煞車。

物，再發出警告音或顯示在儀表板上，提醒駕駛人留意。駕駛人**如果在警示後依然沒有進行迴避危險的操作**，煞車就會自動使車輛減速，以避免衝撞或是大幅下降衝撞的速度，將傷害控制在最小限度。

但若是處於高速行駛，汽車防撞系統難以準確掌握交通狀況，在不易辨識道路狀況的場合下可能會有啟動煞車、產生系統操作失誤的疑慮。換句話說，汽車防撞系統並不能確保所有的行駛狀況下都能達到完全迴避或減輕衝撞。

不過，自動駕駛的國際標準，是從完全由駕駛人操作駕駛的「**零級**」，到完全由系統操作的「**五級**」，總共**分為六個階段**。汽車防撞系統只不過是以人工駕駛為前提，再加以輔助的「**二級**」[*3]而已。真正的**完全自動駕駛**，是在日本政府預計二〇二〇～二五年達到的「四級」以後。

＊3 維持車距的同時會追隨前方車輛、維持原線車道的駕駛輔助功能，也和汽車防撞系統一樣歸類為2級。

自動駕駛汽車示意圖

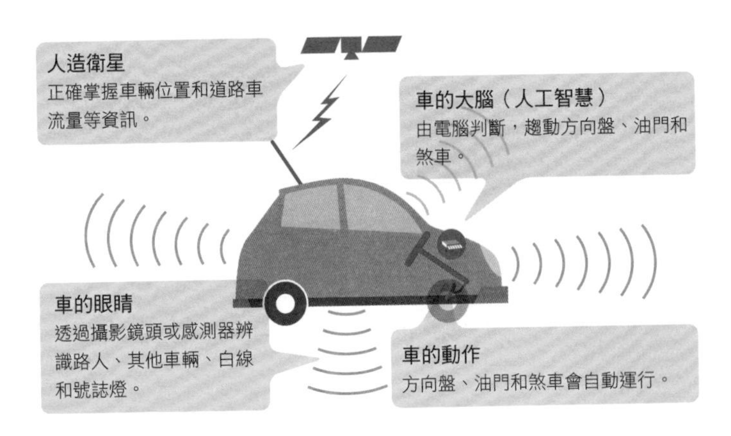

人造衛星
正確掌握車輛位置和道路車流量等資訊。
車的大腦（人工智慧）
由電腦判斷，趨動方向盤、油門和煞車。
車的眼睛
透過攝影鏡頭或感測器辨識路人、其他車輛、白線和號誌燈。
車的動作
方向盤、油門和煞車會自動運行。

自動駕駛的級別

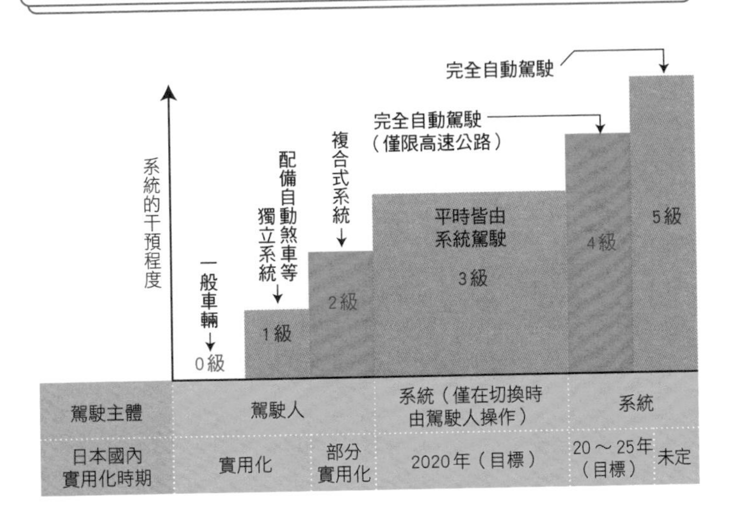

column

完全靜止不動？同步運行的地球衛星

衛星電視使用的「地球靜止衛星」，其實在太空中並非處於靜止的狀態，它只是以「從地面看起來總是靜止」的方式運行。

為了讓衛星從地球看起來是靜止的狀態，必須配合地球的自轉速度，沿著地球赤道上空進行圓周運動。圓周運動會產生離心力，這股離心力配合地球重力形成的軌道，就是距離地面36,000公里的靜止軌道。靜止衛星一旦乘上這個靜止軌道以後，就不會再脫離軌道，因此從地面上看起來才會處於靜止。

衛星電視用以接收電磁波的拋物線天線之所以固定在同一個方向，就是基於這個緣故。

在GPS章節（18頁）解說過的日本定位衛星「引路」，目前已發射的4架當中的3架，都位於同步軌道之上。這個軌道的衛星一天會繞地球1圈，之後再回到原位。

»» Part2 ««

「動植物」的驚奇原理

蜘蛛的網

使用縱橫絲線，網子更強韌的生物超科技

蜘蛛絲同時具備無法用力切斷的強韌度，和再怎麼伸展也不易斷裂的柔軟度*1。蜘蛛絲是由無數**絲狀的蛋白質**所組成，分為直線呈帶狀的部分和螺旋狀的部分，帶狀部分具有堅硬強韌的性質，螺旋狀的部分則具備柔軟易伸展的性質*2。

實際上，蜘蛛網即使受到暴風吹襲、承受外來的衝擊而導致各處斷裂，也不會輕易瓦解，但這種強韌度卻無法只靠絲線的強度來概括解釋。蜘蛛網的構造長久以來始終是一道謎，直到近年的研究才終於解

---

*1 在相同的粗細條件下，蜘蛛絲即使承受的力道是蠶絲的3倍以上，也不會斷裂，強度大約也有尼龍線的2倍。

*2 蜘蛛絲在斷裂以前，會經過「直線拉緊」、「蛋白質變性後拉伸絲線」、「吸收衝擊後硬化」、「摩擦斷裂」這四個階段。

蜘蛛絲的形成過程

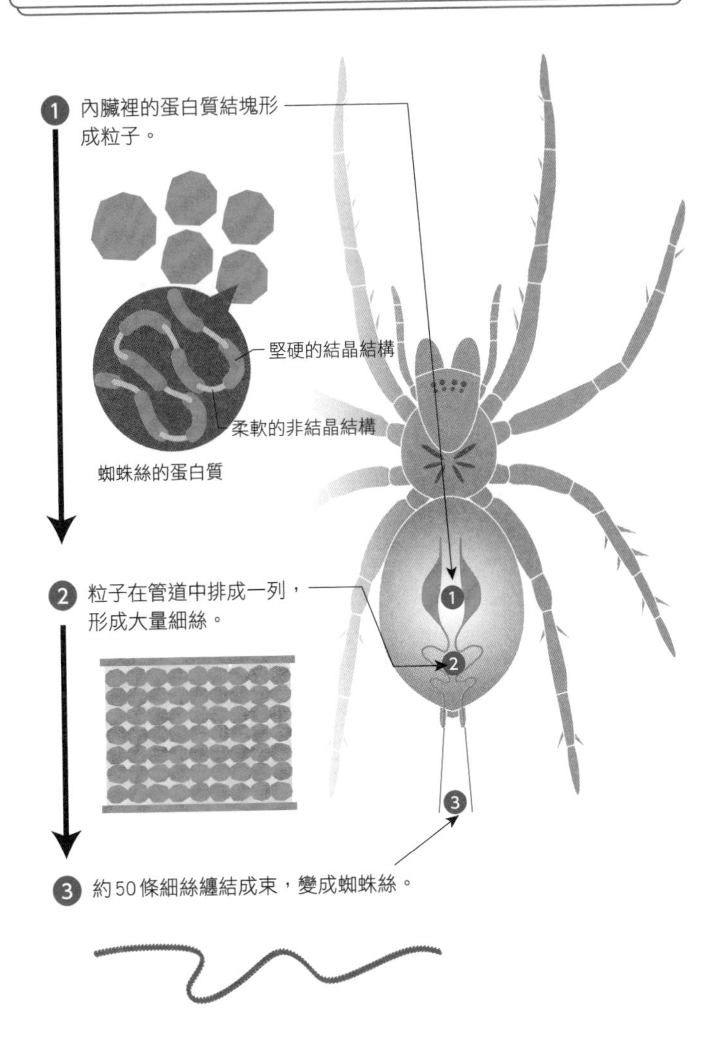

1 內臟裡的蛋白質結塊形成粒子。
堅硬的結晶結構
柔軟的非結晶結構
蜘蛛絲的蛋白質
2 粒子在管道中排成一列，形成大量細絲。
3 約50條細絲纏結成束，變成蜘蛛絲。

開它的祕密。

蜘蛛噴出的絲有兩種。一種是從網子中心向外以螺旋狀擴散的**橫絲**，它的**伸縮性高且帶有溼氣**，質地黏稠；另一種則是從網子中央像車輪幅條般放射狀擴散的**縱絲**，它的**力學性強度很高**，**質地乾燥**，具有支撐網子形狀的作用[*3]。蜘蛛網就是用這兩種絲線以這種方式構成，發揮各個絲線的性質，在風變弱時降低網目的張力，藉由擴展面積來保持整體的結構。相反地，當網子承受超出極限的負荷時，會犧牲一部分拉緊的絲線，以維持整體的結構。

經過更進一步的實驗後，研究還發現縱絲和橫絲的編織方法，可以讓網子即使有局部破損，破洞也不會變大，而且只要拆除整體約十分之一的絲線，反而會使網子的**耐重度增加百分之三至十左右**。

＊3　蜘蛛爬在蜘蛛網時，是走在沒有黏性的縱絲（鷹架絲）上，所以不會被自己的網子纏住，可以來去自如。

蜘蛛網的編織方法（以大腹園蛛為例）

① 蜘蛛會先乘風吐出絲（名為橋絲）黏住對面的樹枝等物體，在絲線上來回後再走到正中央，接著往下垂吊。

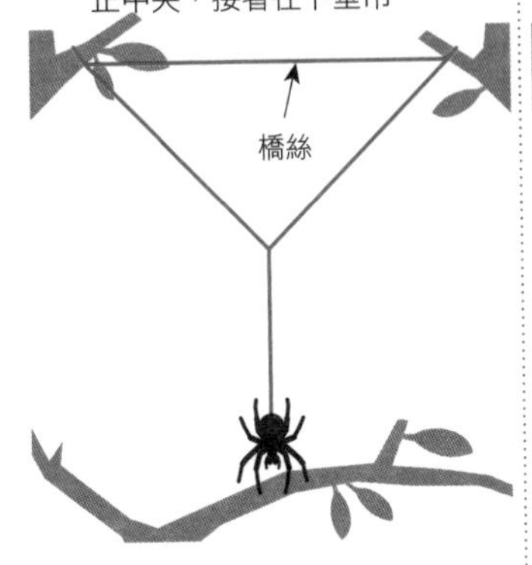

② 不斷來回繞行四周，在穩定的地方固定邊框絲，織成縱絲的基礎。

③ 以沒有黏性的鷹架絲為中心，從中心點向外織出鬆弛的放射狀網線。

④ 從外側往中心鋪設有黏性的橫絲，最後再拆除鷹架絲。

蚊子的針

刺下去也不會痛，蚊子的「針」究竟有多細？

人類的皮膚表面，每一平方公分就有大約一～兩百個會感受到疼痛的**痛點**。人打針時之所以會感到疼痛，就是因為針頭刺中了痛點[*1]；但如果你以為被蚊子叮卻一點也不痛，單純是因為蚊子的針（口器）細到沒有觸及痛點，那可就錯了。原因除了蚊子針的粗細和構造以外，還在於它刺進皮膚時的動作。

其實，蚊子的針並不是只有一根，而是**上唇**、**下唇**、**咽頭**，以及各有兩根的**下顎**和**上顎**，總共由**七**根組成。其中最重要的是上唇和位於

＊1 預防接種使用的針頭，直徑一般為０・４～０・５公釐左右。

會吸血的是哪種蚊子？

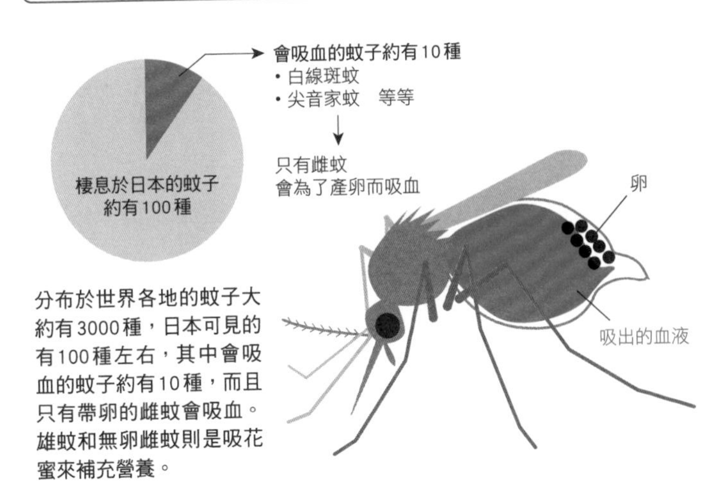

分布於世界各地的蚊子大約有3000種，日本可見的有100種左右，其中會吸血的蚊子約有10種，而且只有帶卵的雌蚊會吸血。雄蚊和無卵雌蚊則是吸花蜜來補充營養。

蚊子的最愛

兩側的上顎這三根，它們的直徑分別是〇・〇一五～〇・〇五公釐和〇・一公釐左右，只有**頭髮粗細的一半以下**。特別是上顎前端呈現凹凸不平的鋸齒狀，叮咬時只有前端會接觸皮膚，所以幾乎不會讓叮咬的對象感覺到疼痛，可以迅速刺進皮膚裡*2。

而且，這**三根針會連鎖活動**，有助於緩解叮咬時的疼痛。與此同時，從咽頭分泌出的唾液可以防止血液凝固，其中的成分也具有消除疼痛的作用*3。

如果單純只是一根非常細的針，實際上折斷的風險也會相對提高，對蚊子來說自然相當危險。而使用三根針叮入再抽出，合計的力道會比用剖面積相當的一根針要省力多了。因此從蚊子的角度出發，這是再方便不過的構造。

＊2
針的尖端具有可以偵測味道的感測器，能幫助蚊子的針正確刺入血管內。

＊3
蚊子的唾液含有麻醉性物質和防止凝血的物質，會使皮膚產生過敏反應，進而引起搔癢感。

蚊子的口器構造和叮咬皮膚的原理

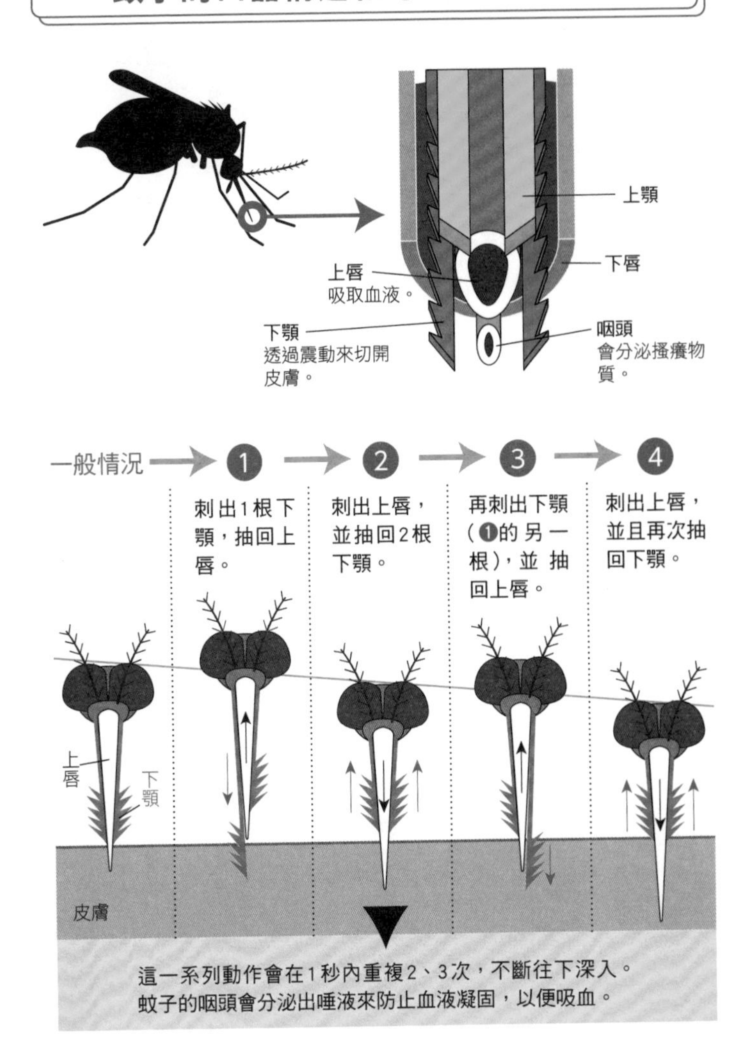

上顎
下唇
上唇
吸取血液。
下顎
透過震動來切開皮膚。
咽頭
會分泌搔癢物質。
一般情況
1
2
3
4
刺出1根下顎，抽回上唇。
刺出上唇，並抽回2根下顎。
再刺出下顎（❶的另一根），並抽回上唇。
刺出上唇，並且再次抽回下顎。
上唇
下顎
皮膚

這一系列動作會在1秒內重複2、3次，不斷往下深入。
蚊子的咽頭會分泌出唾液來防止血液凝固，以便吸血。

鰻魚的生態

餐桌上的鰻魚99%是養殖！日本鰻魚究竟如何養成？

日本傳統會在土用丑日[*1]必吃的食物，就是鰻魚（**日本鰻鱺**[*2]）了。對日本人來說，這是從以前就十分常見的魚類，但是吃進嘴裡的鰻魚，絕大多數（**百分之九十九以上**）都是將海洋或河川捕到的幼魚「**玻璃鰻**」，放進魚塭裡養大的**養殖鰻魚**[*3]。

其實，日本鰻鱺的產卵地、生長地在近幾年之前始終無人得知，是個「充滿謎團」的生物。

鰻魚主要是在河川或湖泊等淡水環境下成長、在海洋裡產卵的「降

＊1　土用是指在立春、立夏、立秋、立冬前18天內的期間，土用丑日則是指一年內最酷熱的7月20日～8月7日。

＊2　鰻鱺目鰻鱺科鰻鱺屬的魚類。

＊3　玻璃鰻捕撈在每年12～4月的寒冷時期才會開放。捕撈

鰻魚的一生真相大白

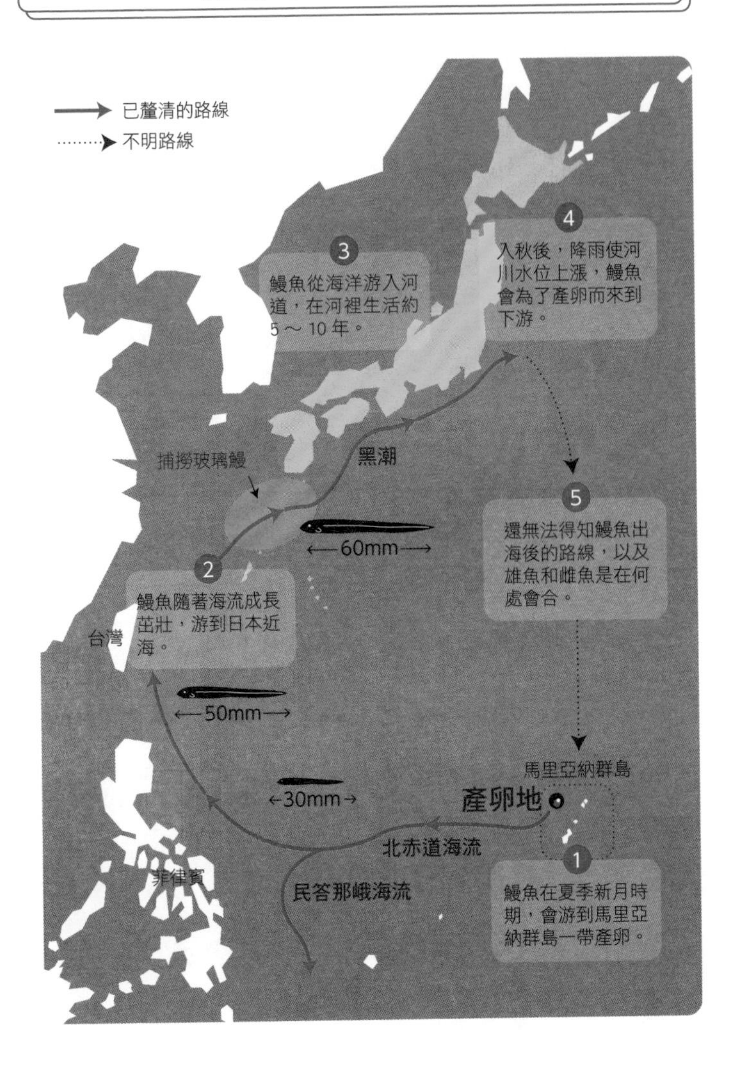
已釐清的路線
不明路線
3
鰻魚從海洋游入河道，在河裡生活約5～10年。
4
入秋後，降雨使河川水位上漲，鰻魚會為了產卵而來到下游。
捕撈玻璃鰻
黑潮
60mm
5
還無法得知鰻魚出海後的路線，以及雄魚和雌魚是在何處會合。
2
鰻魚隨著海流成長茁壯，游到日本近海。
台灣
50mm
30mm
馬里亞納群島
產卵地
北赤道海流
菲律賓
民答那峨海流
1
鰻魚在夏季新月時期，會游到馬里亞納群島一帶產卵。

河洄游魚類」。牠們會在河川或湖泊生活幾年，再游向海洋產卵，但是過去根本沒人知道日本鰻鱺具體的產卵地點。

二〇〇五年，東京大學海洋研究所[*4]終於鎖定鰻魚的產卵地點，就在距離日本沿岸約兩千五百公里的**馬里亞納西側海脊附近的深海**。

現在的鰻魚養殖技術，還不是人工飼養至產卵、再培育幼鰻的「**完全養殖**」。因為我們還不知道日本鰻鱺在深海產卵孵化後，魚苗究竟是吃什麼才能長成幼魚[*5]，將鰻魚從卵開始培育的養殖技術尚未達到商業化的程度。

隨著海洋和河川汙染、玻璃鰻和銀鰻的濫捕，日本鰻鱺的數量愈來愈稀少，在二〇一三年已評估為**瀕危物種**。

為了不讓鰻魚消失在日本的餐桌上，人們也對完全養殖技術的成功寄予厚望。

方法分為在河川或海岸線撒網捕撈，以及用小型定置網捕撈。

*4 與東京大學氣候系統研究中心合併，現為東京大學大氣海洋研究所。

*5 就像蝌蚪變成青蛙，鰻魚的外型也會在成長過程中逐漸變化。先從卵變成柳葉鰻，接著才會再變態成適合從海洋移居河川的體型，變成玻璃鰻。

有望成功的完全養殖

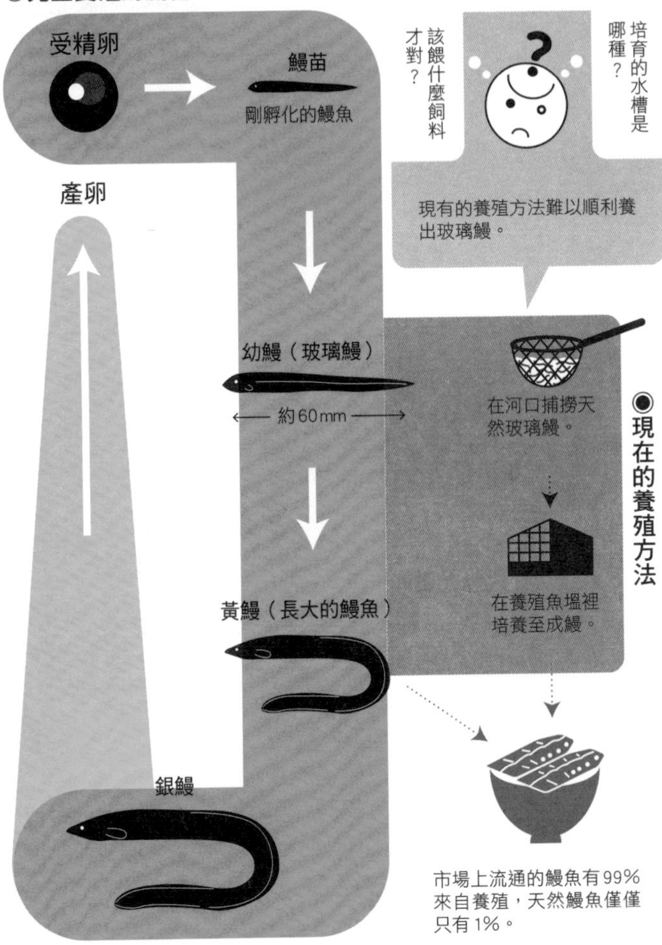
◉完全養殖的流程
受精卵
鰻苗
剛孵化的鰻魚
產卵
幼鰻（玻璃鰻）
約 60mm
黃鰻（長大的鰻魚）
銀鰻
該餵什麼飼料才對？
培育的水槽是哪種？
現有的養殖方法難以順利養出玻璃鰻。
在河口捕撈天然玻璃鰻。
在養殖魚塭裡培養至成鰻。
◉現在的養殖方法
市場上流通的鰻魚有 99% 來自養殖，天然鰻魚僅僅只有 1%。

魚的身體

海水魚和淡水魚，生理機制大不相同

從成魚僅有一・五公分長的鰕虎魚，到全長超過二〇公尺的鯨鯊，魚的外貌、體型和大小五花八門，分類也是琳瑯滿目，大致分為住在海裡的**海水魚**，和住在河川、湖泊、沼澤、池塘裡的**淡水魚**。

海水與淡水（飲用水）最大的差異，就在於「鹽度」。相較於海水的鹽度約**百分之三**，淡水的鹽度算是**極微量**。魚的細胞鹽度和哺乳類一樣**小於百分之一**，換言之，海水魚的鹽度比周圍的水要高，淡水魚的鹽度比周圍的水要低。

什麼是「滲透壓」？

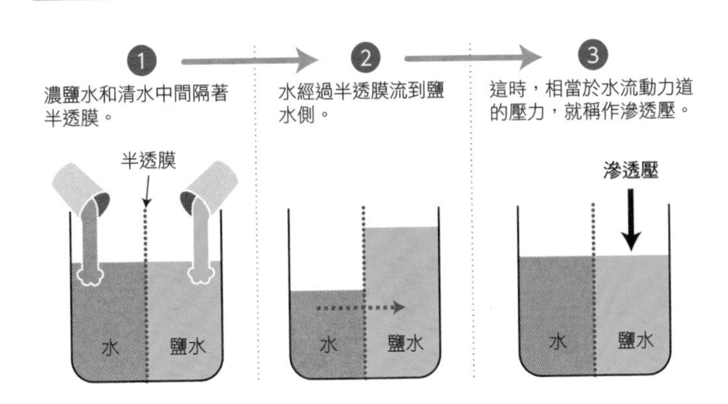

1
濃鹽水和清水中間隔著半透膜。
2
水經過半透膜流到鹽水側。
3
這時，相當於水流動力道的壓力，就稱作滲透壓。
半透膜
水
鹽水
水
鹽水
滲透壓
水
鹽水

淡水魚和海水魚的滲透壓調整

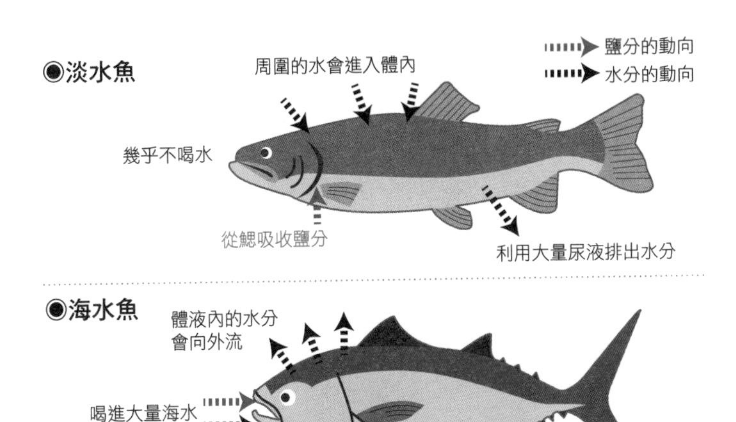

水具有「**滲透壓**」的性質，會經過半透膜[*1]從高鹽度流動到低鹽度。如果高鹽度的海水直接流入體內，會使細胞內的水分流出、引發脫水症狀。因此，海水魚會喝入大量海水，從鰓排出鹽分。進入血液裡的鹽分，則會在腎臟中抽取出來、**變成高鹽度的尿液排出**[*2]。

淡水魚則是會進行與海水魚相反的作用，由於體內的鹽度比淡水要高，水分會進入細胞內。因此淡水魚不太會喝水，只會從鰓吸收必要的氧和鹽分，並**大量排出低鹽度的尿液**。

從這種生理機能可以看出，海水魚無法生存於淡水，淡水魚也無法生存於海水，但是仍有些魚類不適用於這個常識。比如大家都知道，鮭魚會在河川孵化後游向大海，棲息於北太平洋，最後再洄游至故鄉的河川。這種往返海洋和河川的魚，都具備在河口處**切換滲透壓調整機能的能力**。

---

*1 會讓溶液的部分成分穿透，但其他成分無法穿透的膜。

*2 這是單指硬骨魚類。鯊魚和鯊魚等軟骨魚類是在體內累積大量尿素，以維持體液的高滲透壓，限制水和鹽分的吸收和排出。

鮭魚的成長過程和洄游路徑

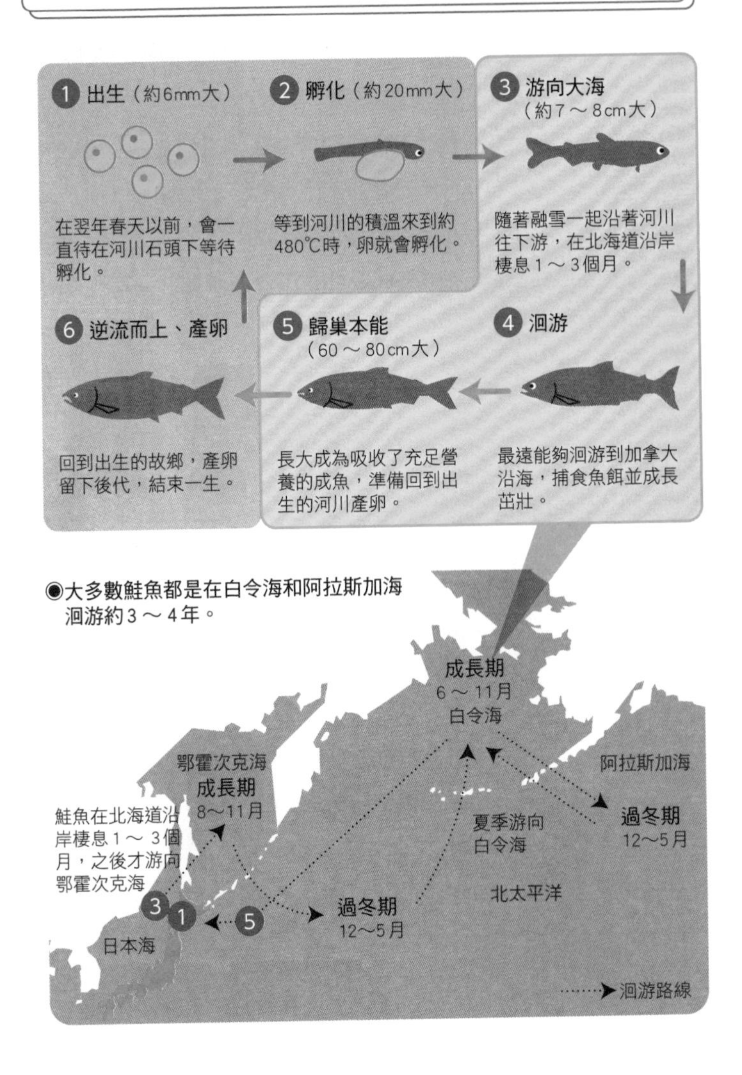

蝸蟻的社會

不工作的懶惰螞蟻，反而維繫螞蟻族群的存續!?

工蟻[*1]是維持螞蟻群體不可或缺的存在，但事實上還有其他很多**不工作的懶螞蟻**。根據北海道大學研究所副教授長谷川英祐的研究，他長期觀察螞蟻的行為並進行電腦模擬後，結果發現**拚命工作的螞蟻數量只占了全體約二成**[*2]，而且這二成螞蟻的工作內容就是為其他八成螞蟻收集食物。

那麼，其餘八成的螞蟻到底都在做什麼？其中**六成會從事普通的勞動，剩下的兩成則是什麼都不做**。儘管同樣都是工蟻，為什麼還會

---

*1 像是螞蟻和蜂類這種只靠蟻后、蜂后生育繁殖，其他個體只為了幫助繁衍而工作的生物，稱作真社會性動物。

*2 這在經濟學的領域稱作「工蟻法則」或「柏拉圖法則」。

一般的螞蟻生殖方法

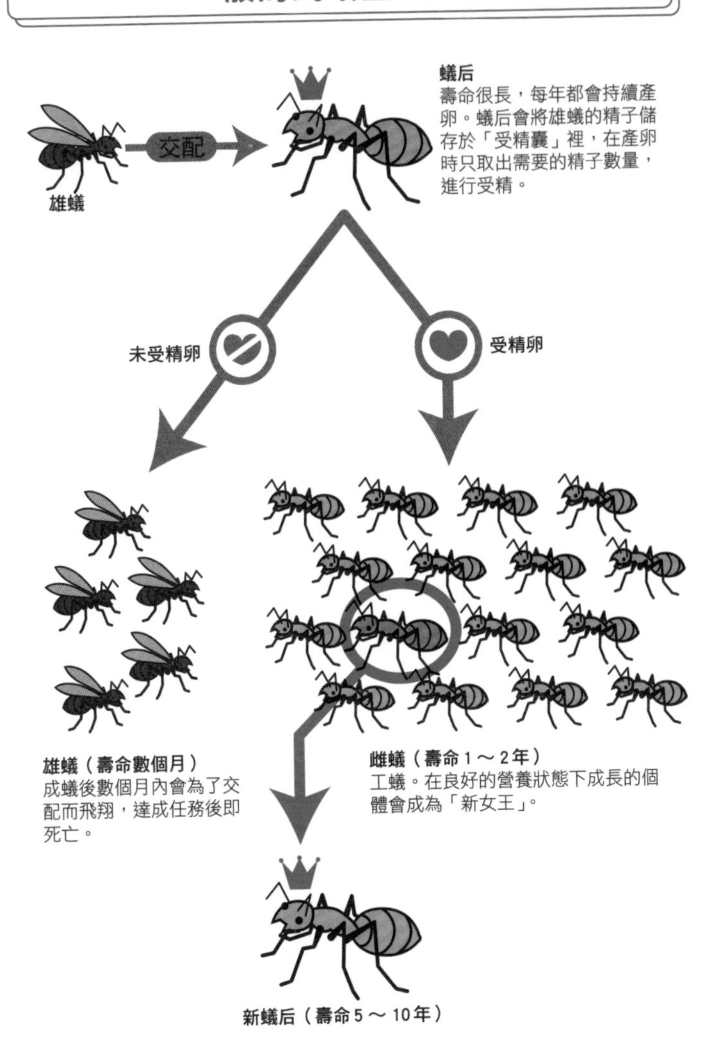
蟻后
壽命很長，每年都會持續產卵。蟻后會將雄蟻的精子儲存於「受精囊」裡，在產卵時只取出需要的精子數量，進行受精。
交配
雄蟻
未受精卵
受精卵
雄蟻（壽命數個月）
成蟻後數個月內會為了交配而飛翔，達成任務後即死亡。
雌蟻（壽命 1 ～ 2 年）
工蟻。在良好的營養狀態下成長的個體會成為「新女王」。
新蟻后（壽命 5 ～ 10 年）

有這種差別呢？

箇中差異就在於「動力的高低」。假設在尋找食物的情況下，有的螞蟻天生容易對特定的食物刺激產生反應（動力高），有些則不容易產生反應（動力低），這種遺傳性的差異就稱作**反應閾值**。如果所有螞蟻都擁有相同的反應閾值，會發生什麼事？如果螞蟻對相同的刺激一齊發起行動的話，牠們就會同時累垮，導致沒有螞蟻可以接續工作。為了預防出現這種「空檔」、**避免群體無法存續的狀況**，才需要有一群不工作的懶螞蟻[*3]。

由於每一隻螞蟻的反應閾值都有差異，即使只將拚命工作的那兩成螞蟻另外組成群體，牠們依然會漸漸分成工蟻和懶螞蟻的小組，最後比例**固定在二：六：二**。反之，只將懶螞蟻另外組成群體，當中也會逐漸出現工蟻，各組的比例最終也會形成同樣的結果。

＊3 當螞蟻面前出現工作時，首先是由反應閾值最低（動力高）的螞蟻做，等到牠們疲勞休息，或是前往其他地方時，反應閾值高（動力低）的螞蟻才會代勞。

以一定比例存在的「懶螞蟻」

在螞蟻社會裡，不工作的懶螞蟻和工蟻都會有一定的比例。

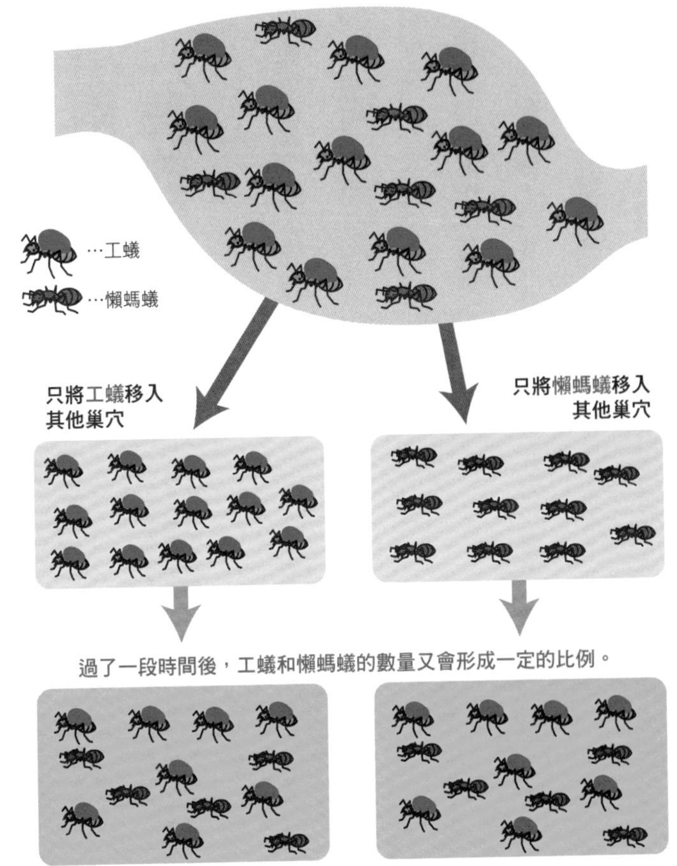

過了一段時間後，工蟻和懶螞蟻的數量又會形成一定的比例。

工蟻和懶螞蟻以絕妙的比例共存，藉此免於滅絕的危機。牠們正是刻意採取這種效率不佳的生存機制。

鳥的飛翔

兩種羽毛共存，鳥的翅膀如何激發飛行器發明？

人類是受到翱翔在天空的鳥類姿態啟發學習，才能夠製造出飛機的「機翼」，所以只要將鳥類飛行的機制視為和螺旋槳飛機相同的原理，就很容易理解了。

鳥飛行時使用的羽毛稱作「**飛羽**」。飛羽有兩種，長在腕部到末端的是產生**推力**的**初級飛羽**，長在前臂的則是產生**升力**的**次級飛羽**。它們會分別發揮相當於螺旋槳飛機的螺旋槳和機翼的作用。

次級飛羽和螺旋槳飛機的機翼，**剖面都一樣呈緩坡形**。將羽翼放在

鳥和螺旋槳飛機的相似點

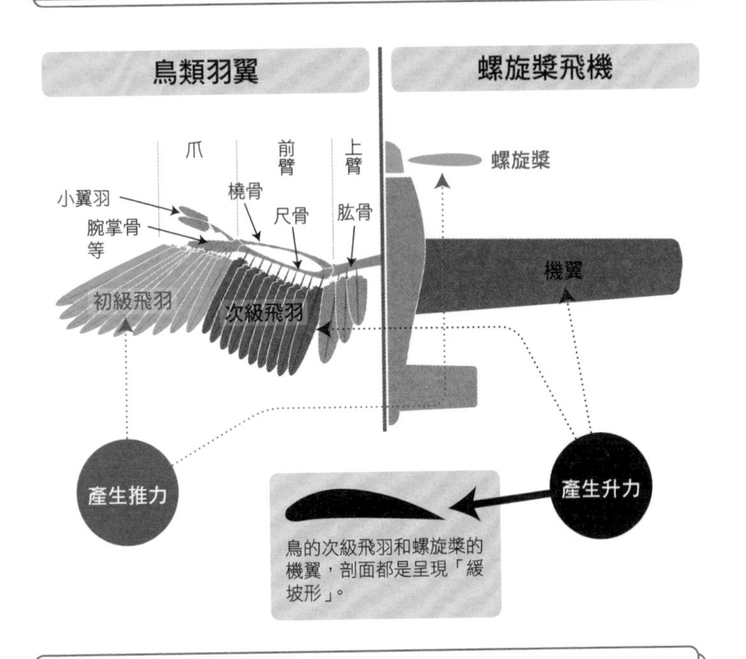

「升力」的生成原理

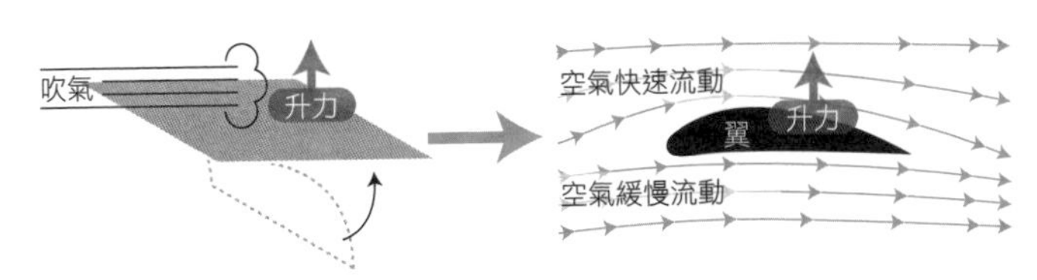

沿著紙張上面用力吹氣，紙就會往上飄。羽翼的升力和這個是同樣的原理。

羽翼上方的空氣會快速流動，使壓力比羽翼下方更小，因此才能將羽翼往上推。

氣流中，羽翼正面接觸的空氣就會上下分開、往後流動，這時羽翼上面的空氣會快速流動，因此壓力比羽翼下方要低，羽翼就會由下往上推升[*1]。

飛機的螺旋槳，槳葉相對於旋轉軸是呈現斜置的狀態，會因為旋轉而產生推力。相較之下，鳥類的羽翼在往下撲時，初級飛羽會朝下扭轉，將空氣往後推送；而羽翼往上撲時，初級飛羽則是逆向扭轉，以增加推力。因此，鳥類和螺旋槳飛機雖然外型不同，但都是**用相同的原理飛行**。

不過，各位應該看過候鳥排成V字隊形[*2]飛行的景象吧。那是前面的鳥乘著上升氣流排成一列才能做到的**省力**飛行方法，帶頭的鳥並非領導群體飛行，而是有時飛在前方、有時飛在後方。

---

*1 根據「白努利定律」，流體的速度一旦增加，壓力就會下降。

*2 這個現象稱作「雁行」。

「推力」的生成原理

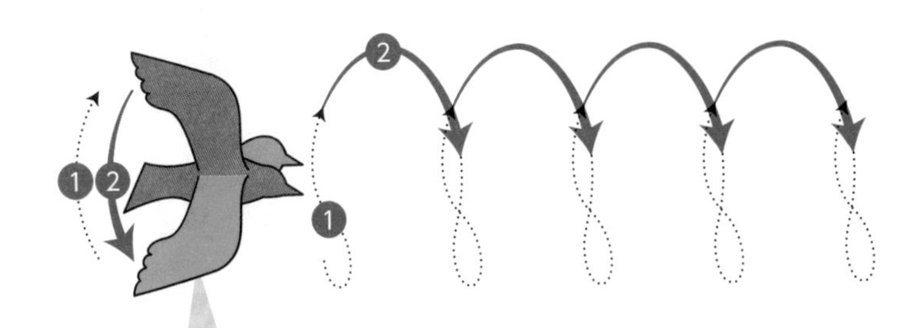

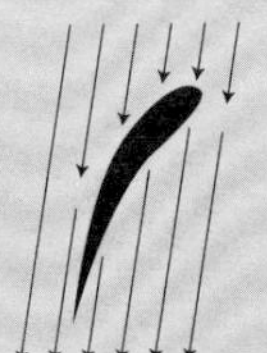
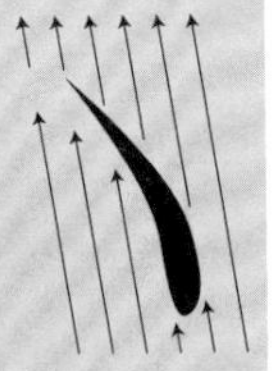

1 往上撲

羽毛隨風形成的間隙會有空氣流過，降低阻力。初級飛羽會朝上扭轉、加速推力。

2 往下撲

將羽翼的空氣往下壓，初級飛羽朝下扭轉，將空氣往後推送。

「V字飛行」很省力

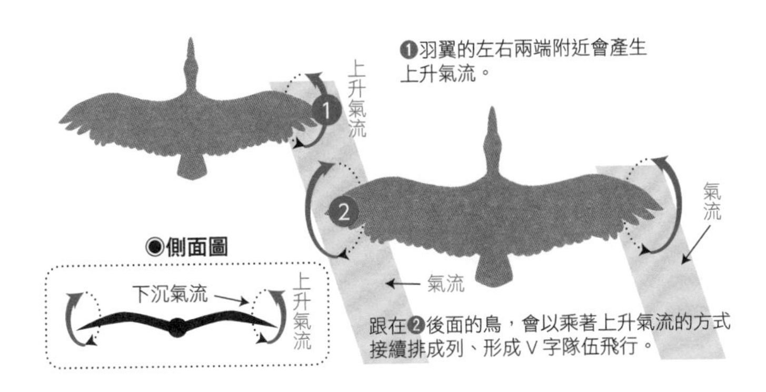

無籽水果

染色體只要以奇數組合，種子就會消失了!?

香蕉切成圓片後，可以看見中間分布著許多細小的黑點。這究竟是什麼呢？

其實，這些黑點就是香蕉**曾經有過籽（種子）的殘跡**。香蕉原本有種子，直到有一天突然變異，才變成了「**無籽香蕉**[*1]」。

一般來說，植物是從雄配子體的精核和雌配子體的卵子，分別繼承一組決定基因性質的「**染色體**」，進而擁有成對的兩組染色體，這就稱作「**二倍體**」。在製造精核和卵子時，兩組染色體會減數分裂，等

*1 野生香蕉還是「有籽」的品種。

因突變而消失的香蕉種子

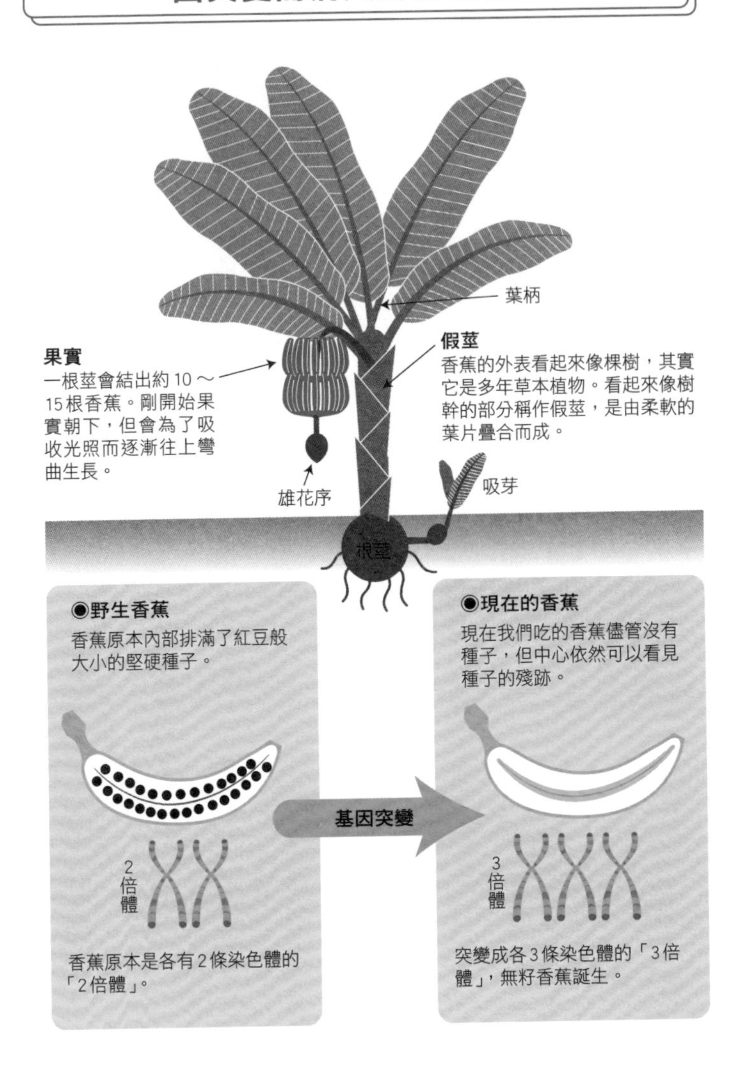

葉柄
假莖
香蕉的外表看起來像棵樹，其實它是多年草本植物。看起來像樹幹的部分稱作假莖，是由柔軟的葉片疊合而成。
果實
一根莖會結出約 10 ～ 15 根香蕉。剛開始果實朝下，但會為了吸收光照而逐漸往上彎曲生長。
雄花序
吸芽
根莖
◉野生香蕉
香蕉原本內部排滿了紅豆般大小的堅硬種子。
2倍體
香蕉原本是各有 2 條染色體的「2 倍體」。
基因突變
◉現在的香蕉
現在我們吃的香蕉儘管沒有種子，但中心依然可以看見種子的殘跡。
3倍體
突變成各 3 條染色體的「3 倍體」，無籽香蕉誕生。

到受精後又再次變成二倍體。

然而，無籽香蕉卻是因為突變，使得染色體變成三組（**三倍體**）。奇數的染色體組無法完整進行減數分裂，所以才**無法正常生成種子**[*2]。

無法留下種子，對植物來說雖然是個問題，但是對於把它吃進嘴裡的人類來說卻是十分方便，因此才會以人工培育的方式栽培出各式各樣的無籽水果。

無籽西瓜就是其中一例。首先將一種可使染色體數量翻倍的激素秋水仙素噴灑在西瓜上，做出擁有四對染色體的**四倍體**西瓜。接著栽培出四倍體西瓜的種子，將二倍體雄蕊的花粉抹在雌蕊上，就能栽培出**三倍體**的種子。用這個種子播種栽培，就能結出無籽西瓜了。

附帶一提，**無籽葡萄**[*3]的栽培原理，是將葡萄的子房浸入名為吉貝素的激素裡，讓葡萄毋須授粉，果實就會自然肥大[*4]。

＊2
既然無籽香蕉沒有種子，那要怎麼栽培呢？只要用假莖旁邊長出的新芽育苗，就能在農場裡進行無性繁殖。

＊3
店面常見的珍珠葡萄、無籽巨峰葡萄、無籽貓眼葡萄，都是屬於這種類型。

＊4
吉貝素需要在開花前和開花後，總共浸泡2次。

栽培無籽西瓜的方法

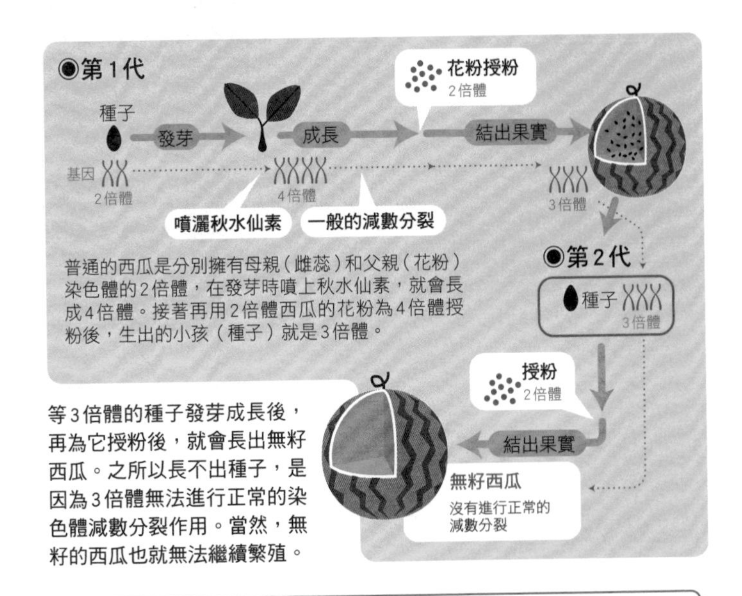

普通的西瓜是分別擁有母親（雌蕊）和父親（花粉）染色體的2倍體，在發芽時噴上秋水仙素，就會長成4倍體。接著再用2倍體西瓜的花粉為4倍體授粉後，生出的小孩（種子）就是3倍體。

等3倍體的種子發芽成長後，再為它授粉後，就會長出無籽西瓜。之所以長不出種子，是因為3倍體無法進行正常的染色體減數分裂作用。當然，無籽的西瓜也就無法繼續繁殖。

無籽葡萄的栽培方法

一般的葡萄

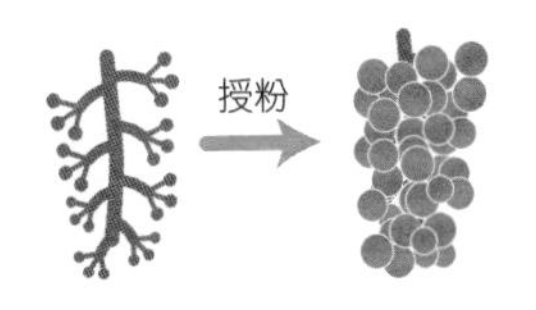

用普通的栽培方法，授粉後會栽培出一般的有籽葡萄。

無籽葡萄

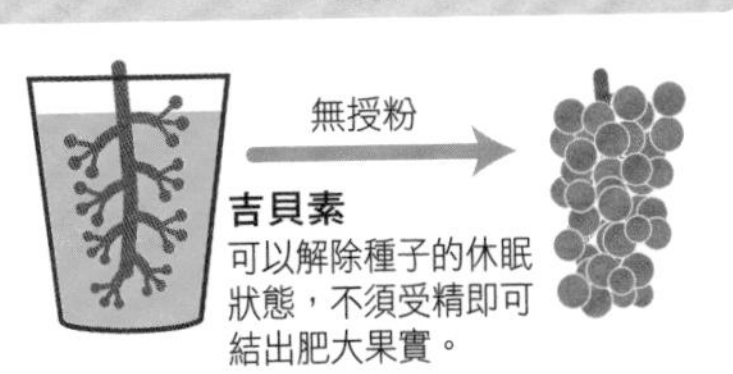

無授粉
吉貝素
可以解除種子的休眠狀態，不須受精即可結出肥大果實。

在開花前和開花後的10天左右，將葡萄子房浸泡在吉貝素裡，子房不須授粉即可成長，結出無籽葡萄。

植物的生存策略

一旦遭害蟲啃噬，就散發氣味召喚強力幫手！

植物不像動物一樣可以自由活動，但它們依然為了生長、繁殖而建立了多種生存機制。

植物的種子發芽需要**水**、**空氣**和**適當的溫度**，生長還需要**陽光**和**肥料**。葉子的**葉綠體**利用陽光的能量，從二氧化碳和水當中製造出澱粉粒的作用，稱作「**光合作用**」。植物會從葉片的氣孔攝入二氧化碳，也會從氣孔排出氧氣，因為這個現象，讓很多人都記得「植物會吸收二氧化碳、排出氧氣」的知識。

植物具備的各種機制

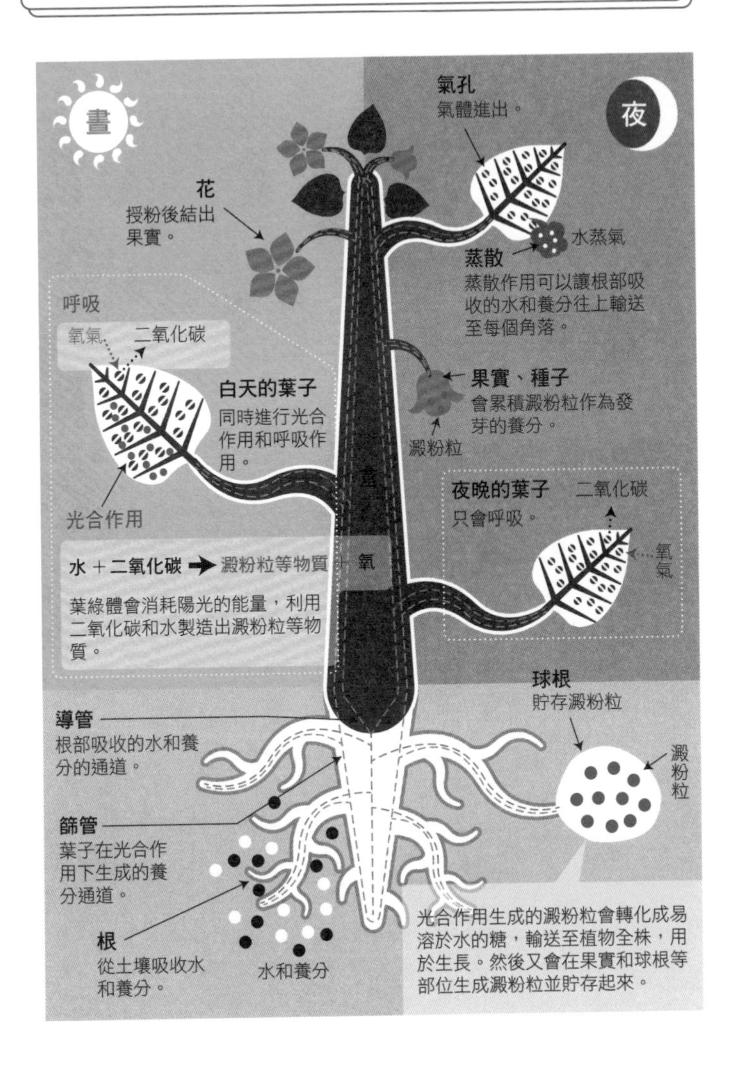
晝
夜
氣孔
氣體進出。
花
授粉後結出
果實。
水蒸氣
蒸散
蒸散作用可以讓根部吸
收的水和養分往上輸送
至每個角落。
呼吸
氧氣
二氧化碳
果實、種子
會累積澱粉粒作為發
芽的養分。
澱粉粒
白天的葉子
同時進行光合
作用和呼吸作
用。
夜晚的葉子
只會呼吸。
二氧化碳
氧氣
光合作用
水 ＋ 二氧化碳 ➡ 澱粉粒等物質 ＋ 氧
葉綠體會消耗陽光的能量，利用
二氧化碳和水製造出澱粉粒等物
質。
球根
貯存澱粉粒
澱粉粒
導管
根部吸收的水和養
分的通道。
篩管
葉子在光合作
用下生成的養
分通道。
根
從土壤吸收水
和養分。
水和養分
光合作用生成的澱粉粒會轉化成易
溶於水的糖，輸送至植物全株，用
於生長。然後又會在果實和球根等
部位生成澱粉粒並貯存起來。

但是，這個說法其實只對了一半。植物和動物一樣**整天都在「呼吸」**，會攝入氧氣並排出二氧化碳。

植物生長最重要的養分之一是**氮**。植物會從根部吸取氮，但是氮在土壤裡的分布並不均勻。由於根部無法自由活動，感應到根部缺乏養分的葉片就會**發出指令**，要求長在營養豐富的土壤裡的根攝取養分[*1]。

根據近年的研究，植物對於害蟲的防衛措施也終於真相大白。很多人以為植物無法防禦害蟲，其實它們大多數都會在察覺害蟲啃食葉片的危機時，發出「防守！」的求救訊號，開始展開防衛作戰。植物會生成能讓害蟲吃壞肚子的**蛋白質**，或是**散發可引誘害蟲天敵靠近的氣味**，藉此保護自己。這種防衛措施不只限於同一種植物，而是不同種類的植物都會一起共享。**偷聽**到周圍鄰居發出SOS訊息的植物，就會感同身受一般展開保護措施，以免被害蟲吃掉。

＊1
根部一旦缺乏營養，就會將名為「CEP」的激素輸送到葉子，促使葉子分泌出「CEPD」激素，發出指令要求長在富含氮的土壤裡的根攝取養分。

葉子會感應到根部的「飢餓」

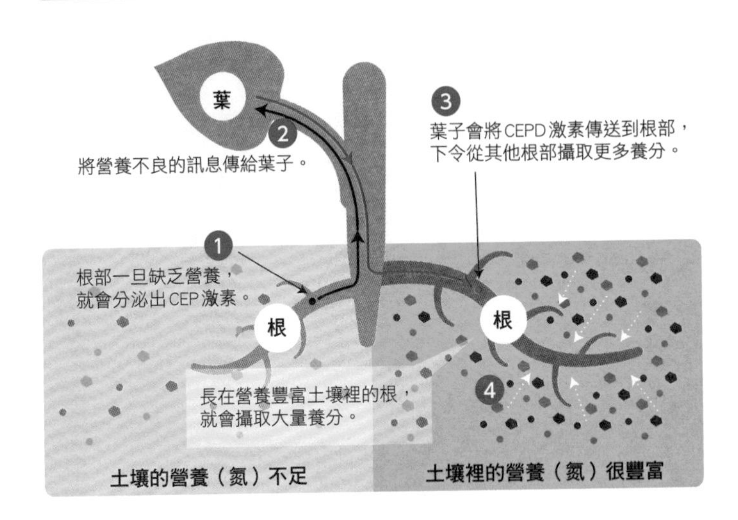

葉
2
將營養不良的訊息傳給葉子。
3
葉子會將CEPD激素傳送到根部，
下令從其他根部攝取更多養分。
1
根部一旦缺乏營養，
就會分泌出CEP激素。
根
根
長在營養豐富土壤裡的根，
就會攝取大量養分。
4
土壤的營養（氮）不足
土壤裡的營養（氮）很豐富

植物防衛害蟲的三種機制

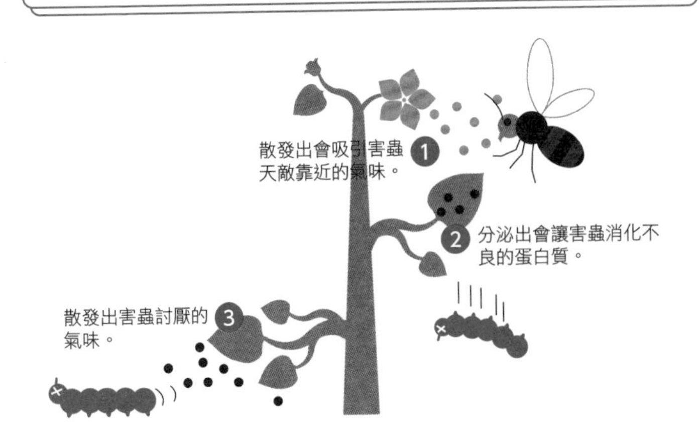

櫻花盛開

染井吉野櫻同時綻放！賞櫻人的未解之謎

春天是賞櫻的季節，**櫻前線**[*1]會從西日本逐漸北移至關東、東北、北海道。但是，為什麼櫻花一到春天就會同時盛開呢？

櫻花會在花朵凋謝幾個月後、大約七～八月在葉片根部長出花芽，開始為翌年開花做準備。櫻花樹會維持花芽的狀態休眠，等到秋季落葉、暴露在冬季寒冷的空氣中，才會逐漸甦醒。之後，隨著氣溫升高，花芽會愈長愈大，等到春天花朵就會綻放。

日本大多數地區宣布櫻花開花的時間，都是以**染井吉野櫻**為準。其

＊1　預測同一地點開花時間的日期線。因為含義類似日本天氣預報裡使用的「前線」一詞（中文稱為「鋒」），所以才以此為稱呼。

櫻前線一路北上

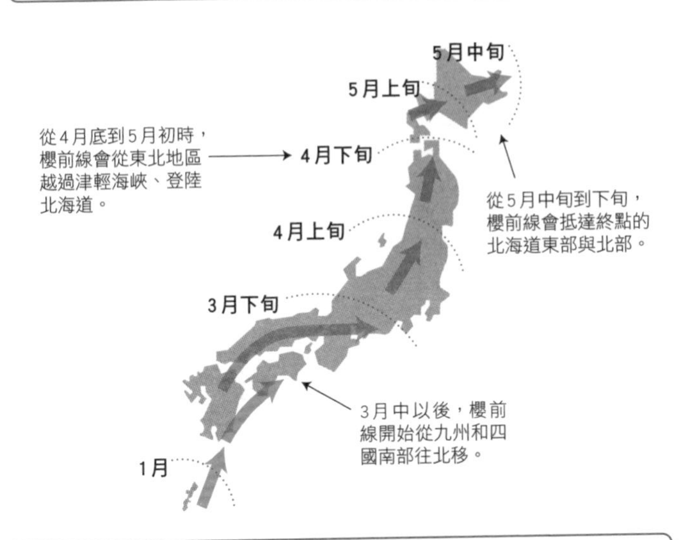

櫻花的開花預測

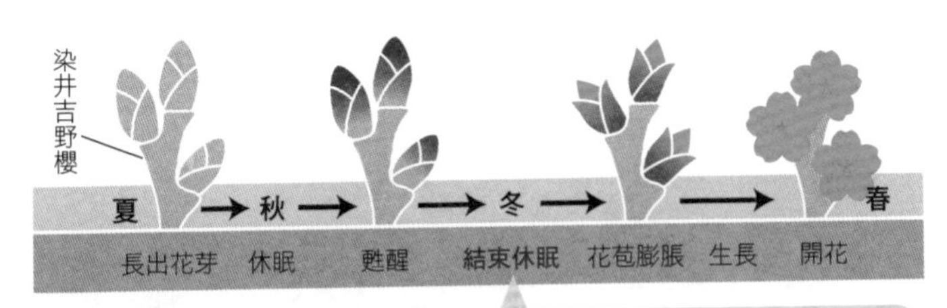

❶ 根據緯度和冬季氣溫等數據推出起算日。

❷ 加上溫度變化的日數（從氣溫推估花芽生長量的數據）。

❸ 累加的數值為23.8日的那一天就是「開花日」！

實，染井吉野櫻全部都是擁有相同基因的「**無性繁殖**」植物。

染井吉野櫻是在江戶時代後期，由染井村[*2]的植木造園師栽培出來的品種。但是，染井吉野櫻卻無法彼此授粉，只能以嫁接的方式繁衍。因此，它是透過一棵原木不斷嫁接來增加數量。

像野生的日本山櫻這種擁有不同基因的個體，開花的時機便各不相同；但如果是無性繁殖的櫻花，只要處於相同的地區和氣候條件下，就會**一齊開花**，**同時完全盛開**，**最後一齊凋謝**。

二〇一九年三月，京都府立大學等機構組成的研究團隊，宣布已成功解讀推定是原木的染井吉野櫻[*3]的所有遺傳基因資訊（**基因體**）。

根據一般說法，染井吉野櫻的祖先可能是**江戶彼岸櫻**和**大島櫻**；而且研究發現，這兩個祖先是在五百五十二萬年前分開成為不同的品種，直到一百數十年前雜交後才又合而為一、孕育出染井吉野櫻。

＊2 位於現在東京都豐島區駒込一帶。

＊3 位於東京上野公園內的染井吉野櫻。

染井吉野櫻的來歷

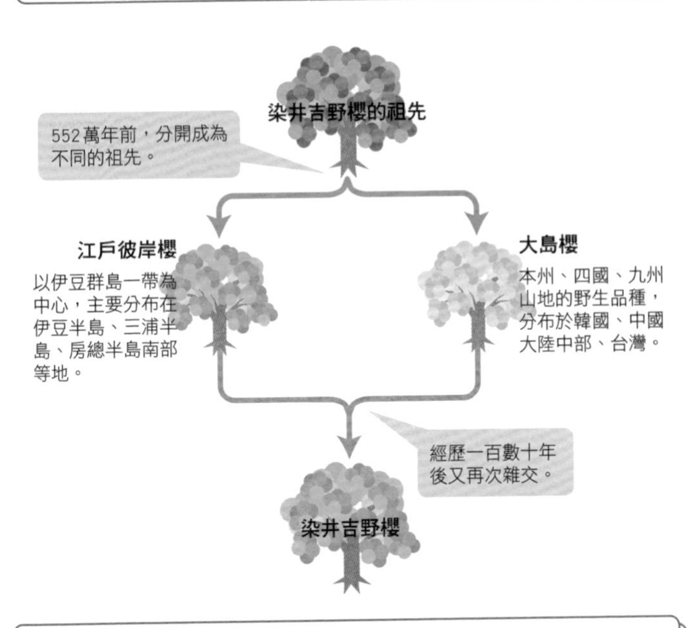

樹木繁殖的主要方法

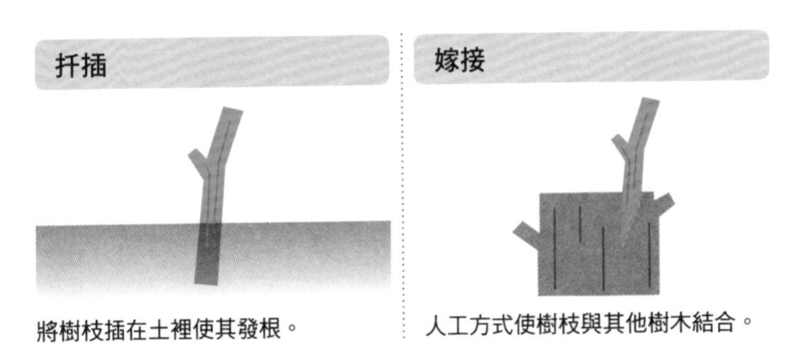

扦插
將樹枝插在土裡使其發根。
嫁接
人工方式使樹枝與其他樹木結合。

獨角仙的角

雄壯威武的獨角仙，大角的生長機制終於解謎！

提起每到夏天就會開始出沒的獨角仙，大家都會想到牠別具特色的紅褐色身體和雄蟲頭上巨大的**角**[*1]。獨角仙雖然會用這支大角撞飛其他獨角仙或昆蟲，但這個動作未必是在打架。獨角仙遇見同類時，會先用角互相衝撞，直到足以判斷對方「比自己壯、打不贏」，其實就會**馬上撤退**、**迴避無用的爭鬥**。

不只是獨角仙，凡是從卵長到幼蟲、再結蛹變成成蟲的「完全變態」昆蟲，在從幼蟲到結蛹時期會經歷一次脫皮，大幅改變外貌。獨

＊1 獨角仙屬於鞘翅目金龜子科兜蟲亞科，但其實是少數擁有大角的昆蟲。牠們大部分棲息於熱帶到亞熱帶，大概也只有日本獨角仙，是少數分布在人口稠密的溫帶的獨角仙。

獨角仙的生命週期

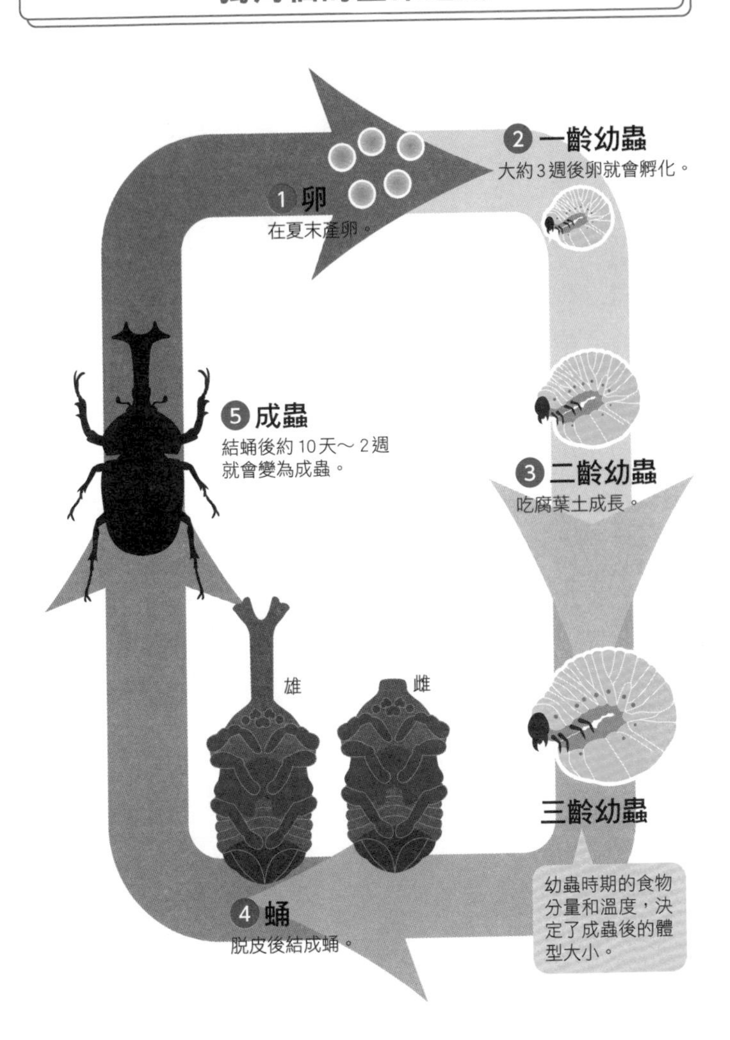

① 卵
在夏末產卵。
② 一齡幼蟲
大約3週後卵就會孵化。
③ 二齡幼蟲
吃腐葉土成長。
三齡幼蟲
幼蟲時期的食物分量和溫度，決定了成蟲後的體型大小。
④ 蛹
脫皮後結成蛹。
雄
雌
⑤ 成蟲
結蛹後約10天～2週就會變為成蟲。

角仙從幼蟲到結蛹時，**只要兩小時左右就會長出大角**，但過去我們一直無從得知牠為何能在這麼短的時間內長出角。

二〇一七年，名古屋大學研究團隊在調查過程中，發現獨角仙的角是分成兩個階段生成。獨角仙在幼蟲時期會形成「**角原基**[*2]」，角是折疊收在頭部裡的狀態；等到脫皮結蛹時，角原基就會**頓時展開**，才會出現巨大的角。

那麼，為什麼獨角仙雌蟲沒有大角呢？關於這個問題，基礎生物學研究所等機構組成的研究團隊，直到二〇一九年四月才終於找到答案。獨角仙在幼蟲和蛹之間會經歷約五天的「**前蛹期**」，雄性會在這段期間開始長出角原基，但是雌性在前蛹期開始後約二十九個小時左右，決定性別的「**變形基因**」就會產生作用，於是才長不出角[*3]。

＊2
長、寬、厚度約1公分。

＊3
證據就在於，這個時期的變形基因如果沒有發揮作用，連雌蟲也會長出角。

長角的時間點

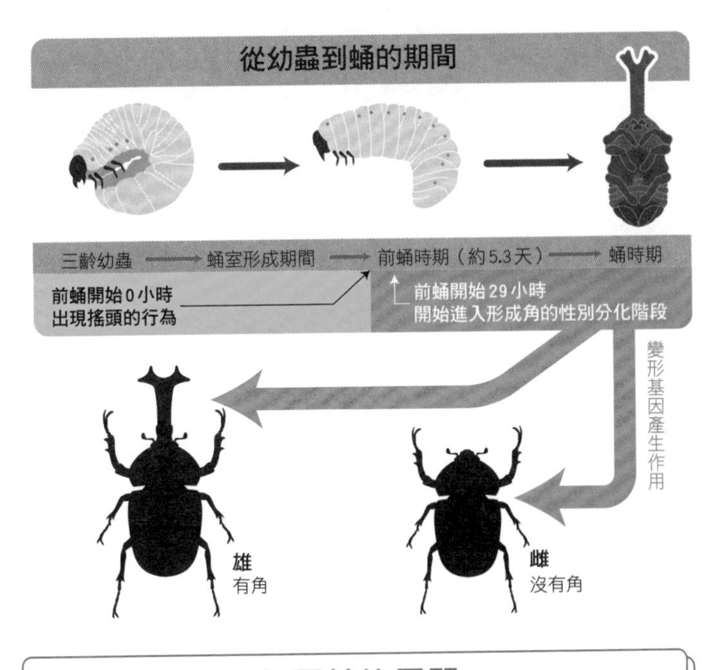

角原基的展開

長在幼蟲頭部的角原基

表面有很多皺褶，形成緊密的折疊紋路。

脫皮時會一口氣展開！

出處：參考名古屋大學生命農學研究所，專聘教授後藤寬貴的研究團隊發表的資料製作而成。

column

生活愈北方的熊體型就會愈大？

熊的足跡從東南亞地區遍及北極圈，分布範圍十分遼闊。不過，馬來半島的馬來熊體長只有1～1.5公尺，體型相當小巧，棲息於日本本州以南的亞洲黑熊體型比牠要大得多了。而北海道的棕熊體型又更大，住在北極圈的北極熊最大可以長達3公尺。可見愈北方、氣候愈寒冷的地帶，熊的體型就愈大。

這是為什麼呢？背後的原因其實可以從數學來解釋，簡單來說，就是「體積變大，表面積就會相對變小」這個簡單的定理。各位不妨想像一下立方體，當正方形的邊長變成2倍以後，體積就變成了8倍（2×2×2），可是表面積卻只會變成原來的4倍（2×2），相對比足足少了一半。

哺乳類動物身體散發的熱量，幾乎和體積成正比，而熱量會透過身體表面流失。所以居住在寒冷地帶的哺乳類，會藉由擴大體型來縮小表面積的相對比，藉此抑制體內熱量的逸失。

»» Part3 ««

「社會全貌」的驚奇原理

日本電話號碼由北到南排序，「郵遞區號」則採亂數？

日本的**電話號碼**基本上是根據都道府縣和市町村等行政區劃來分配。表示國內通話的長途冠碼，是在不包含區域碼的開頭「0」後面加上數字，例如北海道和東北北部是「1」，東北南部、信越和北關東是「2」，東京二十三區是「3」，南關東是「4」，數字會逐漸變大，中國和四國是「8」，九州和沖繩則是「9」，雖然也有部分例外，不過**編號是依北到南的順序逐漸遞加**[*1]。因此，只要看到電話號碼，某種程度來說即可判斷對方的所在地。

---

*1 日本區域碼的第1碼代表大範圍區域，第2碼代表都道府縣，第3碼以後基本上是以市町村為單位分配號碼。不過，用戶愈多的區域，區域碼通常愈短。

日本電話號碼的編排

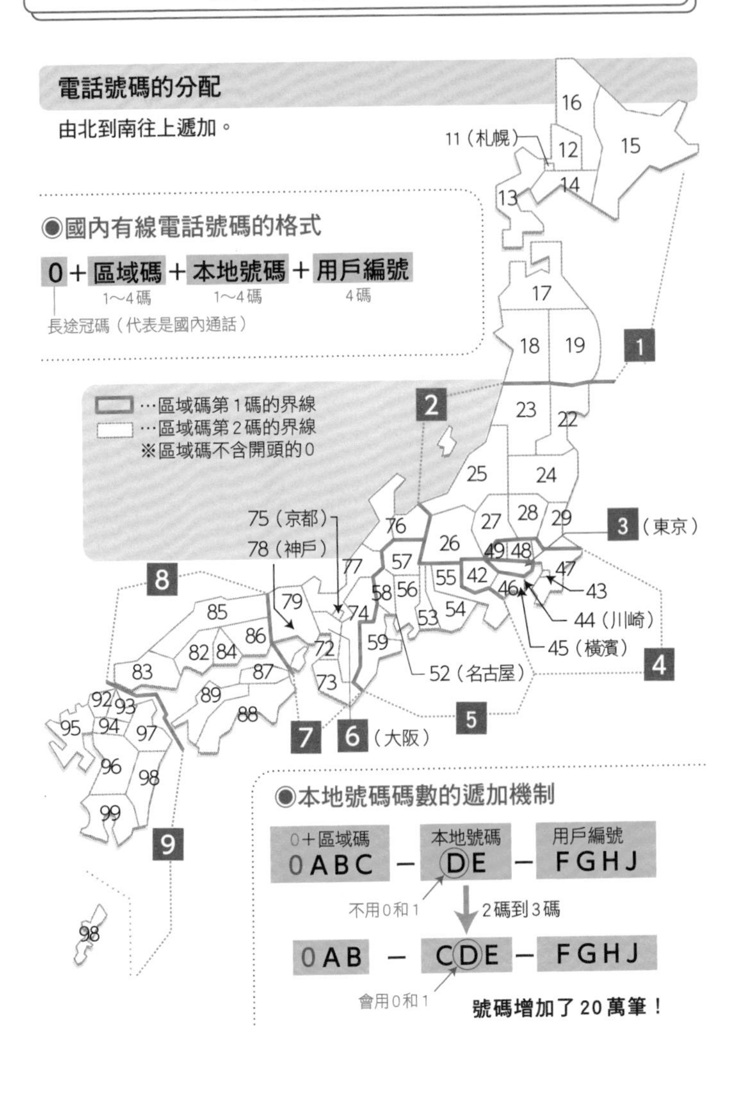
電話號碼的分配
由北到南往上遞加。
◉國內有線電話號碼的格式
0＋區域碼＋本地號碼＋用戶編號
1～4碼
1～4碼
4碼
長途冠碼（代表是國內通話）
…區域碼第1碼的界線
…區域碼第2碼的界線
※區域碼不含開頭的0
11（札幌）
3（東京）
44（川崎）
45（橫濱）
52（名古屋）
75（京都）
78（神戶）
6（大阪）
◉本地號碼碼數的遞加機制
0＋區域碼
0ABC
本地號碼
DE
用戶編號
FGHJ
不用0和1
2碼到3碼
0AB
CDE
FGHJ
會用0和1
號碼增加了20萬筆！

另一方面，日本的郵遞區號卻不是由北開始依序排列，很難看出編碼的規則，其實關鍵就在於「郵政」，它與遍布全國的**郵政網路形狀**有很大的關聯。

日本的郵遞區號是在一九六八年啟用，當初也有從北海道開始依序編碼的方案，但是最終決議採用**以郵件處理數量最大宗的東京為起點**的方案，決定將「10～20」[*2]分配給東京。而且，當時**是用火車載運郵件**，所以號碼才從關東往西、沿著東海道本線和山陽本線依序遞加。

而從近畿經過中國、四國，分配到九州的郵遞區號，之後則是跳到當時沒有鐵路幹線的北陸，最後才經過東北、排到北海道。順便一提，當時**由美國治理的沖繩**，因為預估以後將會回歸日本，所以才預留為「90」，東京的「20」和千葉的「26」則是作為未來人口可能會增加的區域而保留的空號[*3]。

＊2
前2碼代表都道府縣，而前3碼或前5碼則代表轄區的郵局。

＊3
日本郵遞區號在1998年改成7碼，6、7碼是用於對應居住地區（町域）。而且7碼在計算上可以編排出1千萬筆郵遞區號，不過實際上目前正在使用的大約是14萬6千筆，不到全體的1．5％。

日本郵遞區號的編排

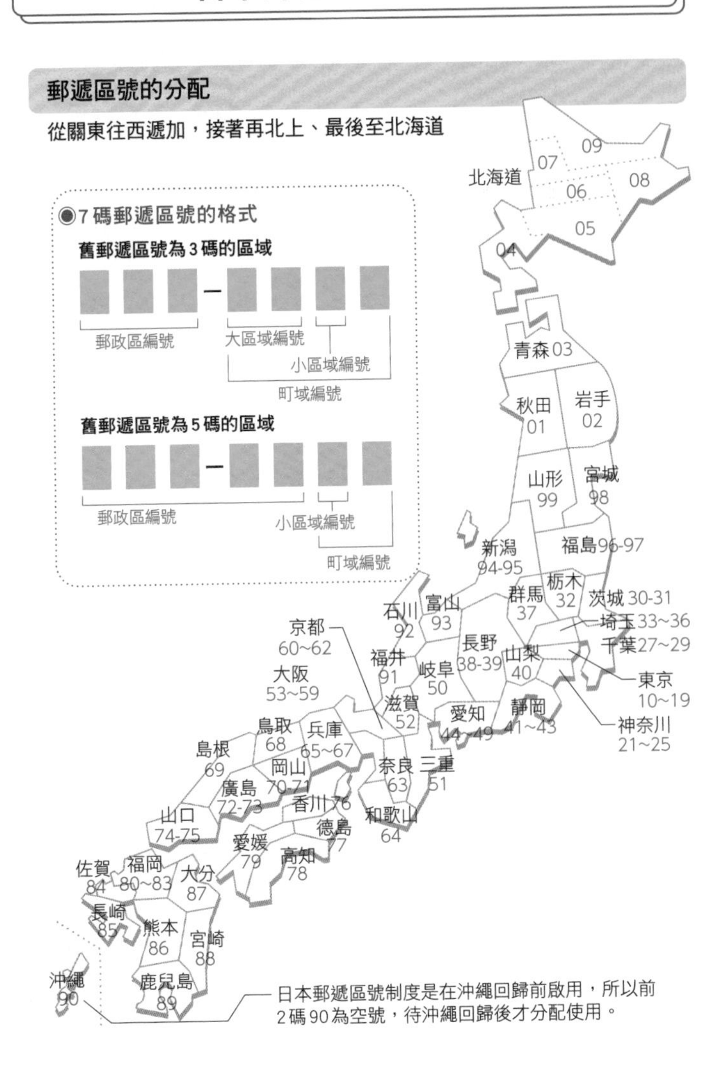
郵遞區號的分配
從關東往西遞加，接著再北上、最後至北海道
◉7碼郵遞區號的格式
舊郵遞區號為3碼的區域
郵政區編號
大區域編號
小區域編號
町域編號
舊郵遞區號為5碼的區域
郵政區編號
小區域編號
町域編號
北海道
09
07
08
06
05
04
青森 03
秋田 01
岩手 02
山形 99
宮城 98
新潟 94-95
福島 96-97
群馬 37
栃木 32
茨城 30-31
埼玉 33~36
千葉 27~29
東京 10~19
神奈川 21~25
石川 92
富山 93
長野 38-39
山梨 40
京都 60~62
大阪 53~59
福井 91
岐阜 50
滋賀 52
愛知 44~49
靜岡 41~43
鳥取 68
兵庫 65~67
島根 69
岡山 70-71
奈良 63
三重 51
廣島 72-73
香川 76
和歌山 64
山口 74-75
德島 77
愛媛 79
高知 78
佐賀 84
福岡 80~83
大分 87
長崎 85
熊本 86
宮崎 88
沖繩 90
鹿兒島 89
日本郵遞區號制度是在沖繩回歸前啟用，所以前2碼90為空號，待沖繩回歸後才分配使用。

平均值

新聞常見的「平均存款」和「平均所得」的表現方式

所謂的**平均值**[*1]，是顯示資料中心所在的一個指標。這個數值常用來簡單表現收集大量數據的統計資料結果，但若是說這個數值代表「普遍」，可能會讓人無法認同。

比方說，根據二〇一八年的日本國民生活基礎調查，前一年度每個家庭的平均所得金額，全戶合計為**五百五十一萬六千日圓**。但是從國民所得的分布狀況來看，低於這個平均所得的家庭占了全體的百分之六二・四，所以這個數值絕對稱不上是「普遍」。

*1 以特徵表示任一數據群的數值稱作「代表值」，平均值即是其中之一。

平均值和中位數哪裡不同？

平均值 …所有數據相加後再除以數量的數值

A同學

B同學

C同學

D同學

E同學

F同學

（100＋65＋76＋48＋95＋67）÷6＝75.2分

中位數 …數據由小到大（或由大到小）排列後，位於正中央的數值

D同學

B同學

F同學

C同學

E同學

A同學

（67＋76）÷2＝71.5分

（數據量若為奇數，就取正中央的數值；
若為偶數，則是中央2個數值相加後除以2）

平均值、中位數的位置

左右對稱的數據（常態分布）

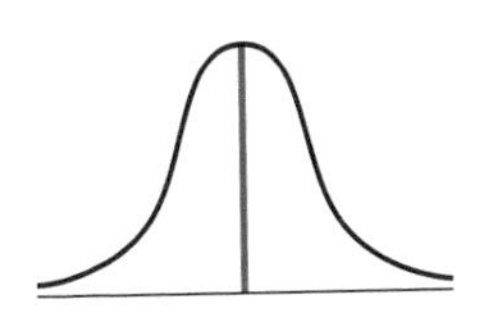

平均值＝中位數＝眾數（普通數值）

左右不對稱的數據

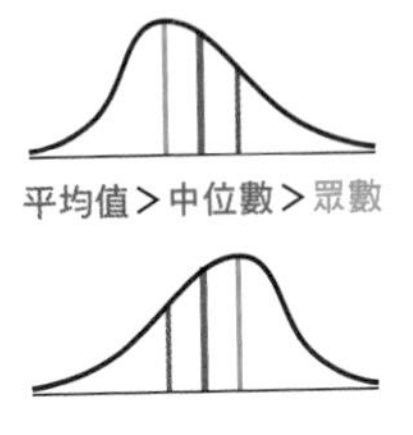

平均值＞中位數＞眾數

平均值＜中位數＜眾數

為什麼會出現這種結果呢，因為所得較高的家庭拉高了平均值。實際上，如果統計中加上**離群值**[*2]的數據，最容易受到影響的指標就是平均值。當統計圖上的數據曲線左右均勻展開成富士山的形狀時，平均值就會符合大眾的感受；但要是統計圖呈現偏左或偏右的曲線，那就未必能使人有同感了。

這時需要檢查的指標，就是**中位數**和**眾數**[*3]。中位數是數據由小到大（或由大到小）排序後、位於正中央的數值，所以就算離群值增加，也不會有太大的影響。眾數是指出現次數最多的數值，是不會受到離群值影響的指標，這個數字才最符合一般大眾對於「普遍」的認知。

附帶一提，偏差值是測量某個數值在整體數據中的所在位置，如果統計圖的數據是左右分布成富士山形的話，從偏差值可以了解該數值在群體內，與最高值相比為多少百分比。

*2
比較其他數據時，極端大（或小）的數值。

*3
在多個數值的集合當中出現次數最多的數值，英語為「mode」。

來看看儲蓄、所得的統計

各階級家庭現有儲蓄分布圖（2018年）

出處：日本總務省「家計調查」（2人以上家庭）

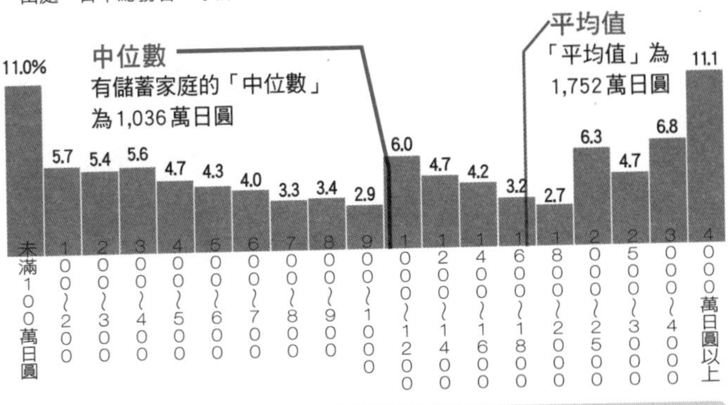

低於平均值的家庭有67.7%，占了全體約2/3。

各階級家庭所得金額分布圖（2017年）

出處：日本厚生勞動省「國民生活基礎調查」

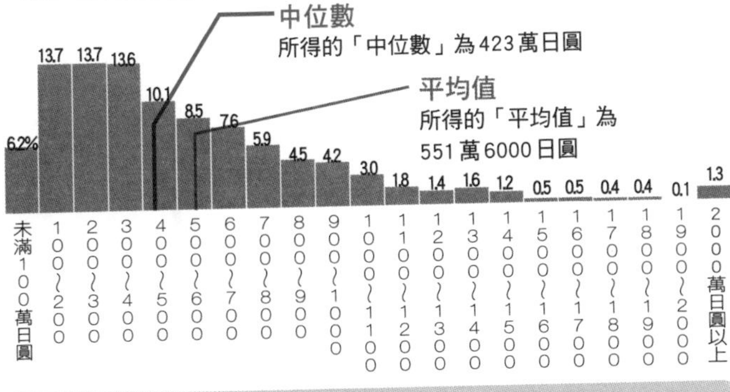

低於平均以下的比例為62.4%，占了全體約1/3。

交通號誌燈

老是被紅燈擋住，其實是號誌燈的刻意設計？

各位開車行駛在馬路上時，會不會覺得自己「**老是被紅燈擋下來**」呢？這種現象其實跟號誌燈的機制大有關聯。

設置在路口的號誌燈是以一到兩分鐘左右的間隔由綠轉黃，接著再轉成紅燈，但它會因應地區或車流量，還會考慮主要道路和次要道路的時間分配（**時比**）[*1]、最近路口號誌燈綠燈的時間差距（**時差**），非常精密地控制燈號的轉換。

號誌燈的基本控制方法是「**間歇控制**」。這是單獨控制各個號誌燈

＊1 在車流量大的主要道路和較少的次要道路，如果綠燈的時間分配相同，那就形同虛設，所以才需要配合車流量的時比。

號誌燈的控制方法

◉間歇控制

在每個路口個別控制號誌燈的方法。又稱作「地點控制」。根據一日的車流來控制（多段控制），至於無法實行多段控制的路口，則是配合車流量個別調整時間（感應控制）。

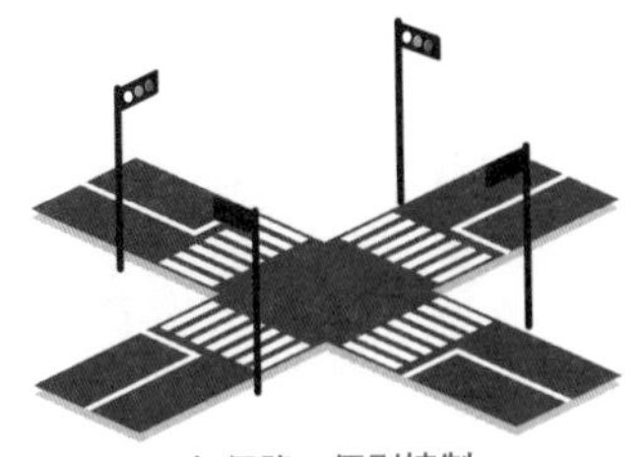

每個路口個別控制

◉系統控制

多半用於主要道路。聯結所有連續設置的號誌燈再加以控制，讓車輛可以順暢通行。第一個號誌燈轉綠以後，過了一段時間，下一個號誌燈就會轉綠。又稱作「線性控制」。

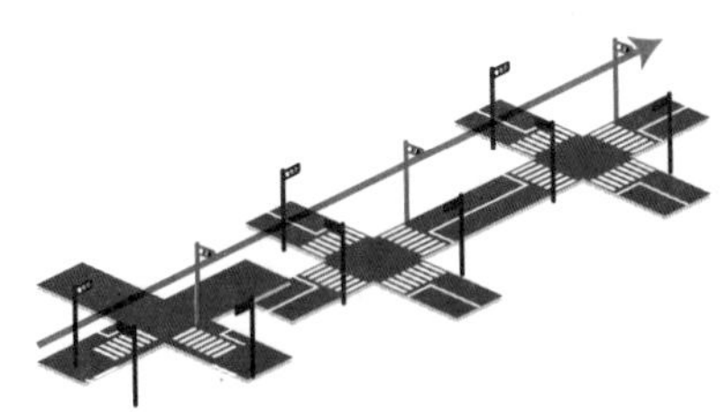

建立聯結後控制

◉地區控制

應用於設置大量號誌燈的都市區域。會進行「減少停止次數」、「縮短等待時間」等各種計算，在準確的時間點對各路口的號誌燈下達燈號轉換的指令。又稱作「平面控制」。

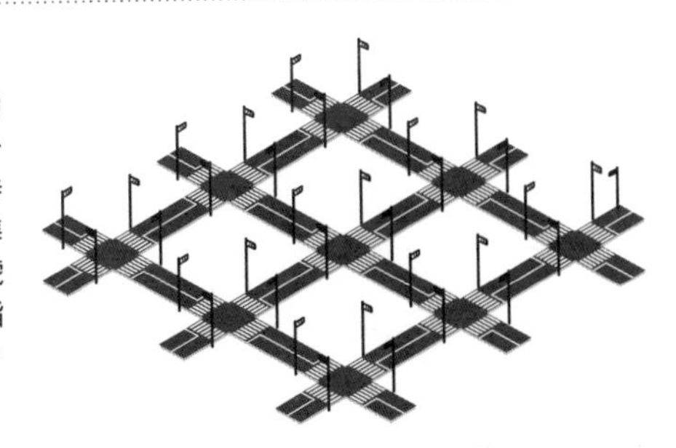

收集無盡交錯的路況資料，分析後再加以控制

的方法，燈號會在固定的時間點以綠、黃、紅的循環依序亮燈，另外也有按鈕式或透過感測器檢測車輛靠近的感應式。

用單一系統聯結大馬路上連續號誌燈的方法，就是「**系統控制**」。它可以因應車輛的行駛，將行進方向的號誌燈陸續轉綠，負責讓車流更順暢[*2]。而用來因應更廣大交通範圍的方法，則是「**地區控制**」。在道路以網狀分布的都市區域，隨處都設置了車輛感測器，以便即時監視交通狀況，並根據感測器回傳的資訊控制號誌燈[*3]。

「老是被紅燈擋下來」可能就是因為「系統控制」的緣故。號誌燈會以一定的時差轉換綠燈，所以只要車輛以固定的速度行駛，就能連續通過路口；但要是**快速行駛**，就無法配合這個時差，才會**被紅燈擋下來**。

＊2 按下按鈕後，路人專用號誌燈也不會立刻轉綠。這是為了避免讓行駛中的車流在系統控制下，途中因為按鈕而突然被迫停車。

＊3 都市區域的號誌燈是透過網路連結，經由「交通管制中心」進行精密的控制。

時比和時差

時比

號誌燈依序轉換成綠、黃、紅燈，轉換一輪的時間稱作「循環」。主要道路、次要道路在一個循環裡的時間分配，就稱作「時比」。

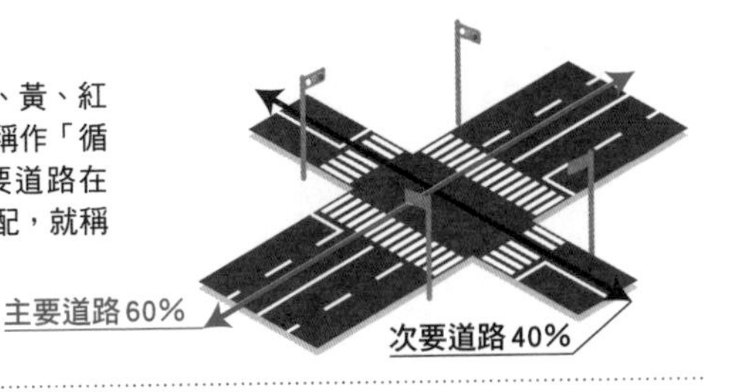

時差

為了讓車輛能順暢通過下一個路口，綠燈的轉換時間會設定差距。這個「差距」就稱作「時差」。

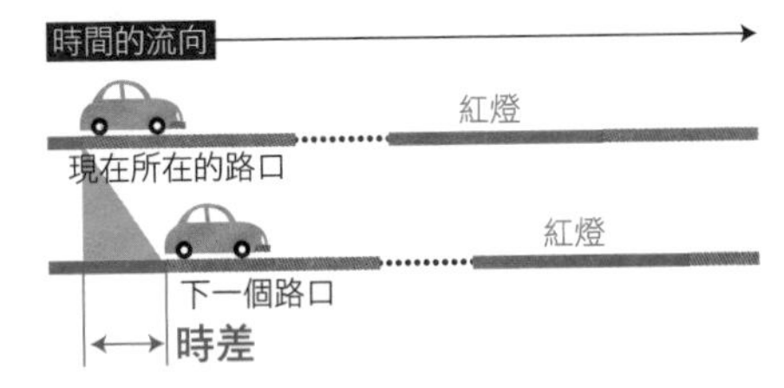

連續紅燈的原因

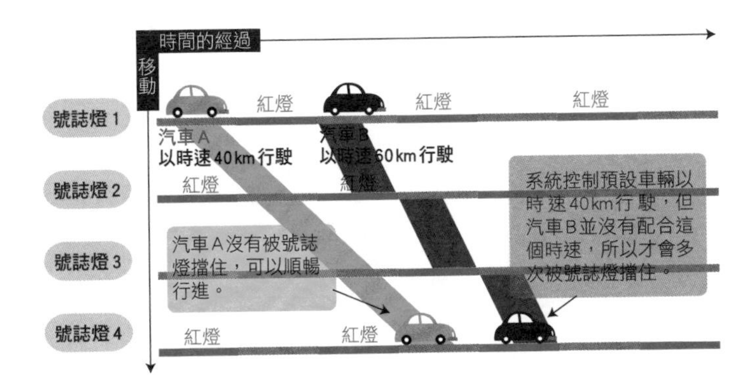

廣告後馬上回來

沒有完結反而更在意？廣告宣傳的心理暗示

當我們看見或聽見「**廣告後馬上回來**」、「**詳情請上官網查詢**」這類說詞，儘管會覺得不耐煩，卻還是很在意後續而用手機上網搜尋，或是守在電視機前等到廣告播完。

這個技巧就是巧妙地活用「人對於**未達成或中斷的事物**，比已經達成的事物更難以忘懷」的**蔡加尼克效應**[*1]。

其實，蔡加尼克效應在我們的生活中隨處可見。只要電視節目上秀出「某位話題人物登場」這類賣關子的說詞，或是出現某個名稱的縮

＊1　名稱源自發現這個效應的心理學家布盧瑪・蔡加尼克。根據她的實驗結果，與持續執行工作任務的團隊相比，刻意中斷工作的團隊在後續對於工作內容的記憶更鮮明。而在更進一步的實驗中，她還發現中斷工作可以提高人對於工作的興致和關心。

什麼是蔡加尼克效應？

先結束一個課題、再進入下一課題

注意力和緊張感會為了完成課題而升高，完成後就會鬆懈，並將注意力移向下一個課題。結果就是很容易遺忘已經達成的課題。

維持課題尚未結束的狀態，進入下一課題

比起直接完成一道課題，中斷並直接跳到下一個課題，會更容易記住前一課題的內容。人對於尚未完成的事情，以及半途而廢的事情，會更容易留下記憶。

寫字卡，就能引發觀眾的好奇心；連續劇的劇情在即將進入重大進展時戛然而止，接著浮現「下集待續」等字幕，觀眾就會想「下禮拜也要看才行」而不得不繼續收看下一集。此外，剛開始交往的情侶只要在訊息裡說「下次見面時我們再……」，就會讓對方對下一次的約會迫不及待，這也是同樣的道理。

比方說，**集滿點數就能兌換贈品的集點卡**，正是利用這種效果的原理。顧客可以在尚未換到贈品的過程中享受集點的樂趣，最終成為優良的忠實顧客。

蔡加尼克效應就是以這種方式應用在各種領域[*2]，不過我們也可以逆向操作，用來提升工作效率，那就是特地在尚未告一段落的地方停止工作。像是寫作時故意不寫完一個完整的段落，或是突然中斷長途會議、稍事休息，都有助於延續緊張感、工作效率更高。

＊2 最廣為人知的，就是只開放第一頁供大眾免費閱讀，完整內容必須加入付費會員才能讀的新聞報導或文章，這些都是利用蔡加尼克效應的作法。

蔡加尼克效應的應用範例

◉電視節目

「下週待續」、「廣告後馬上回來」、「後續將有驚人發展」之類的宣傳語，在內容即將進入重大進展時結束播放，會吸引觀眾想要繼續看下去。

◉網站

「腰痛的原因有9成都來自於〇〇」、「可以集中注意力的兩個方法」等標題，都是應用了蔡加尼克效應。文章只開放部分免費閱讀、規定「付費即可閱讀全文」的網站也是同理。

◉商業買賣

提出對方可能感興趣的話題，或是傳送參考資料，引起對方某種程度的興趣，然後再表明「詳情會在我親自拜訪時告知」，會更容易跟對方約定會面的時間。

◉店鋪

依購買次數提供各種贈品的集點卡或集章卡，是為了讓顧客產生「要再來買東西集點」的念頭，是用來增加回頭客的有效手法。

隧道工程

基礎設施不可或缺，卻無人知曉的「挖洞」體系

建造隧道的工法有好幾種[*1]，如果是在地底下的隧道工程，現在最常採用的就是以**潛盾機**進行的**潛盾隧道工法**。

用潛盾隧道工法挖掘隧道，首先要在建造鐵路車站時，用**明挖法**在地面挖出大洞，將機器零件運入坑道內，在地下組裝機器後再開始動工。明挖法是挖開地面、建造地下鐵的結構，再回填砂土的方法。在潛盾隧道工程中完成明挖法後，再使用潛盾機在地下橫向挖掘坑道。

機器前方的刀頭上有無數個超合金鑽頭（切刃），會在旋轉時不斷往

＊1　挖掘隧道有4種典型的方法，分別是明挖法、潛盾隧道工法、NATM（新奧地利隧道）工法、沉管式隧道工法。

明挖法的原理

❶ 為避免砂土崩塌，會在地下埋設擋土牆，一邊排出砂土一邊往下挖掘。

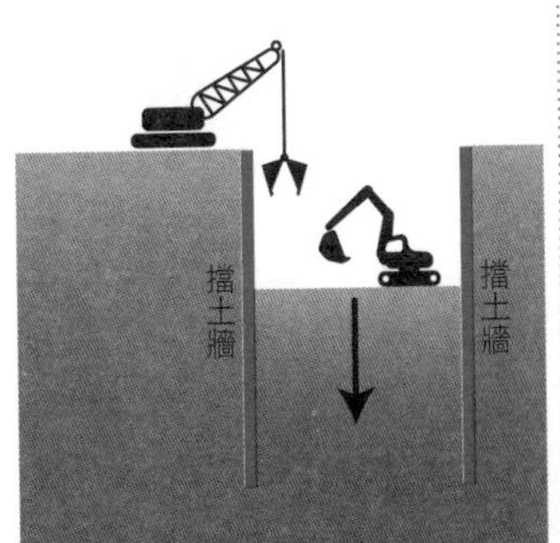

❷ 為避免擋土牆倒下，往下挖掘的同時也會搭設「鷹架」。

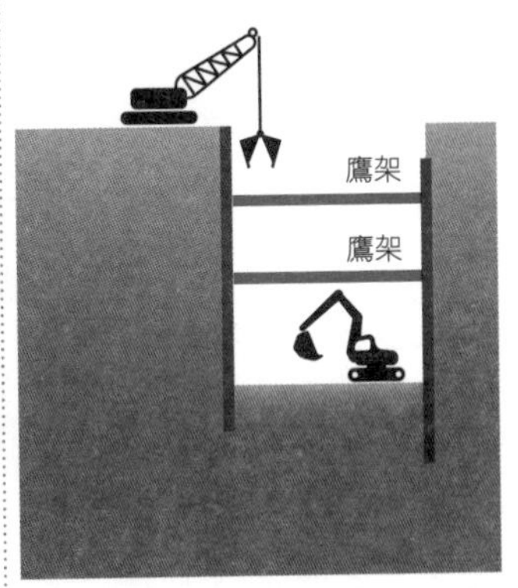

❸ 挖好以後，在隧道底部組裝機器。

❹ 在側面砌出隧道壁面、上方砌出天花板，然後在隧道上面回填砂土至原本的高度，完成。

前削掉堅硬的岩盤[*2]。

在鑽挖岩盤的同時，削掉的砂土會用隧道內通行的軌道礦車運至地面上。鑽挖完成的部分，整體壁面都會架上名為**環片**的鋼筋混凝土塊，砌成圓形的隧道。當隧道完工後，刀頭和內部的零件就會拆除，潛盾機本體則是留下成為隧道的一部分[*3]。

潛盾機為了承受強大的壓力，通常會設計成**圓形斷面**，不過目前已開發出矩形斷面和橢圓形的潛盾機，可因應挖掘的隧道狀況來使用。在過去的隧道工程中，一台機器只能挖出一條隧道，不過現在已經研發出三個刀頭並列、可一次挖出三條隧道的**三連型潛盾機**，目前正活用於地下鐵工程。

---

*2
能夠以一天5～10公尺的速度向前挖。

*3
這一系列的工程全都是由電腦控制操作，所以不必擔心迷失方向，可以安全地往前挖掘。

潛盾隧道工法的原理

潛盾機的構造

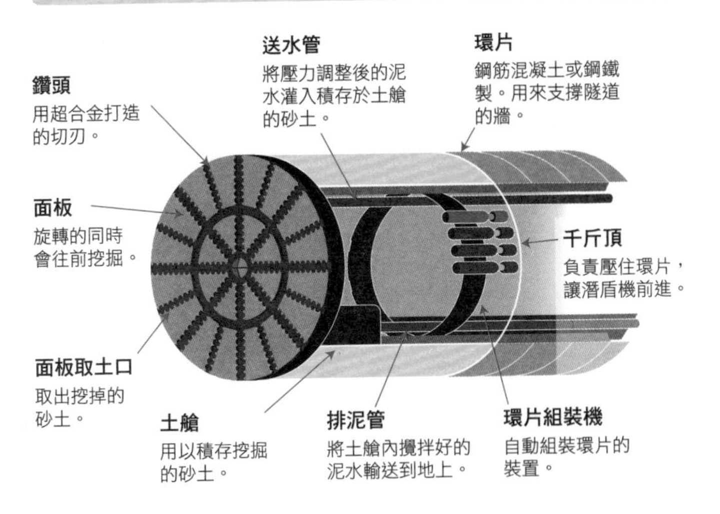

送水管
將壓力調整後的泥水灌入積存於土艙的砂土。
環片
鋼筋混凝土或鋼鐵製。用來支撐隧道的牆。
鑽頭
用超合金打造的切刃。
面板
旋轉的同時會往前挖掘。
千斤頂
負責壓住環片，讓潛盾機前進。
面板取土口
取出挖掉的砂土。
土艙
用以積存挖掘的砂土。
排泥管
將土艙內攪拌好的泥水輸送到地上。
環片組裝機
自動組裝環片的裝置。

潛盾機的行進方式

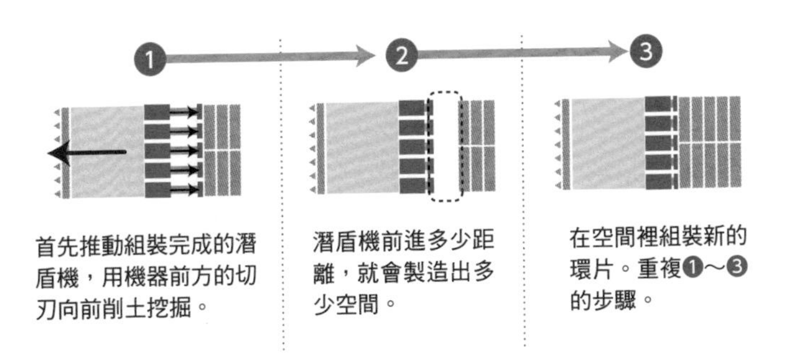

首先推動組裝完成的潛盾機，用機器前方的切刃向前削土挖掘。

潛盾機前進多少距離，就會製造出多少空間。

在空間裡組裝新的環片。重複❶～❸的步驟。

壽險

給付巨額保險金，壽險公司依然屹立不搖的祕密？

壽險從支付保費的保戶角度來看，最好能夠付最少的金額，得到最大的保障。但是不管保險公司推出再怎麼豐厚的保障，要是以低額的保費提供大幅的保障，這筆生意不僅無法成立，甚至還會危及企業的生存。

因此，保險公司會用「**生命表**[*1]」來估算保險費。雖然很難預測個人的壽命和遭遇意外事故的概率，但只要把人視為集合到某種程度的群體，就能推測出死亡的比例，以及會發生何等程度的事故[*2]。保險公司

---

*1 彙整一定期間內各個性別、年齡族群死亡狀況的表格。

*2 這種思考方式稱作「大數法則」。

估算保險費的統計數據

摘自日本厚生勞動省「第22回生命表」

男性			女性		
年齡	死亡率	平均餘生（年）	年齡	死亡率	平均餘生（年）
0歲	0.00202	80.75	0歲	0.00178	86.99
5歲	0.00010	75.98	5歲	0.00008	82.20
10歲	0.00007	71.02	10歲	0.00007	77.23
15歲	0.00017	66.05	15歲	0.00010	72.26
20歲	0.00045	61.13	20歲	0.00017	67.31 ②
25歲	0.00055	56.28 ①	25歲	0.00024	62.37
30歲	0.00058	51.43	30歲	0.00031	57.45
35歲	0.00074	46.58	35歲	0.00041	52.55
40歲	0.00105	41.77	40歲	0.00063	47.67
45歲	0.00163	37.01	45歲	0.00095	42.83
50歲	0.00266	32.36	50歲	0.00148	38.07
55歲	0.00432	27.85	55歲	0.00221	33.38
60歲	0.00669	23.51	60歲	0.00304	28.77

① 25歲男性投保「為期1年、保額1000萬日圓」的壽險

假設有10萬名25歲男性都購買了相同的保險，
「保險公司需要的金額」為……

1000萬（支付的保險金）× 0.00055（25歲男性死亡率）× 10萬人（保戶人數）＝55,000萬（5億5000萬日圓）

「平均每一保戶的保險費」為……

55,000萬（保險金總額）÷ 10萬人（保戶人數）＝5,500日圓

② 20歲女性投保「為期1年、保額1000萬日圓」的壽險

假設有10萬名20歲女性都購買了同樣的保險，
「保險公司需要的金額」為……

1000萬（支付的保險金）× 0.00017（20歲女性死亡率）× 10萬人（保戶人數）＝17,000萬（1億7000萬日圓）

「平均每一保戶的保險費」為……

17,000萬（保險金總額）÷ 10萬人（保戶人數）＝1,700日圓

就是以此為前提，根據過去的統計數據得出的**死亡率**和**事故發生率**，來估算壽險和損害保險的保險費[*3]。

日本政府公布的生命表，包含了以全體國民為對象的「**完全生命表**」和「**簡易生命表**[*4]」（厚生勞動省）。上一頁的圖表，即是以後者為範例來估算保險費。比方說，二十歲的女性加入為期一年的一千萬日圓壽險，保險費就是一千七百日圓（**純保險費**）。

當然，如果要讓保險公司的經營費和利潤更高，只要保戶願意支付兩千日圓左右的保險費，對保險公司而言這就是一筆不會虧損的保險商品。

保險費之所以會因保險公司而異，是因為除了純保險費以外，還要加上經營用的「**附加保險費**」。網路保險公司保險費中的附加保險費都偏低，所以才比較便宜。

＊3　當長壽人數所占比例增加、生命表的死亡率降低，保險公司就會重新評估保險費，甚至有可能減額。實際上，在2018年，日本各保險公司都紛紛降低了保險費。

＊4　完全生命表是根據國勢調查，每5年更新一次；簡易生命表則是根據人口推算、人口動態統計，每年更新一次。

網路保險公司保險費低廉的背景

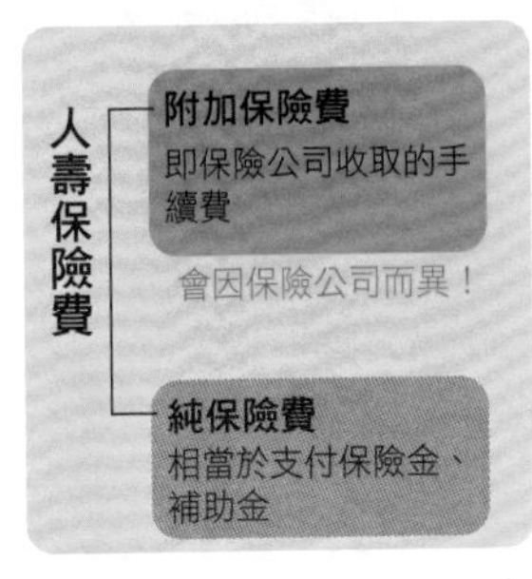

實際的保險費，是由專精於計算概率和統計的精算師，以「標準生命表」（由日本精算師協會製作）為準，依男女性別、各個年齡層的死亡率和平均壽命等數據來估算。

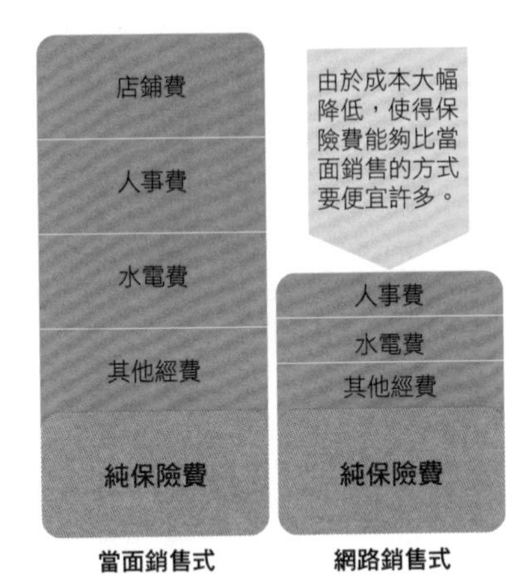

保險費調降的原因

◉每10萬人的死亡人數比較

		0歲	40歲	60歲	80歲	100%死亡的年齡
2007年	男性	108人	148人	834人	6039人	107歲
	女性	96人	98人	379人	2960人	110歲
2018年	男性	81人（−25%）	118人（−20%）	653人（−22%）	5006人（−17%）	109歲（+2歲）
	女性	78人（−19%）	88人（−10%）	363人（−4%）	2414人（−18%）	114歲（+3歲）

日本的「標準生命表」在2018年4月進行睽違11年的修定。保險公司為因應修定結果所反映出的人口長壽化現狀，陸續調降了死亡保障的保險費。

諾貝爾獎

獎金持續頒發一百多年，基金永不枯竭的真相

每年廣受全世界矚目的**諾貝爾獎**，都會頒給對人類和產業發展有莫大貢獻的人物。其中的物理學獎、化學獎、經濟學獎[*1]是由瑞典皇家科學院花一年的時間祕密甄選，醫學生理學獎由卡羅林斯卡學院甄選，文學獎由瑞典學院[*2]甄選，和平獎則是由挪威國會甄選。甄選過程的文件會在頒獎後五十年才公開。

每個獎項的獎金為**九百萬瑞典克朗**（約兩千八百萬新臺幣[*3]）。如此優渥的獎金每年都會頒發給好幾位獲獎得主，令人不禁擔心這筆基金

＊1 經濟學獎為1969年的增設獎項，正式名稱為「瑞典中央銀行紀念阿爾弗雷德・諾貝爾經濟學獎」。

＊2 由18名學者、作家組成的學術機構。

＊3 2019年的獎金金額。編註：2020年獎金提高

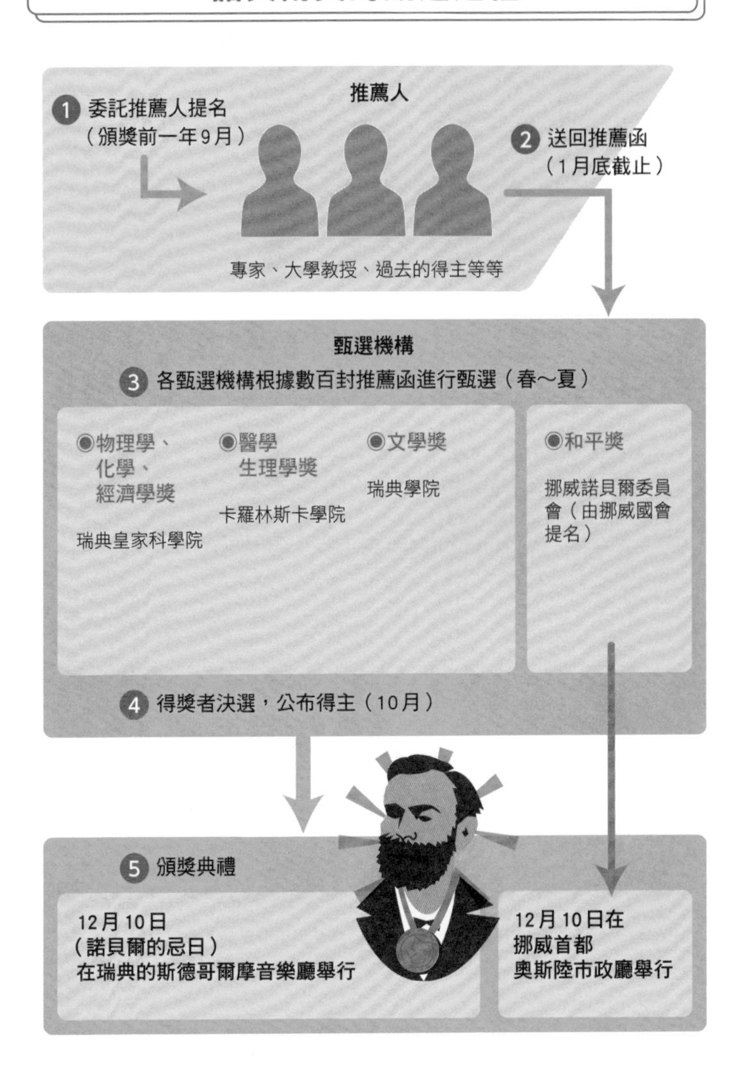
諾貝爾獎的甄選過程
推薦人
1 委託推薦人提名
（頒獎前一年9月）
2 送回推薦函
（1月底截止）
專家、大學教授、過去的得主等等
甄選機構
3 各甄選機構根據數百封推薦函進行甄選（春～夏）
◉物理學、
化學、
經濟學獎
瑞典皇家科學院
◉醫學
生理學獎
卡羅林斯卡學院
◉文學獎
瑞典學院
◉和平獎
挪威諾貝爾委員會（由挪威國會提名）
4 得獎者決選，公布得主（10月）
5 頒獎典禮
12月10日
（諾貝爾的忌日）
在瑞典的斯德哥爾摩音樂廳舉行
12月10日在
挪威首都
奧斯陸市政廳舉行

總有一天會消耗殆盡。話說回來，諾貝爾獎的獎金究竟是怎麼籌備出來的呢？

諾貝爾獎是依據發明矽藻土炸藥的瑞典科學家阿佛烈·諾貝爾的遺囑[*4]，於一九〇一年創建。諾貝爾終生未婚，且沒有子嗣，其遺產在現今的價值約為**十七億克朗**，由**諾貝爾基金會**[*5]管理，並投入股票、國債、不動產等多方面的投資組合，透過收益提供獎金和營運經費。

諾貝爾基金會為了保有獨立性，並不接受以國家為名義的官方機構捐款，也嚴格規範民間的捐款條件。由此可見，諾貝爾獎之所以能夠穩定持續，攸關**基金會如何妥善運用資產**，證據就在於諾貝爾獎的獎金會**因應運用的績效而增減**。在資金運用不善的二〇一二～一六年，獎金曾降到八百萬克朗；不過一七年後財務改善，才又調整至九百萬克朗。

為1000萬瑞典克朗，約3200萬新臺幣。

＊4　據說他十分遺憾自己發明的矽藻土炸藥被挪用於研發武器，所以才留下這份遺囑。

＊5　只有經濟學獎的獎金是由瑞典中央銀行提供。

諾貝爾獎的「獎金」會變動!?

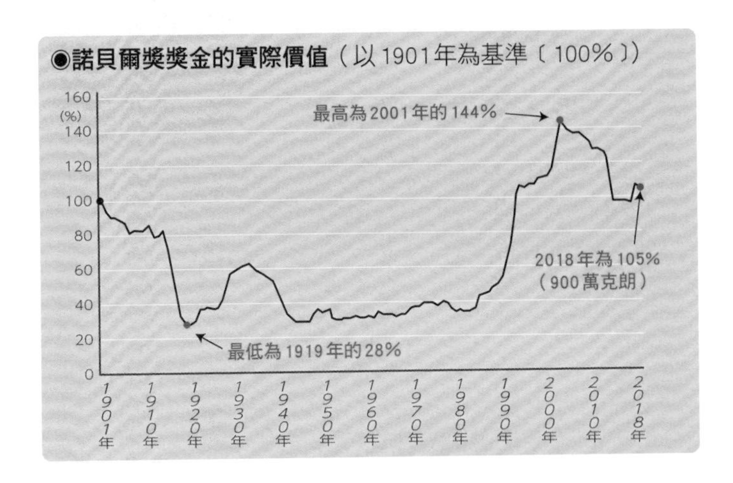

諾貝爾基金會的資產運用

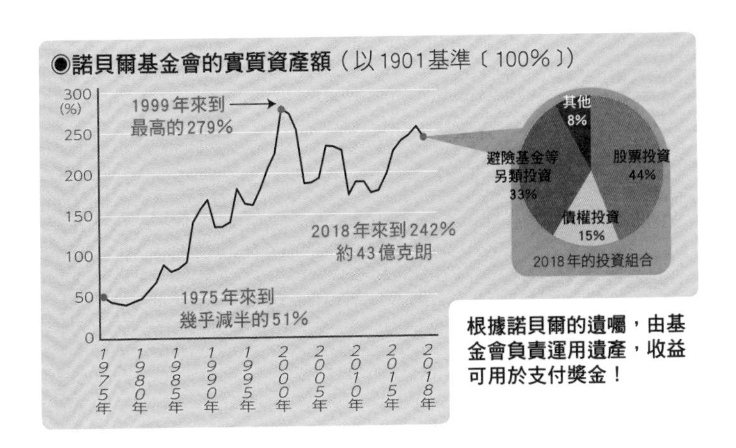

根據諾貝爾的遺囑，由基金會負責運用遺產，收益可用於支付獎金！

塞車

都是駕駛員的錯？容易大堵塞的高速公路特徵

塞車的定義是：在時速四十公里以下慢速行駛，或是反覆停停走走的車列，綿延超過一公里且持續十五分鐘以上的狀態[*1]。

根據東日本高速公路的資料，高速公路最容易塞車的地點第一名是「**凹形路段上坡道**」。凹形路段[*2]是指位於平緩下坡與平緩上坡交會處的V字部分，因為路面只有輕微傾斜，所以駕駛人往往沒有察覺那其實是個坡道。因此，車速在上坡處就會降低，導致車間距離縮短、引發塞車。

＊1 此為日本高速公路的一般定義，各高速公路公司的定義略有不同，如首都高速公路便是將塞車定義為「時速20公里以下的狀態」。

＊2 凹形是取自英語「sag」（路面彎曲）的意思。

塞車大多發生在「凹形路段」

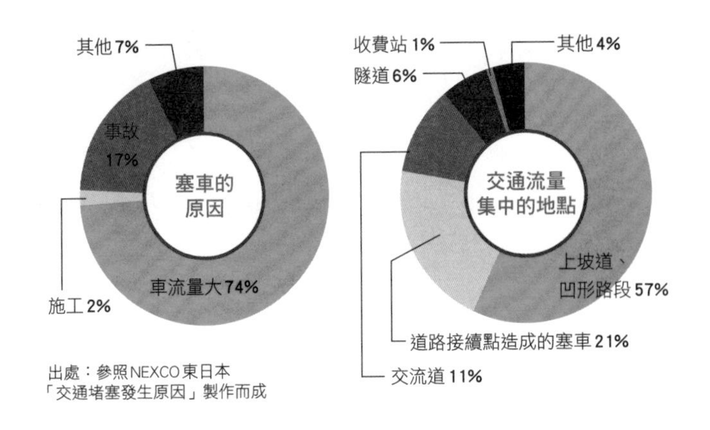

出處：參照NEXCO東日本「交通堵塞發生原因」製作而成

凹形路段塞車的過程

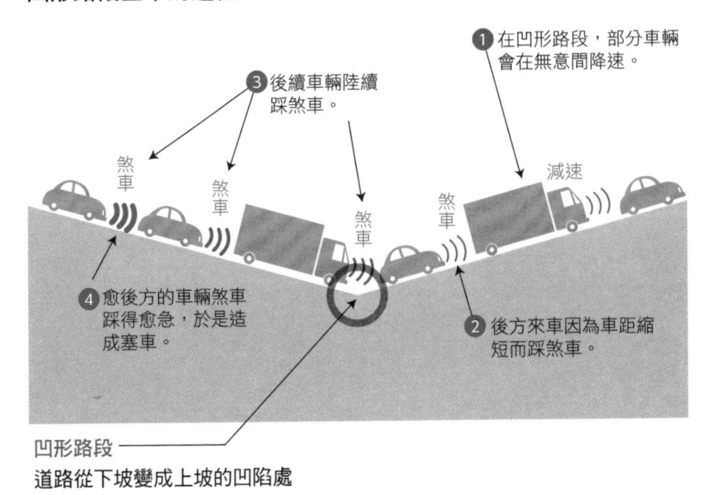

1 在凹形路段，部分車輛會在無意間降速。
3 後續車輛陸續踩煞車。
煞車
煞車
煞車
煞車
減速
4 愈後方的車輛煞車踩得愈急，於是造成塞車。
2 後方來車因為車距縮短而踩煞車。

凹形路段
道路從下坡變成上坡的凹陷處

東京大學的西成活裕教授，便是以物理學的觀點來研究造成這種塞車的機制並提出解方。西成教授舉出三個預防塞車的重點，就是**車距保持在四十公尺以上**、注意流暢的減速和加速操作，以及避免自我中心的駕駛方式。

好比說左頁上圖[*3]，假設幾輛車以每秒一格的速度前進。這裡所說的一格，是指道路等間隔劃分出來的路段。

如果因為某個緣故導致途中的三輛車發生堵塞，一秒後，前一格的車就無法前進；時間一久，**與車輛行進方向逆向**的堵塞就會不斷延伸下去。

左頁下圖是假設車距為兩格的範例。由此可見如果保有充足的車距，就算前方發生堵塞，狀況也會自然解除。

＊3 參照西成活裕〈塞車的科學理論與解決方法〉（日本物理學會期刊Vol.71，No3，2016）的示意圖製作而成。

造成塞車的機制

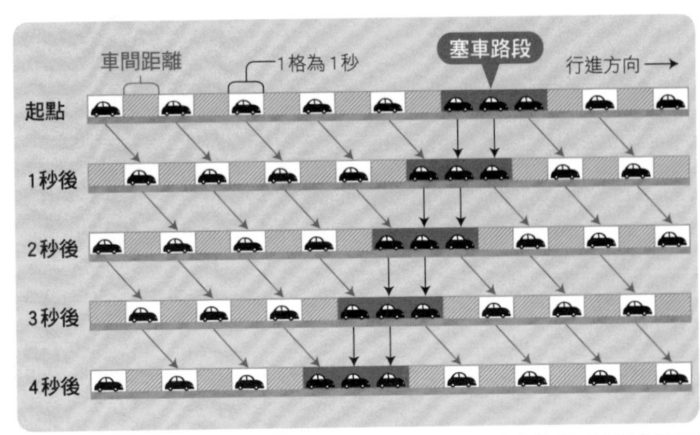

出發時，中間路段因塞車導致3輛車停止行進，於是堵塞隨著時間的經過而逐漸延伸到後方。

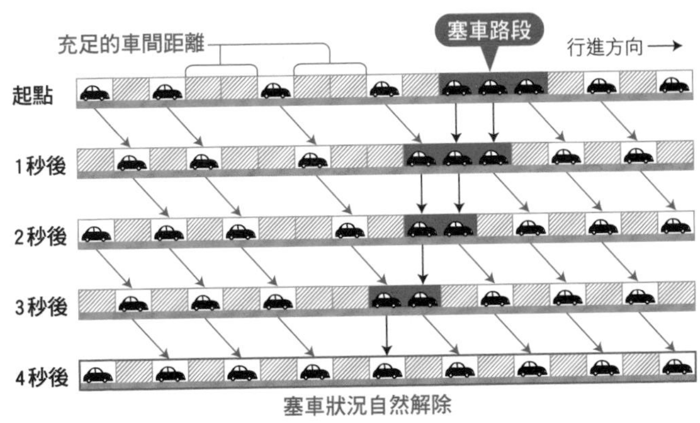

如果塞車路段後方的2輛車保有充足的車距，即使發生塞車情形，也會迅速解除。

電視節目收視率

全國範圍的收視率調查，真的是一戶戶採計嗎？

日本電視節目的**收視率**[*1]，是依日本全國各個播放區域個別調查。在以關東地區為首的**全國二十七個地區**調查區域，皆實行了網路系統調查，調查戶數因地區而異。以二〇一九年四月為例，關東地區抽樣九百戶，關西、名古屋地區各抽樣六百戶，北部九州地區抽樣四百戶，其他地區各抽樣兩百戶，**合計七千一百戶**。各個地區都有各種不同的調查方法[*2]。

選擇對象收視戶的方法，是根據統計學的理論、從裝機戶當中抽樣

*1 電視節目和廣告是「有多少戶數和觀眾正在收看」的指標，但並不能直接代表節目本身的價值和實質評價。

*2 收視率又分成以戶數為分母的「戶收視率」，以及以家

關東地區的收視率調查方法

❶ 確認調查地區內的總戶數，分配編號

日本全國裝有電視機的家庭當中，
關東地區共有**1835萬2000戶**。

1835萬
2000戶

❷ 除以調查對象戶數（關東地區為900），求出等距數。

調查區域內的戶數		調查對象戶數（抽樣戶數）		
18,352,000戶	÷	900	＝	20,391 等距數

❸ 決定一個起點數（小於20391的數字），從起點數開始連續加上等距數。

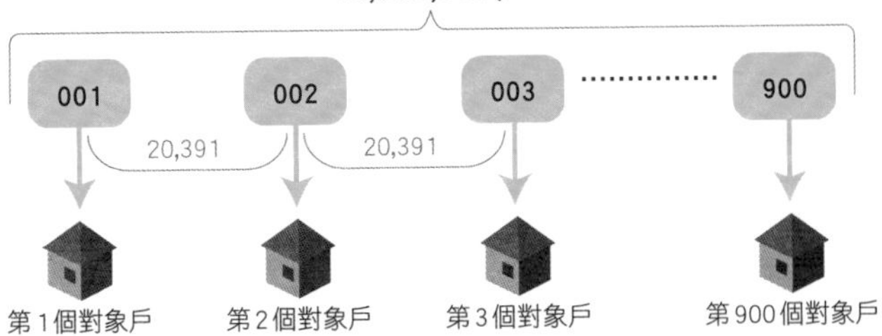

❹ 委託選中的編號裝機戶協助調查

如果有180戶收看
180÷900＝0.20
＝收視率20%

選取，並排除電視台相關人士、醫院、事務所等裝機戶。至於委託對象收視戶協助調查的期間長短，關東、關西、名古屋地區為兩年，其他地區則為三年。調查對象戶並不是一次全部更替，而是每個月慢慢更替一小部分*3，以便隨時反應整個調查區域的狀況。

收視率調查是以統計理論為基礎的抽樣調查，所以數值仍然會產生統計上的誤差（**抽樣誤差**）。

比方說，在關東地區九百戶的取樣調查當中，正負誤差大約為百分之二・六。為了減少這個誤差，只要增加調查戶數即可，但就算調查了**一百倍**的九萬戶，誤差也只能減少至原本的**十分之一**，也就是百分之〇・二六。收穫的成效比不上勞力的付出。

現在所採用的調查戶數，從統計學的角度來看，已經是「精準度很高」的作法了。

庭人數為分母的「個人收視率」。近年來收看電視的方法更加多元化，所以重視個人收視率的贊助商也愈來愈多。

*3 在關東地區，每個月會更替37～38戶（900÷24個月），2年就會換掉原本全部的調查對象戶。

公布收視率的過程

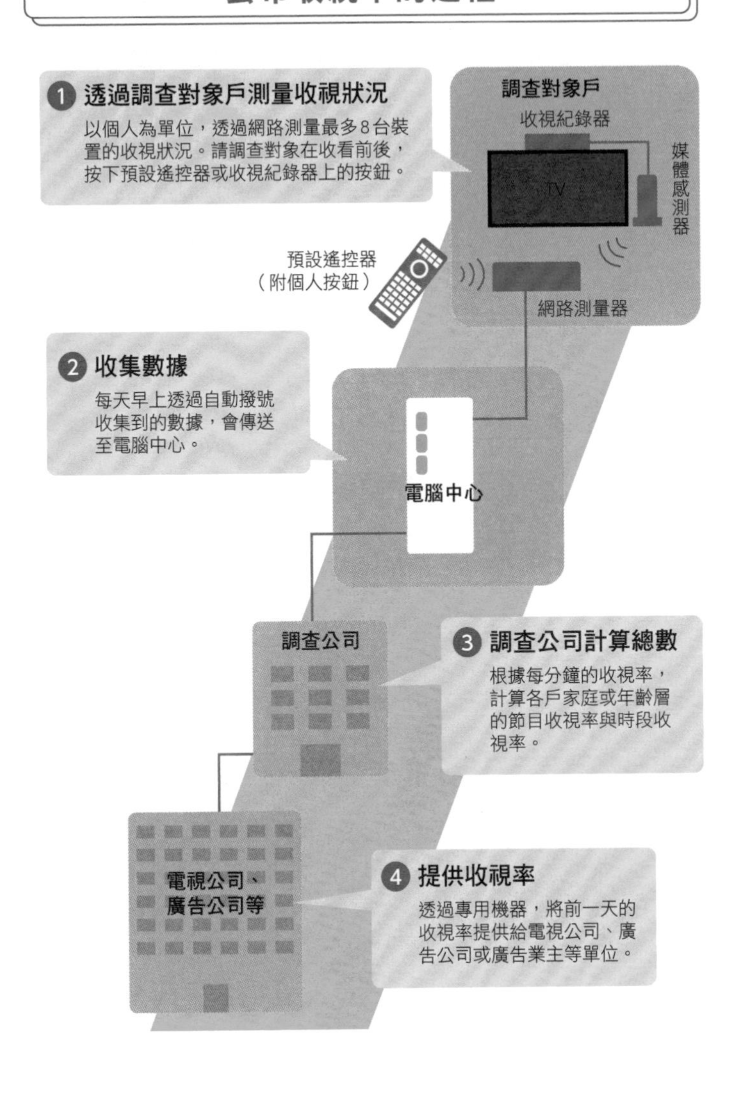

1 透過調查對象戶測量收視狀況
以個人為單位，透過網路測量最多8台裝置的收視狀況。請調查對象在收看前後，按下預設遙控器或收視紀錄器上的按鈕。
調查對象戶
收視紀錄器
TV
媒體感測器
預設遙控器（附個人按鈕）
網路測量器
2 收集數據
每天早上透過自動撥號收集到的數據，會傳送至電腦中心。
電腦中心
調查公司
3 調查公司計算總數
根據每分鐘的收視率，計算各戶家庭或年齡層的節目收視率與時段收視率。
電視公司、廣告公司等
4 提供收視率
透過專用機器，將前一天的收視率提供給電視公司、廣告公司或廣告業主等單位。

案件偵辦

逮捕→令狀→函送檢方，警察的辦案SOP如何執行？

電視和報章雜誌上每天都可以看到「已逮捕涉嫌暴力傷害的嫌犯○○」、「嫌犯○○目前已函送檢方偵辦」等報導。話說回來，這些說法是什麼意思呢？這個單元就來解釋一下案件的偵辦機制。

追根究柢，案件可大致分為「**民事**」與「**刑事**」。民事案件是指發生在日常生活中法律上的爭議，由民事法庭負責審理。而刑事案件是指發生竊盜、詐騙、殺人等犯罪行為*1，警察和檢察官受理搜索、調查的案件。檢察官起訴後才會開始進行審理，由法庭判定有罪或無罪*2。

---

*1 凡是做出刑法規定為犯罪的行為，都屬於犯罪行為。

*2 民事案件的當事人為個人或法人，而刑事案件的當事人為個人和國家（警察、檢察）。

民事訴訟和刑事訴訟

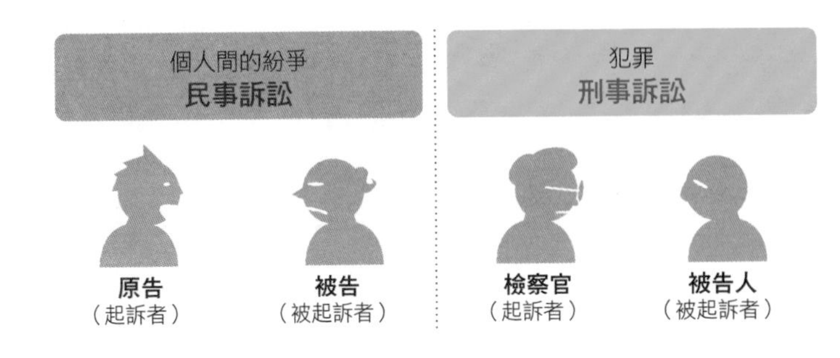

民事訴訟的流程

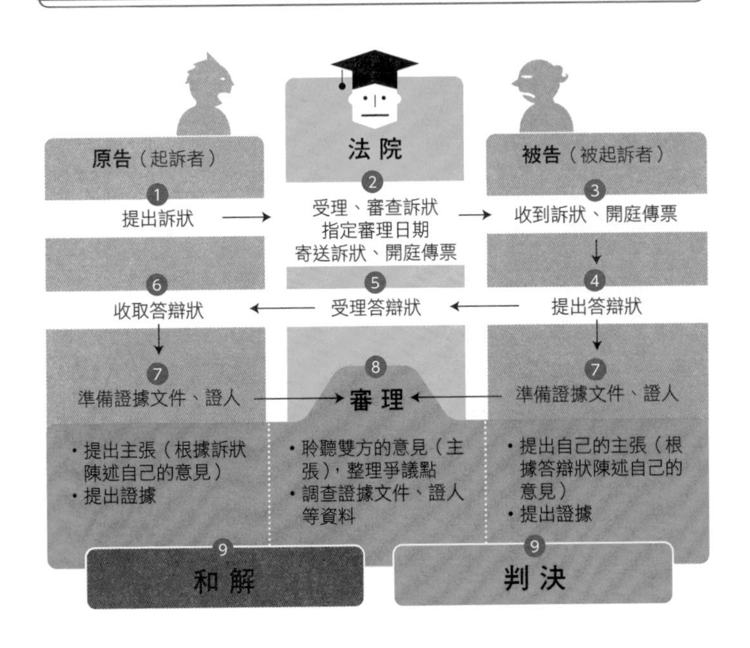

刑事案件的「**逮捕**」，是為了避免嫌犯逃逸、湮滅證據，而在一定期間內將其羈押於警察局的留置室或拘留所。法庭會判斷否有足夠的理由逮捕嫌犯，再發行「**令狀**」；但如果已經確定嫌犯就是真兇，即使沒有令狀也能當場逮捕（**現行犯逮捕**）。

以日本體制為例，警察必須在逮捕嫌犯後的四十八小時以內，決定是要釋放還是移送檢察署[*3]，後者即稱作「**送檢**」。新聞報導經常提到的「**函送檢方**」，是警察將偵查相關的文件送交檢察署、判斷是否起訴的手續[*4]。

相對地，日本檢察署也必須在二十四小時以內，決定是否向法院聲請延長居留或是釋放嫌犯。只要獲得法庭認可，原則上拘留時間可延長十天（最長二十天），檢察署會在期間內調查案件、收集證據，準備起訴嫌犯[*5]。

---

*3　警察有權進行搜索，但無權自行決定是否起訴。

*4　函送檢方大多都是罪行較輕的案件，常用於已釋放嫌犯的案件、沒有必要逮捕嫌犯的案件。嫌犯可以正常生活並接受偵查。

*5　遭到逮捕的嫌犯未必就是真兇，直到審判確定有罪時，才會成為犯人。

刑事案件的流程

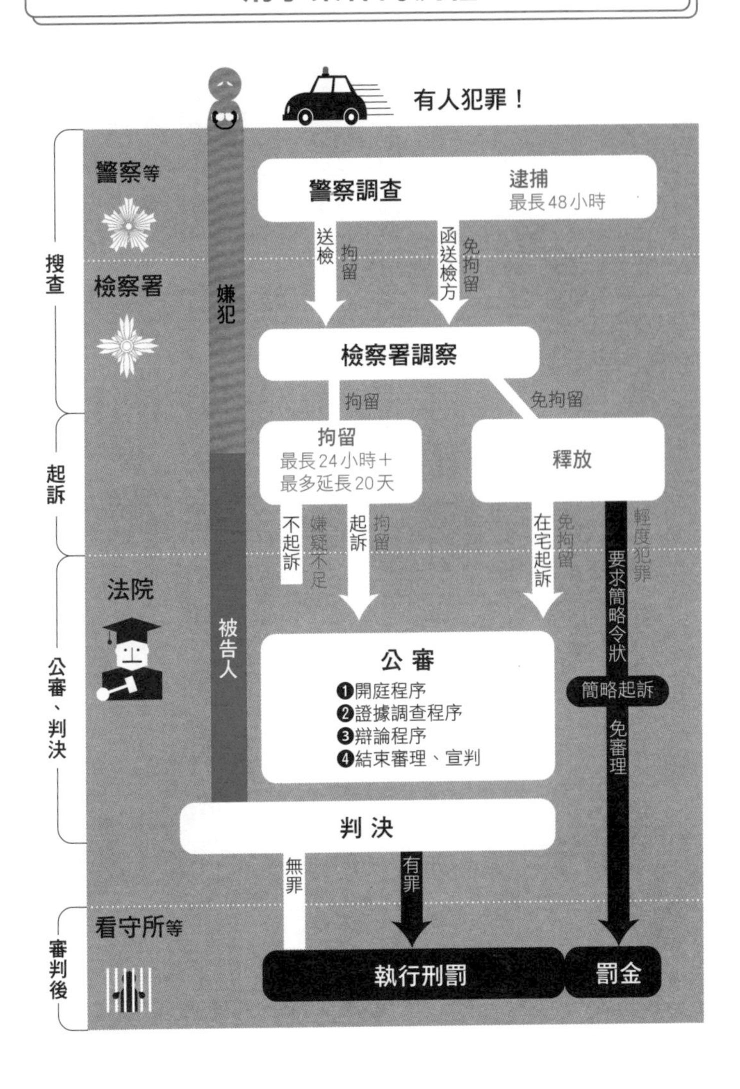

有人犯罪！
搜查
起訴
公審、判決
審判後
警察等
檢察署
法院
看守所等
嫌犯
被告人
警察調查
逮捕
最長48小時
送檢
拘留
函送檢方
免拘留
檢察署調察
拘留
免拘留
拘留
最長24小時＋
最多延長20天
釋放
不起訴
嫌疑不足
起訴
拘留
在宅起訴
免拘留
要求簡略令狀
輕度犯罪
簡略起訴
免審理
公審
❶開庭程序
❷證據調查程序
❸辯論程序
❹結束審理、宣判
判決
無罪
有罪
執行刑罰
罰金

田徑計測

照片就能決定勝敗？精準計時的終點攝影系統

現在的田徑比賽漸趨白熱化，已經來到爭奪百分之一秒、千分之一秒等細微差距的激烈競爭了。為了正確且公正地判斷「速度」，必須要有測量時間的精密機器[*1]。

對短跑選手來說，起點是最重要的要素。現在的搶跑判定系統，是透過選手對**起跑架施加的壓力**來判斷。人從聽見鳴槍到產生反應，最短也需要○・一秒，所以要是選手的反應時間**未滿○・一秒**，就會判定為犯規，犯規警示音就會響起[*2]。

＊1 1896年第1屆奧林匹克運動會，雖然使用了碼表計時，但是僅供參考，官方紀錄是以肉眼觀看的1秒單位時鐘為準。

＊2 大腦接收起跑的鳴槍聲後，所發出的起跑指令傳到雙腿所需的時間。近年來，有些選手可以透過訓練，達到未

檢測搶跑犯規的機制

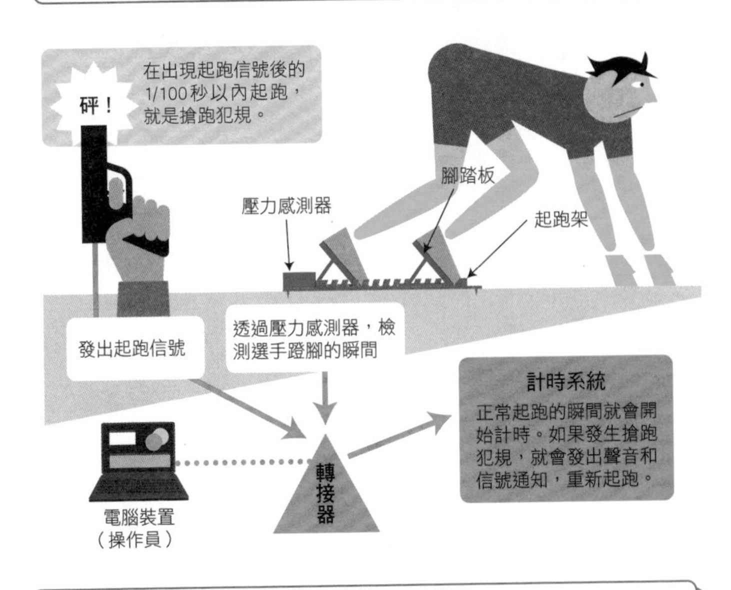

照片判定的流程

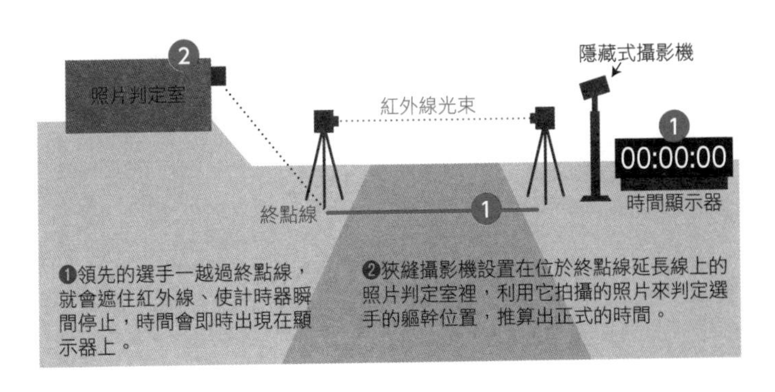

2
照片判定室
隱藏式攝影機
紅外線光束
1
00:00:00
時間顯示器
終點線
1
❶領先的選手一越過終點線，就會遮住紅外線、使計時器瞬間停止，時間會即時出現在顯示器上。
❷狹縫攝影機設置在位於終點線延長線上的照片判定室裡，利用它拍攝的照片來判定選手的軀幹位置，推算出正式的時間。

設置於終點的**終點計時器**，會在選手通過終點線兩側發出的光束（光電管）的瞬間停止計時，但這終歸只是個「參考時間」，與正式的時間仍有些許誤差[*3]。

正式計測時間的儀器是**終點攝影機**。它會遵照田徑比賽的規定，以軀幹通過終點線的瞬間來判定。當選手一靠近終點時，**狹縫攝影機**就會啟動，以每秒兩千（或三千）張的速度拍攝跑道上的極精密照片。裁判再以這些照片相連而成的判定影像為準，判斷抵達終點的順序和正確的時間。

田徑比賽的官方紀錄是採用順風風速兩公尺以下，要是超過這個風速，比賽結果就只能當作參考紀錄。而在百米賽跑中，順風一公尺為〇・〇八五秒，兩公尺為〇・一六一秒，五公尺為〇・三三七秒，可見紀錄會因風速而縮短[*4]，一公尺的時間差距也不小。

滿0・1秒的反應時間。

＊3
百分之1～2秒左右。

＊4
此數據來自德國人
P. N. Heidenstrøm的研究。

狹縫攝影機的原理

◉狹縫照片的拼接示意圖

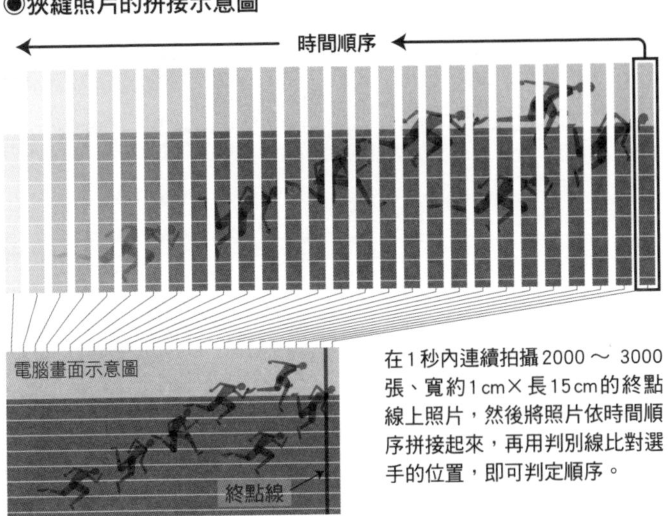

在1秒內連續拍攝2000～ 3000張、寬約1cm×長15cm的終點線上照片，然後將照片依時間順序拼接起來，再用判別線比對選手的位置，即可判定順序。

順風對時間造成的影響

風速	時間
風速0公尺	10.00秒
風速1公尺	9.915秒（－0.085秒）
風速2公尺	9.839秒（－0.161秒）
風速3公尺	9.772秒（－0.228秒）
風速5公尺	9.663秒（－0.337秒）

薩尼布朗的日本紀錄為9.97秒（2019年）

超風速

尤塞恩・博爾特的世界紀錄為9.58秒（2009年）

貨幣升值與貶值

依供需原則變動，全球貨幣交易的基本機制

不同貨幣之間的匯兌交易稱作**外匯交易**，交換通貨的市場稱作**外匯交易市場**[*1]，通貨的交換比率稱作**外匯**（外國匯兌行情）。比方說，一美元對一百日圓的匯率，就是一百日圓可以買到一美元的意思[*2]。

日本新聞報導匯率時都會接著提到的「**日圓升值**」，是指日幣價值上升，可以用更少的日幣購買價格變低的外幣（假設從一美元對一百日圓變成九十日圓，就是日圓升值）。「**日圓貶值**」則是相反，代表日幣的價值下降、外幣價值上升（假設從一美元對一百日圓變成一百一

---

*1 接到訂單後透過電腦進行買賣。交易方可分為金融機構中心的市場（銀行間市場）和個人與企業中心的市場（零售商）。一般而言新聞報導的是前者的數字。

*2 這是指不計手續費的情形。

「升值」和「貶值」

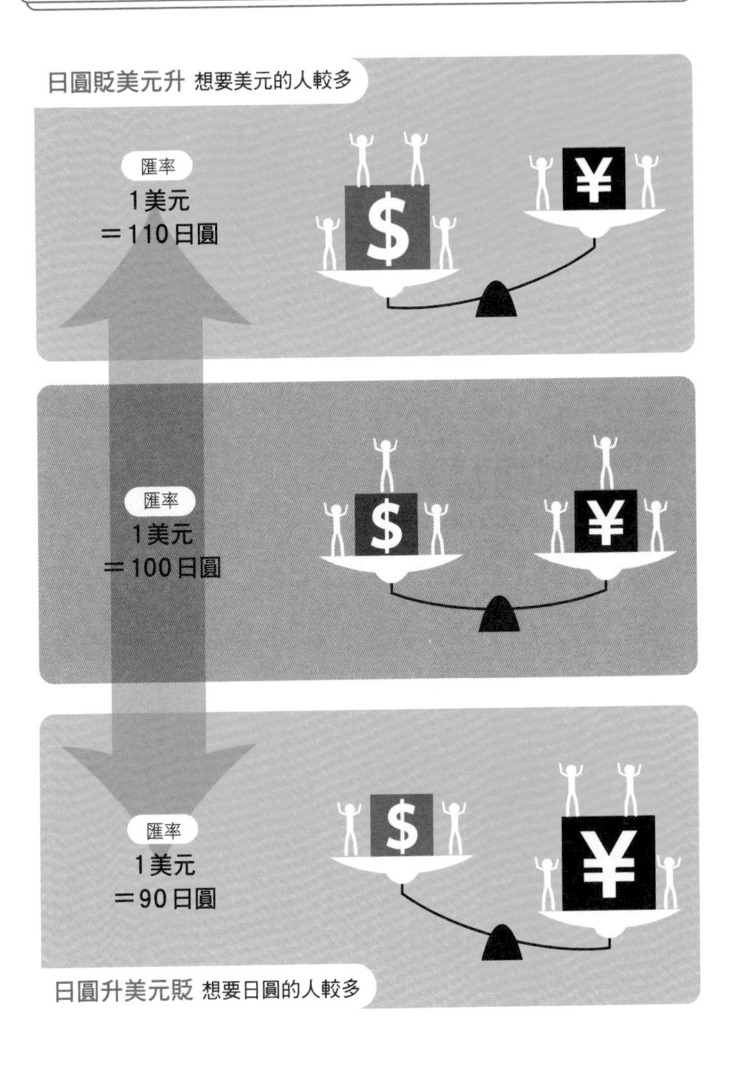

日圓貶美元升 想要美元的人較多
匯率
1美元
＝110日圓
$
¥
匯率
1美元
＝100日圓
$
¥
匯率
1美元
＝90日圓
$
¥
日圓升美元貶 想要日圓的人較多

十日圓，就是日圓貶值）。

匯率最終是取決於**需求和供給**。**購買日幣的人（量）增加，日圓就會升值；想出售日幣的人（量）增加，日圓就會貶值**。這就和股票市場裡的企業股價漲跌的原理相同。長期來看，經濟良好的國家貨幣通常會上漲，但是在實際的匯率市場上，進出口、利率、經濟指標、市場干預[*3]等各種因素，都會影響貨幣價值。

日圓升值和貶值各有利弊，並沒有哪一方才好。日圓升值會使進口商品變便宜，海外旅遊也變便宜；出口外國的商品價格就會提高，不易外銷。而日圓貶值對於出口產業有利，但是進口商品就會變貴，導致汽油、食品（小麥之類）的價格上漲[*4]，海外旅遊的費用也會提高。

對日本整體而言，**非得要選一邊的話**，日圓升值造成的困擾其實比較多。日圓升值之所以會成為大新聞，就是這個原因。

＊3 各國中央銀行和政府為了穩定匯兌行情，會買賣自己國家的貨幣。

＊4 日本的能源有9成以上、食品則有6成左右都是仰賴進口。

日圓升值對進出口的影響

◉出口的情形

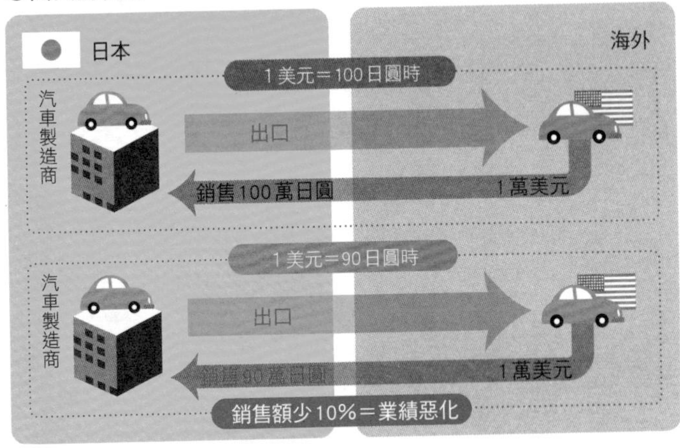

◉進口的情形

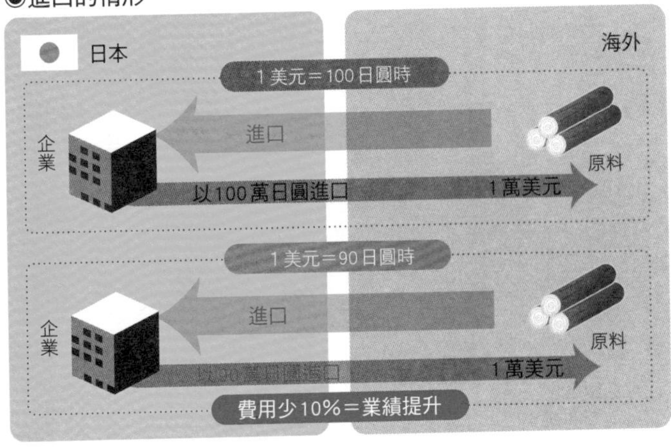

免費增值和訂閱

免費遊戲和影片看到飽，廠商真的能賺到錢嗎？

近年來，手機的社群網路遊戲大受歡迎，其中大多數都強調是「**基本免費**」。

這種利用免費遊玩的網路遊戲來獲利的祕密，就在於「**免費增值**[*1]」的商業模式。透過免費提供基本服務來吸引玩家，再針對渴望得到進階體驗的玩家提供付費服務。

玩家雖然可以免費玩遊戲，卻會因為「想把等級練得更強」、「想將角色裝扮得更好看」等理由，而漸漸想要得到更多武器或服飾等道

＊1 免費增值的英文freemium是free（免費）和premium（額外付費）合併而成的新詞彙。日本知名的食譜網站「cookpad」就是免費增值的典型例子。

免費增值的機制

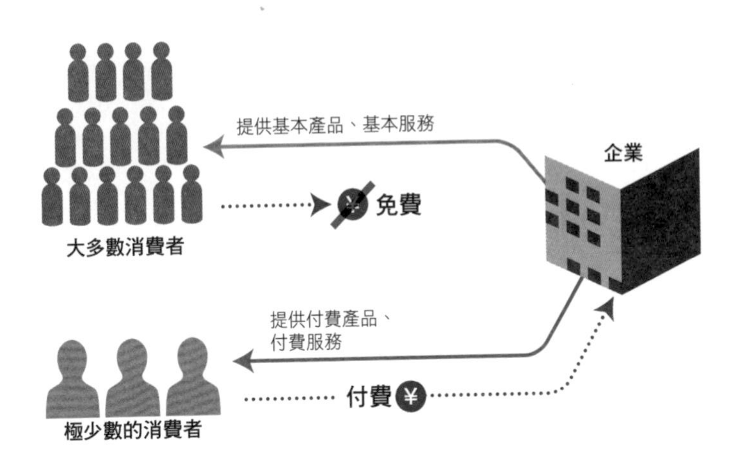

「基本免費」的手機遊戲範例

只要有5%的課金玩家，這筆交易就能成立！

具。營運商會為這種玩家提供以「轉蛋[*2]」為主的付費服務，於是這筆交易就能成立。在免費增殖的模式下，付費玩家僅僅只有極少數，但只要付費玩家在總玩家人數**占比達到百分之五，營運商就能賺取充足的利潤**。也可以說是百分之五的付費玩家，在背後支持著百分之九十五的免費玩家。

還有另一種現代特有的商業模式，就是「**訂閱**[*3]」。用戶可以支付固定的金額，使用「影片看到飽」、「音樂無限聽」這些服務。

只要把這種機制想像成是定期訂閱報紙和雜誌，就很容易理解了。訂戶可以選擇綁約期間，定期得到自己所需的商品或服務，省略每次購買的手續。而對供應商來說，這樣不僅可以確保一定的收益，也更容易管理契約和庫存，有助於穩定經營。訂閱並不是銷售商品本身，而可以說是**販賣使用商品的「體驗」的服務**吧。

＊2
提供玩家以一次幾百日圓的隨機抽選方式，購買遊戲內可使用的虛擬道具。

＊3
典型例子為影片串流網站「網飛」（Netflix）和音樂串流網站「思播」（Spotify）。另外還有餐廳、汽車的訂閱服務等，廣泛應用於各個領域。

訂閱的機制

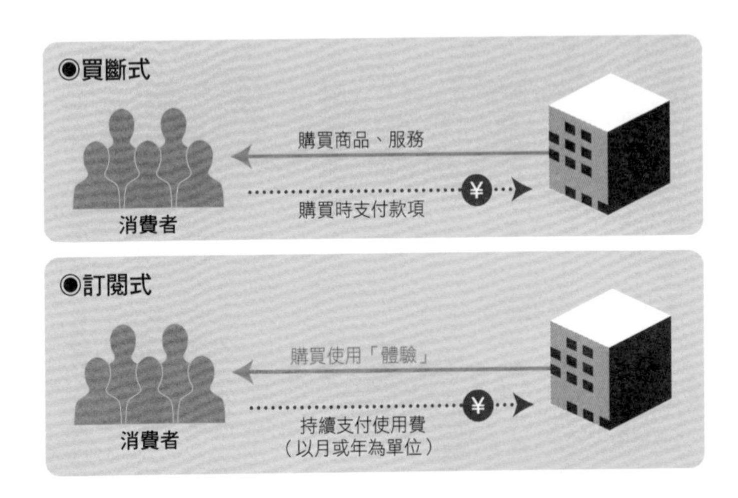

擴大的訂閱式服務

價格標示

超市和量販店的促銷手法，這樣標價就能勾住顧客的心！

超市、家電量販店和餐廳等提供商品或服務的商家都一定會有「價格」。商家在定價時，其實都運用了可以吸引消費者的巧妙機制。我們就從搭配心理學分析生活經濟行為的**行為經濟學**[*1]來一探究竟吧。

市面商品常會有「一千九百八十日圓」、「一萬九千八百日圓」這種**不上不下的價格**，這種價格稱作「**尾數定價**」。雖然一千九百八十日圓只比兩千日圓少二十日圓（九九折），但是一千多日圓就是會讓人感覺「便宜」。而為了讓消費者直覺上認定便宜，與其定價為一千九

＊1 自2002年美國行為經濟學家丹尼爾・康納曼榮獲諾貝爾經濟學獎以後，就備受矚目的新型態經濟學理論。

賦予顧客便宜印象的「尾數定價」

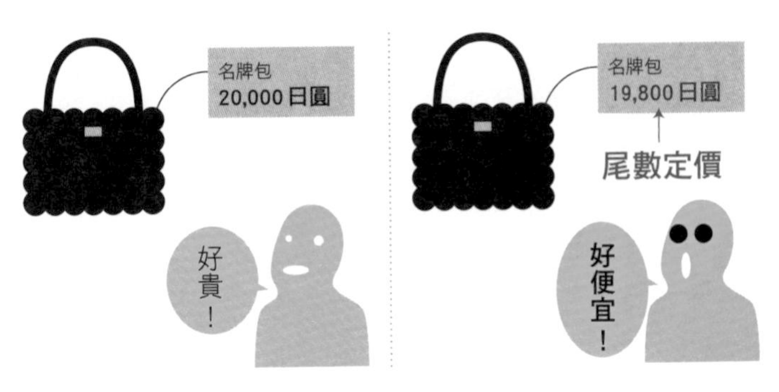

定價不取整數，而是取「尾數」，讓顧客心理上感覺到「便宜」。

操控顧客情感的「錨定效應」

商家一開始先提供令人印象深刻的數字或資訊（錨），以便令顧客對之後提示的價格產生「賺到了」的感覺。

百九十八日圓，一千九百八十日圓這種價格會更有效果。

另外，有些商品會像「**廠商零售價三萬九千八百日圓**　特價二萬九千八百日圓」這樣，在實際售價的旁邊特地標記廠商零售價或一般市價，再畫上**刪除線**。這是刻意運用了「**錨定效應**[*2]」，讓消費者以事先提示的數字或印象為基準點（錨），以便影響他之後的判斷和行動。

在日本料理店裡常有命名為「松、竹、梅」或「特上、上、並」的餐點，只要提供三種選項，人的「**極端性迴避**」心理就會啟動，使得**正中間的「竹」或「上」的購買率成為最高**[*3]。萬一選錯的話損失也比較少，不至於丟臉，所以消費者才會避開兩個極端、選擇「剛剛好」的正中間選項。順便一提，如果選項只有竹和梅兩者的話，消費者的選擇比例會是**三：七**；但選項有松竹梅三者的話，比例就會變成**二：五：三**。

---

*2　行為經濟學家丹尼爾・康納曼和心理學家阿摩司・特沃斯基，在1974年的《科學》雜誌發表的論文中，將錨定效應定義為一種「認知偏誤」。

*3　這又稱作「松竹梅法則」或「金髮姑娘原則」。對於像是1000日圓、2000日圓、3000日圓這種金額選項也會產生同樣的效果。

人人都討厭極端＝極端性迴避

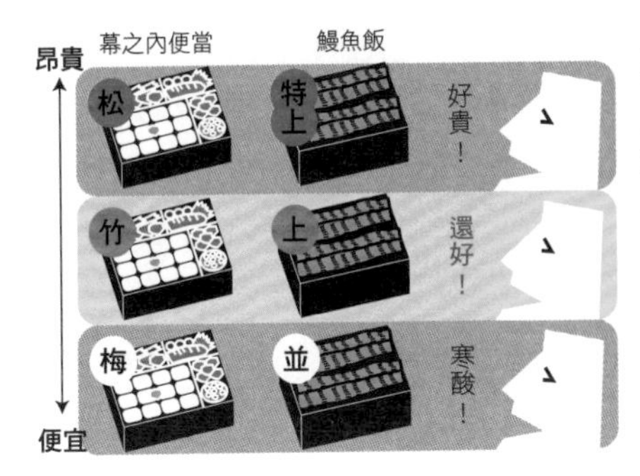

人在選擇商品和服務時，都傾向選擇中等的選項。所以在「松、竹、梅」選擇「竹」，在「特上、上、並」選擇「上」的人比較多。

利用「極端性迴避」的定價策略

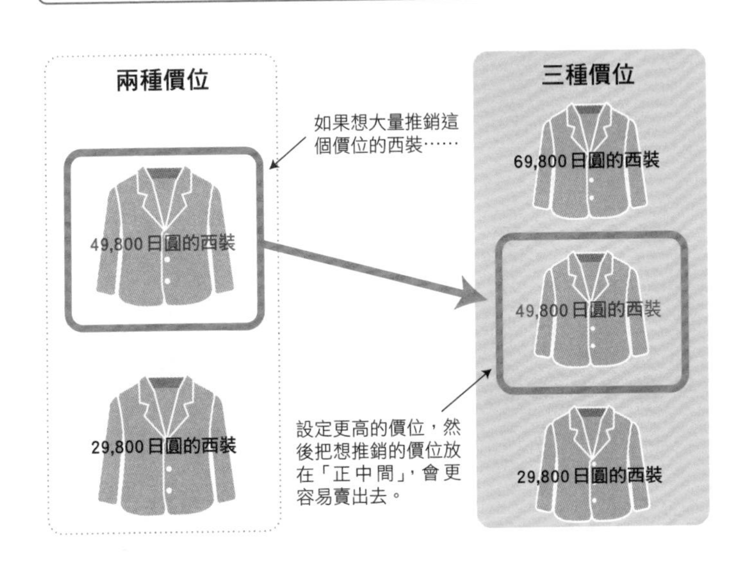

column

政府支持率的高低變化 難道都是媒體操作？

日本的電視和報紙都會報導內閣支持率等各種調查結果，但奇妙的是，這些結果卻往往會因為報導機構而異。其中最大的原因，就是實施調查的報導機構提出的選項和詢問方式不同。

比方說，每日新聞實施的全國電話訪問調查中，內閣支持率的選項有「支持」、「不支持」、「不清楚」這三者；而在2019年10月底的調查結果中，有48%支持、30%不支持、19%不清楚。另一方面，朝日新聞的民意調查則是只給了「支持」和「不支持」兩個選項；而在同年11月的調查結果中，有44%支持、36%不支持，20%則是其他或不願透露。

調查的誤差也很重要。每日新聞做這個調查的樣本數大約有1000件，在統計學上是具有充分可信度的數字，但還是有3個百分點左右的誤差。支持率上下差距1～3個百分點，都在誤差的範圍之內。

»» Part4 ««

「人體」的驚奇原理

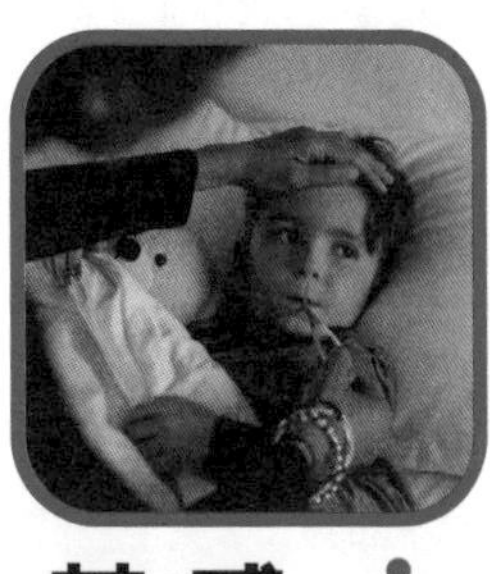

發燒

感冒時身體散發的熱度，其實不是「壞東西」？

我們稱為「**感冒**」的疾病，正式病名為「**感冒症候群**」，起因有百分之八十到九十是來自**病毒感染**[*1]。感冒的症狀之一就是「**發燒**」，但為什麼人體遭受病毒攻擊時會發燒呢？話說回來，發燒對人體真的有害嗎？

其實在十八到十九世紀剛研發退燒藥時，醫界認為發燒是一種生病狀態，所以「必須馬上吃退燒藥[*2]」。不過現在醫界已普遍理解發燒是保護身體的**一種生理防衛機制**。病毒具有容易在低溫下增殖的性質，

---

*1 空氣中飄散的病毒會經由呼吸進入鼻腔或喉嚨，在黏膜上增殖、引起發炎。發炎擴散到鼻腔，就會造成鼻水或鼻塞症狀；擴散到喉嚨，就會造成咳嗽等症狀。

*2 如果是輕度發燒、幾乎沒有任何不適的話，反而還是別吃退燒藥比較好。

病毒的感染部位和入侵途徑

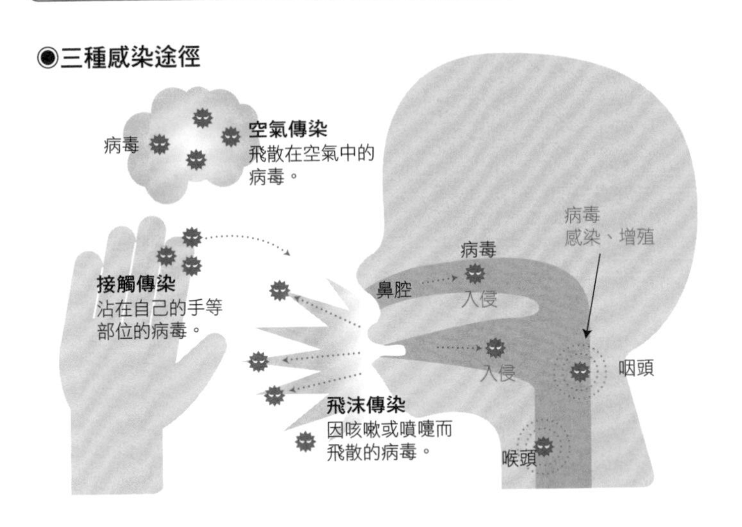

發燒為什麼不是壞事？

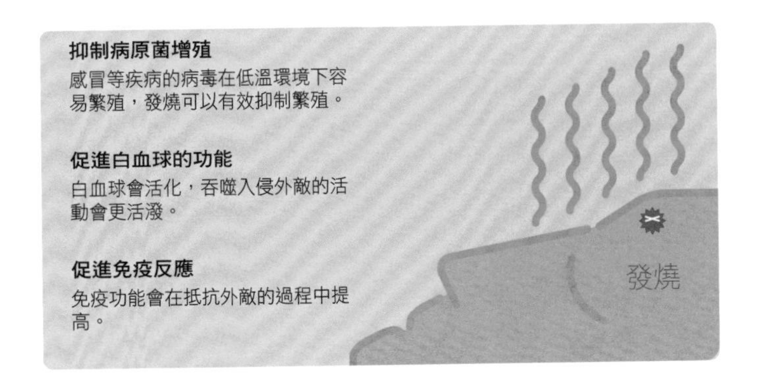

發燒是為了抑制它增加。比方說，引發鼻腔或喉嚨感冒的鼻病毒在攝氏三十三度、流行性感冒病毒在攝氏三十七度左右的環境下最活潑。所以人體才會發燒，**只要超過病毒喜愛的溫度，就能抑制病毒增殖**。體溫一旦上升，白血球的動作就會活潑起來，強化吞噬外敵的作用、抵抗外敵，免疫功能也會因此提高。

人類的內臟、肌肉隨時都會活動製造熱能，同時透過體表散發多餘的熱能來調整體溫[*3]，設定一個剛剛好的「**體溫定位點**」。

病毒及其他病原體進入體內後，血管和黏膜的免疫細胞就會察覺病原體入侵，發出免疫反應的信號。腦細胞感應到這個信號和病原體，就會調高體溫定位點的設定。腦部的指令透過神經細胞傳遍全身，身體表面的血管就會收縮，並且封閉皮膚汗腺以免汗水流失，同時收縮肌肉，**製造出熱能**。

＊3　當體溫上升時，內臟的活動就會活化，使肌肉顫動、增加發熱量，抑制出汗、防止體溫下降。

發燒的原理

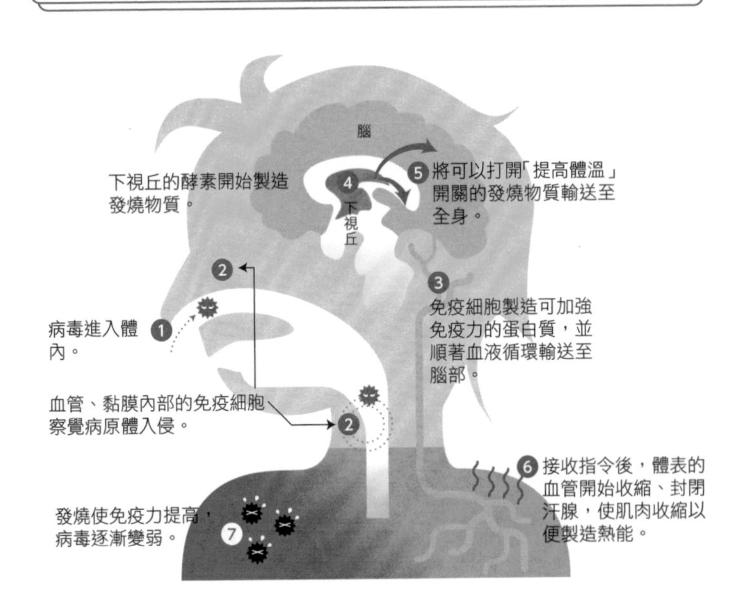
腦
下視丘的酵素開始製造發燒物質。
4 下視丘
5 將可以打開「提高體溫」開關的發燒物質輸送至全身。
2
3 免疫細胞製造可加強免疫力的蛋白質，並順著血液循環輸送至腦部。
病毒進入體內。 1
血管、黏膜內部的免疫細胞察覺病原體入侵。 2
6 接收指令後，體表的血管開始收縮、封閉汗腺，使肌肉收縮以便製造熱能。
發燒使免疫力提高，病毒逐漸變弱。 7

體溫定位點

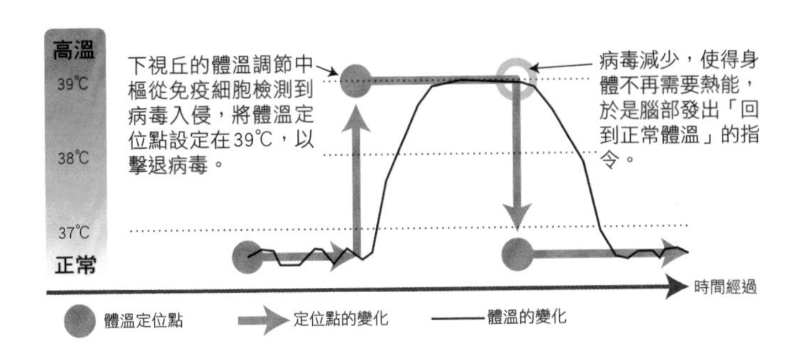
高溫
39℃
38℃
37℃
正常
下視丘的體溫調節中樞從免疫細胞檢測到病毒入侵，將體溫定位點設定在39℃，以擊退病毒。
病毒減少，使得身體不再需要熱能，於是腦部發出「回到正常體溫」的指令。
時間經過
體溫定位點
定位點的變化
體溫的變化

眨眼

不只是普通的生理反應，眼睛「傳達資訊」的驚奇機制

人的眨眼[*1]頻率是**一分鐘約二十次**。眨眼的主要目的是滋潤眼球，保護眼球不受灰塵刺激，但是要避免眼球乾燥的話，其實一分鐘眨三次就夠了[*2]。那麼，眨眼除了保護眼球以外，還有什麼意義呢？大阪大學的副教授中野珠實，就專門研究眨眼的作用。他利用MRI（核磁共振）測量隨著眨眼而產生的腦部活動，發現人在眨眼的瞬間，腦內發揮專注力所用的部位血流會減少，而推測他人心思時所用的部位血流則會增加。因此，他推測眨眼具有重新整理大腦、**準備下一個動**

＊1　眨眼分成3種，因為聲音、光線、風等刺激引起的「眨眼反射」，刻意閉眼的「自願性眨眼」，以及上述之外無特殊原因而產生的「自發性眨眼」。

＊2　人體平均每次眨眼都會分泌出0・002毫升的淚液，可常保眼球溼潤。

眨眼可避免眼球乾燥、灰塵刺激

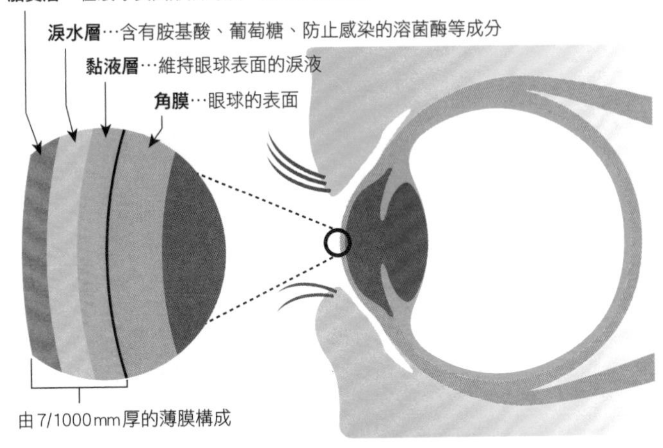

動物的眨眼次數（平均每一分鐘）

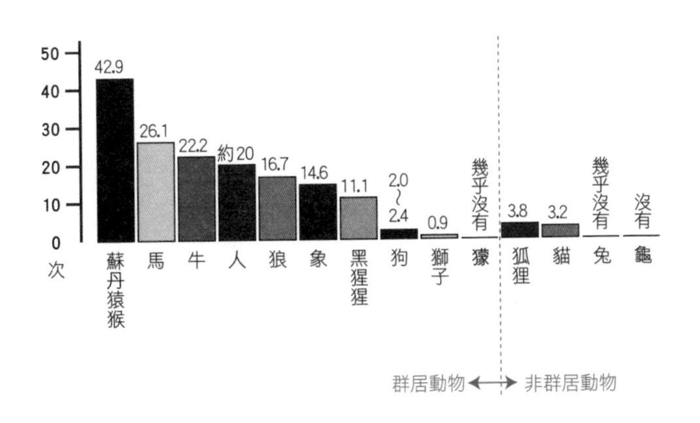

向的作用。

除此之外，眨眼還有協調溝通交流的可能性。根據研究，當我們面前的對象或電視劇裡的登場人物在說話時眨眼，我們眨眼的頻率也會跟著增加，所以雙方會在無意間藉由眨眼來共享對話的停頓，有助於**加強互相理解和共鳴力**。實際上也有分析指出，面對面交談的兩人，眨眼的時機會漸漸變得一致，而同時眨眼就代表彼此**共享了說話的「停頓」**。

不過，研究結果也顯示，眨眼的次數愈多，會愈讓對方覺得難以親近和懷疑，**容易賦予別人負面的印象**[*3]。根據相關實驗結果，眨眼次數愈少，給人的信賴感愈高，但是太少反而會令人感到難以親近，因此一分鐘眨眼十二次左右，是最能營造良好印象的頻率。

---

*3 研究調查1980年以後的美國總統大選辯論會，統計總統候選人的眨眼頻率，結果發現10屆當中有8屆都是由眨眼次數較少的候選人勝選。

目前已知的眨眼另類作用

眨眼可重新整理腦部

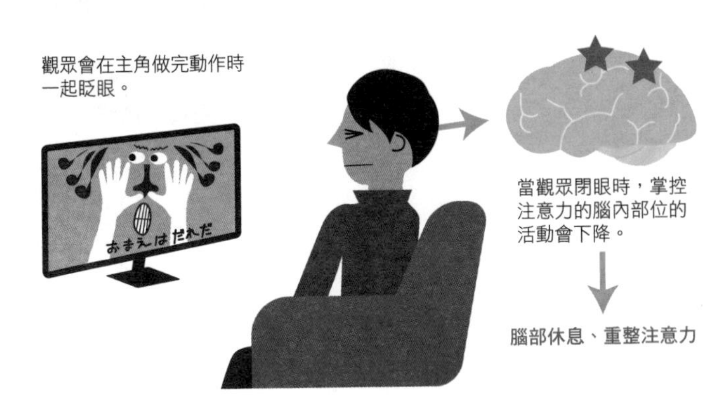

利用眨眼共享資訊

酒醉

酒精是如何循環全身，直到麻痺腦門？

適當飲酒，酒就能成為「百藥之長」；但是飲酒過量只會弄壞身體或是給別人添麻煩。話說回來，酒精攝入體內後會發生什麼作用呢？

從口腔攝入的酒精（**乙醇**），有百分之二十會由胃吸收，剩下的大部分都是由小腸吸收、溶入血液裡輸送至肝臟，肝臟就是處理酒精的工廠。肝臟裡主要是透過**ADH**[*1]的作用，分解有害物質「乙醛」，接著再透過**ALDH2**[*2]的作用，將之轉換成無害的**乙酸**。乙醛就是造成臉紅、心悸、噁心、頭痛等症狀的物質。

＊1 醇脫氫酶。

＊2 乙醛去氫酶。

酒精代謝的機制

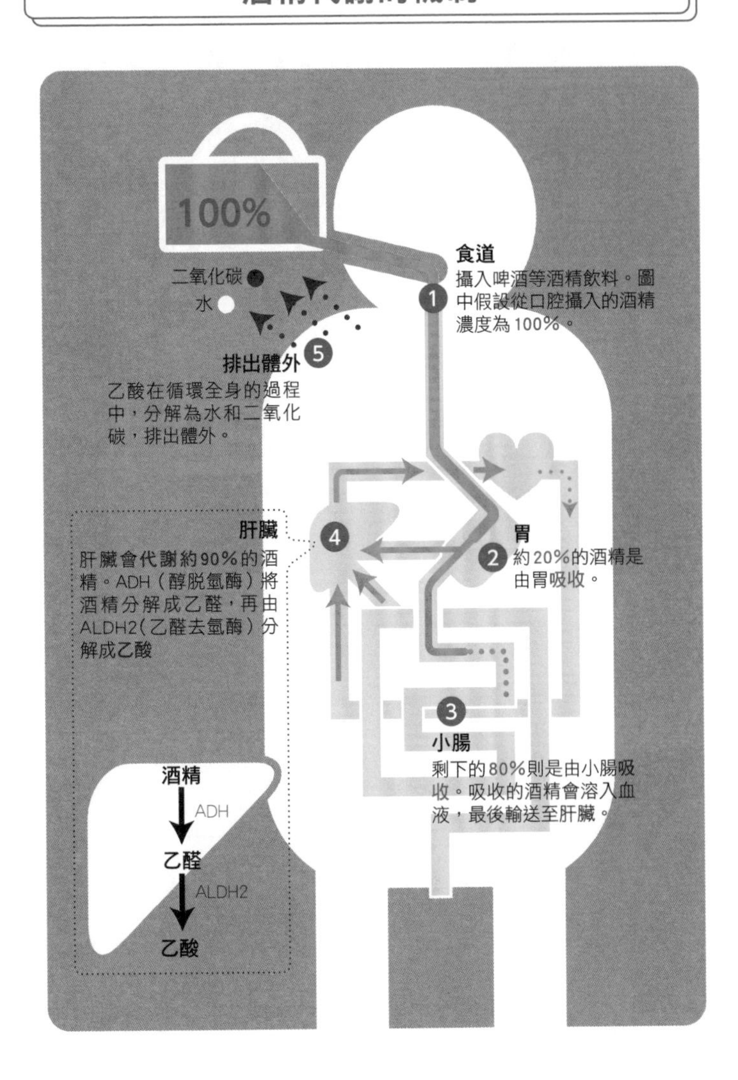

100%
食道
攝入啤酒等酒精飲料。圖中假設從口腔攝入的酒精濃度為100%。
1
二氧化碳
水
5
排出體外
乙酸在循環全身的過程中，分解為水和二氧化碳，排出體外。
肝臟
肝臟會代謝約90%的酒精。ADH（醇脫氫酶）將酒精分解成乙醛，再由ALDH2（乙醛去氫酶）分解成乙酸
4
胃
2
約20%的酒精是由胃吸收。
3
小腸
剩下的80%則是由小腸吸收。吸收的酒精會溶入血液，最後輸送至肝臟。
酒精
ADH
乙醛
ALDH2
乙酸

沒有分解完的酒精，會透過肝靜脈輸送至心臟，循環腦部和全身，最後再回到肝臟繼續分解[*3]。在肝臟裡生成的乙酸，會順著血液輸送至全身，同時分解成**水**和**二氧化碳**，最後排出體外。這就是酒精分解的原理。

「**酒醉**」是指溶入血液後輸送至腦部的酒精，進而造成的**腦部麻痺**症狀。酒醉程度是依腦內的酒精濃度[*4]而定，又分為爽快期、微醺期、酒醉初期、酒醉期、爛醉期、昏睡期這六個階段，但如果想要愉快喝酒，最多只能到「微醺期」。酒精攝取量一旦增加，腦部的麻痺程度也會愈嚴重，等到了「昏睡期」，代表整個腦部都已經麻痺，最糟的狀況甚至會致死。日本人的ＡＬＤＨ２作用比歐美人要弱，很多人甚至無法作用，所以日本人普遍有**酒量不佳的傾向**。總之喝酒要注意適可而止。

＊3
一部分酒精會在體內保持未處理的狀態，轉換成汗水、尿液或氣體，排出體外。

＊4
腦內的酒精濃度無法測量，所以實際上是測量血液中的酒精濃度。

日本人天生酒量就不好!?

◉世界各民族的ALDH2缺乏率

從微醺到昏睡

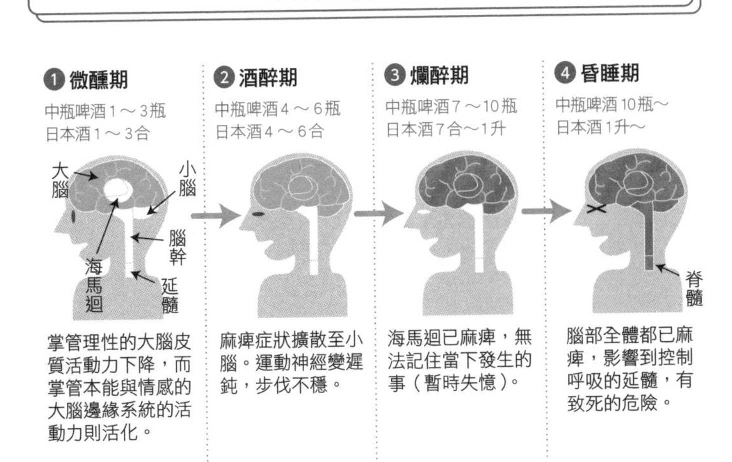

第二個胃

甜點是另一個胃！真的存在第二個胃嗎？

從口中吃進去的食物，會通過食道進入胃，藉由**蠕動運動**與胃酸混合，直到攪拌成粥狀，才會送到十二指腸（小腸）。胃清空的狀態就是大家常說的空腹，而充滿的狀態就是飽腹[*1]，但是為什麼人在吃飽以後，卻還能吃得下自己最愛的甜點呢？

追根究柢，控制人體食慾的機制是位於腦下視丘的**飽食中樞**和**攝食中樞**。人類的能量來源，是米和麵包等食物裡所含的碳水化合物。碳水化合物在消化、吸收後，使血液裡的糖（**血糖值**[*2]）增加，胰臟就會

＊1 成人的胃容量約有1．5～2公升左右。

＊2 人體內血液裡所含的葡萄糖（glucose）濃度。會因餐前餐後而變動。

胃的消化機制

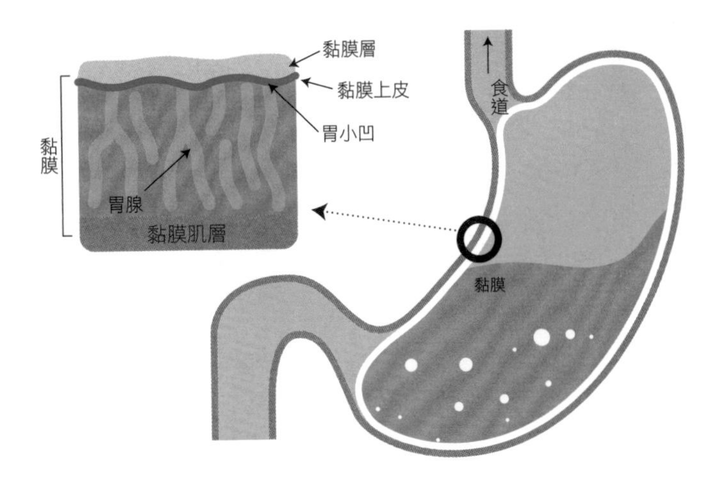

❶ 通過食道的食物會送入胃裡。

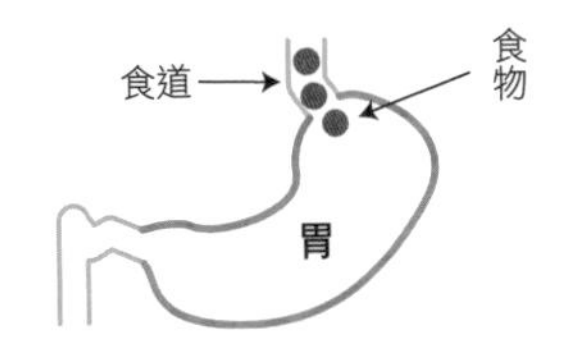

❷ 胃的上側皺褶會往上提，陸續拉開整個胃的皺褶。

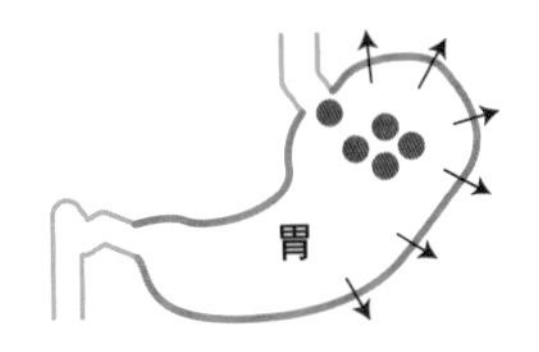

❸ 透過蠕動運動，將食物和胃酸攪在一起，變成黏稠的粥狀。

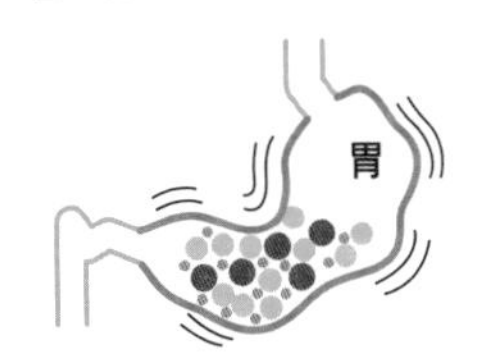

❹ 以15～20秒為間隔，將消化的食物送到十二指腸。

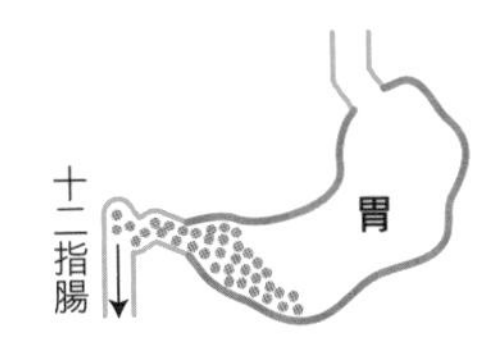

分泌出胰島素，將糖攝入細胞組織內。血糖值上升到一定數字後，能量累積的訊息就會傳到腦部，飽食中樞開始發揮作用、抑制食慾，於是人才會感覺到「吃飽」。

當體內的能量隨著時間經過而逐漸減少，攝食中樞就會發揮作用、刺激食慾，所以人才會感覺到「肚子餓」。

不過，肚子都飽了卻還吃得下甜點，也就是所謂的「另一個肚子」實際上確實存在。當人看見自己愛吃或者是知道很好吃的食物，腦的前額葉就會發出**切換開關的指令**，啟動攝食中樞來取代飽食中樞的作用[*3]。

胃裡也有可以騰出物理性空間的另一個胃存在。腦內會分泌出名為食慾素的激素，活化腸胃蠕動，將塞滿胃裡的食物推入腸道，於是胃裡就會**出現新的空間**了。

＊3 腦內分泌出多巴胺等物質，也會刺激食慾。

產生食慾的機制

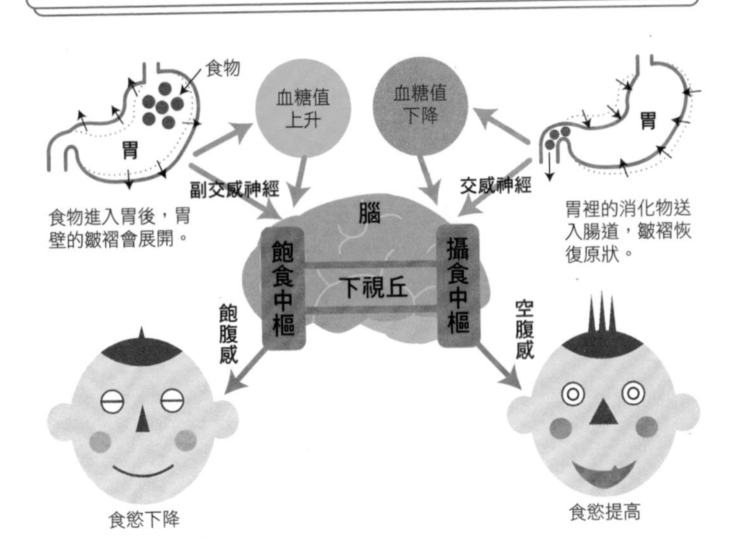

第二個胃的生成機制

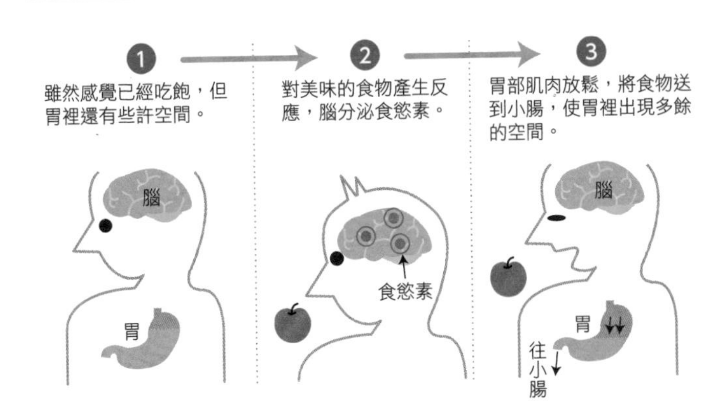

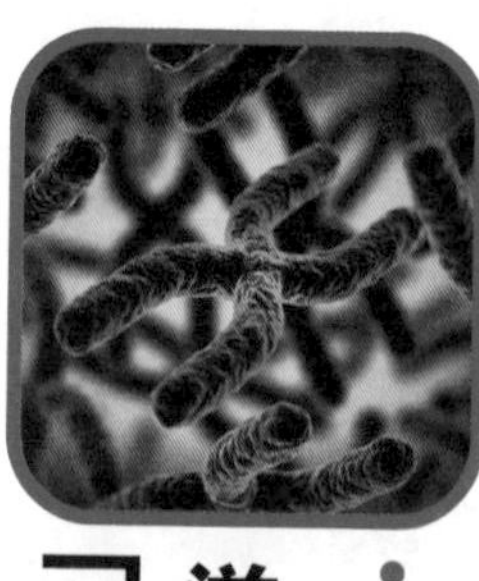

壽命

逆轉老化的壽命關鍵，「端粒」的真面目

人類的平均壽命到現在變得更長，已經從「人生八十年」邁向「人生一百年」的時代了。

人類一旦衰老，肌肉量和骨質密度就會減少，腦和心臟等重要器官也會逐漸萎縮，不過話說回來，人類的壽命極限到底是怎麼一回事呢？其中的關鍵就在於「**端粒**[*1]」。

端粒是人類細胞裡位於染色體末端的帽狀結構，負責保護重要的基因資訊。端粒的數量會隨著細胞分裂而減少、變短。在人類剛出生時

＊1 2009年，美國布雷克本博士等三人以「發現端粒和端粒酶如何保護染色體」的研究，榮獲諾貝爾醫學生理學獎。

內臟重量隨年齡增長而減少

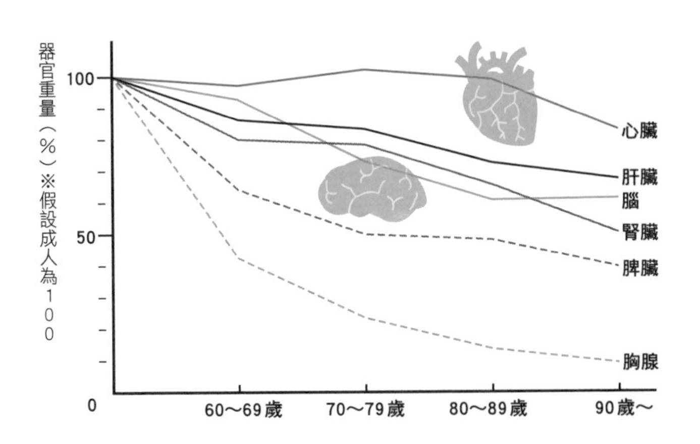

動物壽命與細胞分裂次數呈正比

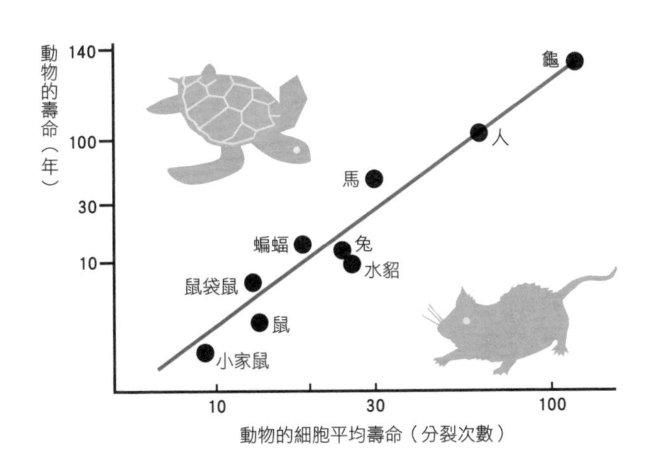

大約有一萬五千個端粒，到了三十五歲左右就會減少一半；當端粒數量少於六千時，染色體就會變得不穩定；到了兩千個，細胞就無法再分裂，處於**細胞老化**的狀態[*2]。端粒逐漸減少，就會變得難以生成新細胞，所以又稱作「**壽命回數票**」。

另一方面，**端粒酶**是為端粒增加新的鹼基序列、防止端粒變短的酵素，科學家剛發現端粒酶時，還積極推論只要體內多攝入這種酵素，就可能延年益壽。不過，後續的研究卻發現端粒酶會讓癌細胞無限分裂[*3]、提高某些癌症的罹患風險，所以也暗示了高濃度的端粒酶反而對人體有害。

根據最新的研究指出，端粒不是只會逐漸減少，也可以透過定期的有氧運動、飲食、充足的睡眠、冥想等**生活習慣的改善來增長**[*4]。

＊2 端粒變短後，染色體就會變得不穩定，所以處於容易基因突變的狀態，容易罹患癌症和失智症。

＊3 這個發現有助於研究如何抑制端粒酶、攻擊會催生端粒酶的細胞，開發出新的癌症用藥。

＊4 與朋友或伴侶之間維持良好關係也很重要，孤獨又陰沉的人端粒會變短，有早死的傾向。

端粒變短，細胞就停止分裂

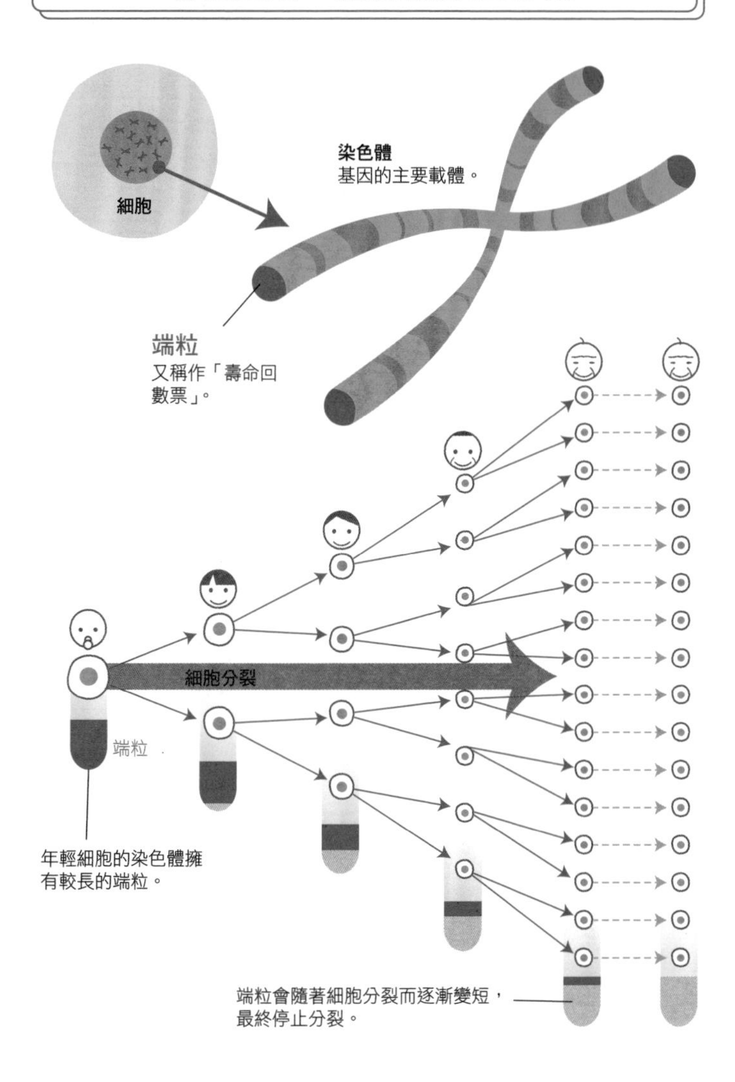

眼睛的焦點

近視、遠視與亂視，靈魂之窗的種種障礙

眼睛可以看見物體，是因為進入眼球的光線穿透角膜和水晶體時折射，在視網膜上形成影像。

焦點形成正確影像的狀態稱作**正視眼**[*1]，如果基於各種原因，使得折射的程度和眼軸長[*2]之間失去適當的平衡度，視網膜上就難以形成準確的焦點。這種狀態稱作**眼屈光不正**，可分為三個種類。

第一種是焦點在**視網膜前方**的**近視**，雖然看得見近距離的物體，但是看遠方的物體卻很模糊。症狀又分為眼軸較長而引起的軸性近視，

＊1
人類眼睛在看近、看遠時，會透過水晶體的厚度變化來調整光線折射的程度，不論看什麼距離的物體，都能夠在視網膜上形成焦點。

＊2
從角膜頂點到視網膜中央凹的距離。這裡是決定水晶體折射程度的重要因素，一般而言，近視愈深代表眼軸愈

眼睛觀看物體的原理

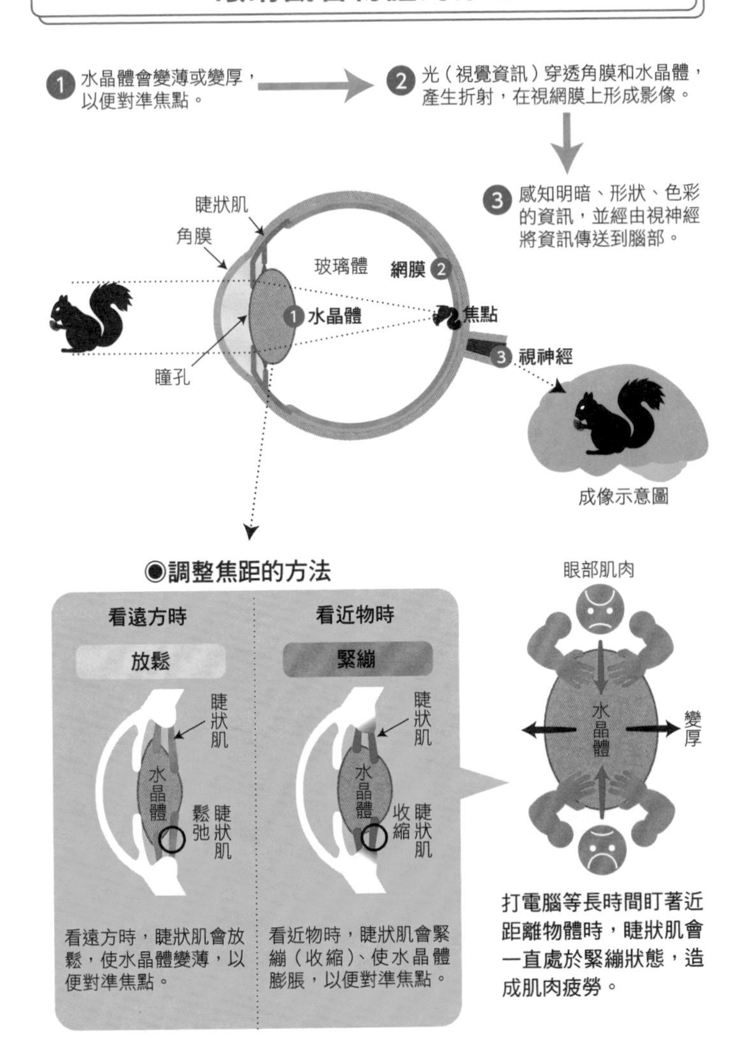

1 水晶體會變薄或變厚，以便對準焦點。
2 光（視覺資訊）穿透角膜和水晶體，產生折射，在視網膜上形成影像。
3 感知明暗、形狀、色彩的資訊，並經由視神經將資訊傳送到腦部。
睫狀肌
角膜
玻璃體
網膜 2
1 水晶體
焦點
3 視神經
瞳孔
成像示意圖
◉調整焦距的方法
看遠方時
放鬆
睫狀肌
水晶體
鬆弛 睫狀肌
看近物時
緊繃
睫狀肌
水晶體
收縮 睫狀肌
眼部肌肉
水晶體
變厚
看遠方時，睫狀肌會放鬆，使水晶體變薄，以便對準焦點。
看近物時，睫狀肌會緊繃（收縮）、使水晶體膨脹，以便對準焦點。
打電腦等長時間盯著近距離物體時，睫狀肌會一直處於緊繃狀態，造成肌肉疲勞。

和眼角膜或水晶體的折射力太強的屈折性近視。第二種是焦點在**視網膜後方**的**遠視**，不管是遠方還是就近的物體都很難看清楚。症狀又分為眼軸較短而引起的軸性遠視，和眼角膜或水晶體的折射力太弱的屈折性遠視。

第三種是因為光進入眼球的方向，導致**聚焦位置不一**所引起的**散光**[*3]。這是因為眼角膜和水晶體的彎度並不是呈端正的球面，所以光線的焦點無法在眼球裡聚集成一點。這種狀態不管是遠方還是就近的物體看起來都很模糊，用單眼看甚至會形成二層、三層錯位的疊影。

眼球的水晶體會隨著年齡而逐漸硬化，所以眼睛調整焦距的功能會下降，變得不易看清近距離的物體。這個狀態稱作**老花**（老花眼），一般來說屬於四十到四十五歲開始的一種老化現象。

長，正視眼的眼軸距離大約為24公釐。

＊3 大部分的散光都可以用近視和遠視的矯正鏡片來矯正，但若是角膜疾病引起的不規則散光，便很難徹底矯正。

近視、遠視、散光的原理

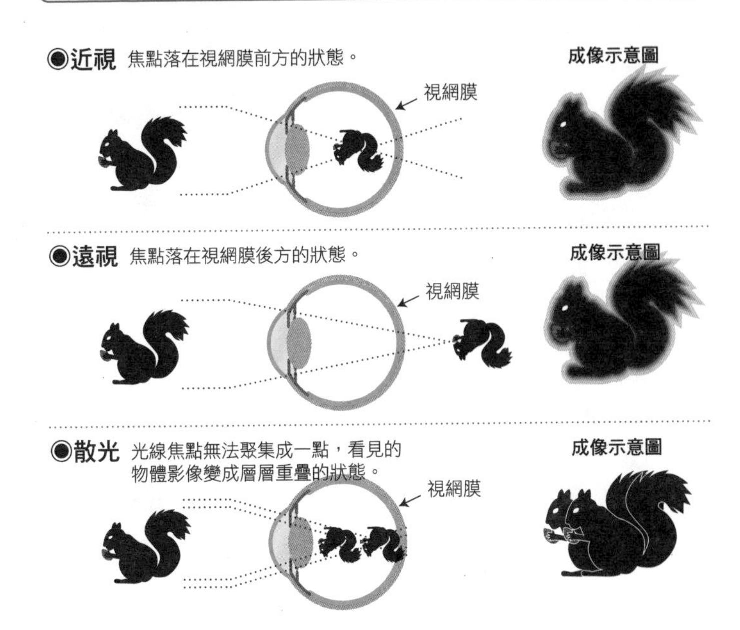

◉近視 焦點落在視網膜前方的狀態。
成像示意圖
視網膜
◉遠視 焦點落在視網膜後方的狀態。
成像示意圖
視網膜
◉散光 光線焦點無法聚集成一點，看見的物體影像變成層層重疊的狀態。
成像示意圖
視網膜

用隱形眼鏡矯正近、遠視

近視用

遠視用

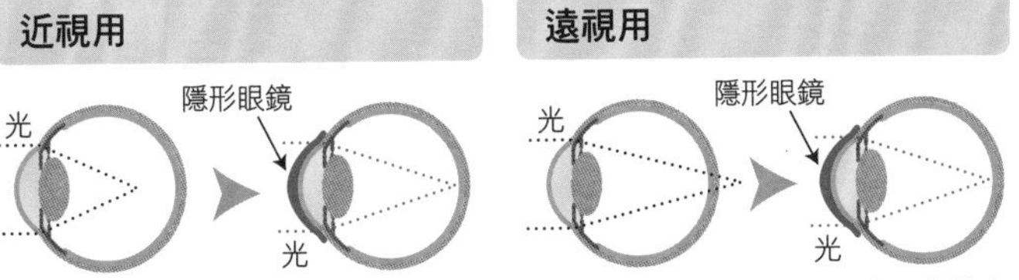

讓隱形眼鏡以接觸角膜的方式戴上，即可矯正折射異常的症狀。市面上皆有販售遠近兩用和散光用的鏡片。

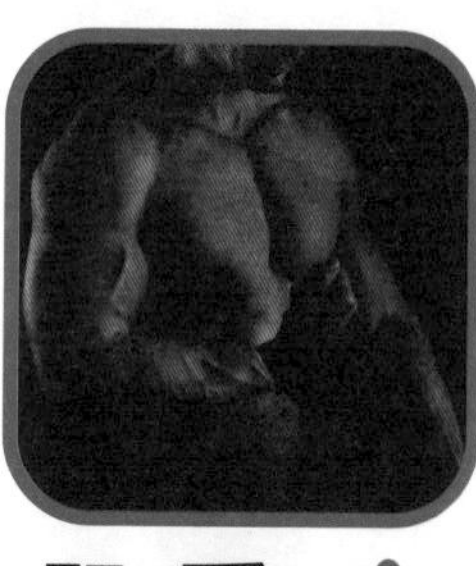

肌肉痠痛

重訓健身過後，肌肉為什麼都會痠痛不已？

人類的身體有**骨骼肌**、**心肌**、**平滑肌**這三個分別具備不同功能的肌肉[*1]（參照左圖）。附著在手腳、脊椎等骨骼上的肌肉是骨骼肌，它也是能做出奔跑、跳躍、書寫等各種動作，和支撐身體直立、保持姿勢的肌肉。

肌肉是由名為**肌纖維**的肌細胞所組成，肌纖維又是由更細的**肌原纖維**組成。肌原纖維的成分是蛋白質構成的兩種**肌絲**。**肌凝蛋白**構成的粗肌絲，和**肌動蛋白**構成的細肌絲互相交錯排列，藉由187頁左上圖的

＊1 肌肉的總重量占體重的40～50%，假設體重為60公斤，全身就有大約25～30公斤的肌肉。

肌肉分為三種

細肌原纖維的集合體稱作肌纖維（肌細胞），
而肌纖維束的集合體就是肌肉。

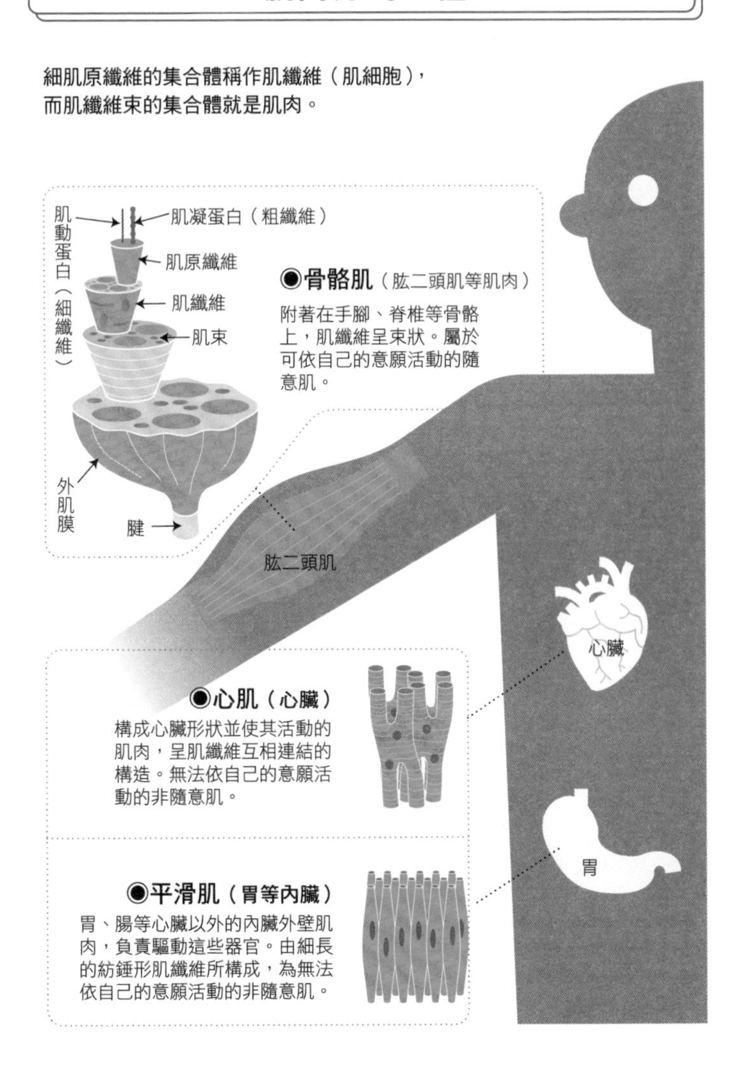

收縮、鬆弛來活動肌肉。

運動後之所以會**肌肉痠痛**，舊有的說法是起因於疲勞物質乳酸的堆積，不過現在力推的說法是因為**受傷的肌纖維正在修復**，才會發生痠痛。而肌肉痠痛的原理如下。

當我們突然活動平常不用的肌肉，或是相同的肌肉使用過度、使肌肉過度反覆收縮，肌纖維和周圍的結締組織就會產生細微的損傷。於是，白血球等血液成分便為了修復損傷的肌纖維而聚集過來，引起發炎、生成刺激物質[*2]，刺激包覆肌肉的筋膜。這股刺激會透過感覺中樞傳遞，令人感受到「痠痛」。

肌肉過了一段時間才開始慢慢痠痛起來，是因為**肌纖維本身並沒有感受痠痛的神經**。等到發炎擴散、傳導痠痛的物質抵達筋膜後，人才會有感覺，所以這之間會有「**時差**」。

---

*2 緩激肽、組織胺、血清素、前列腺素等等。

肌肉伸縮的原理

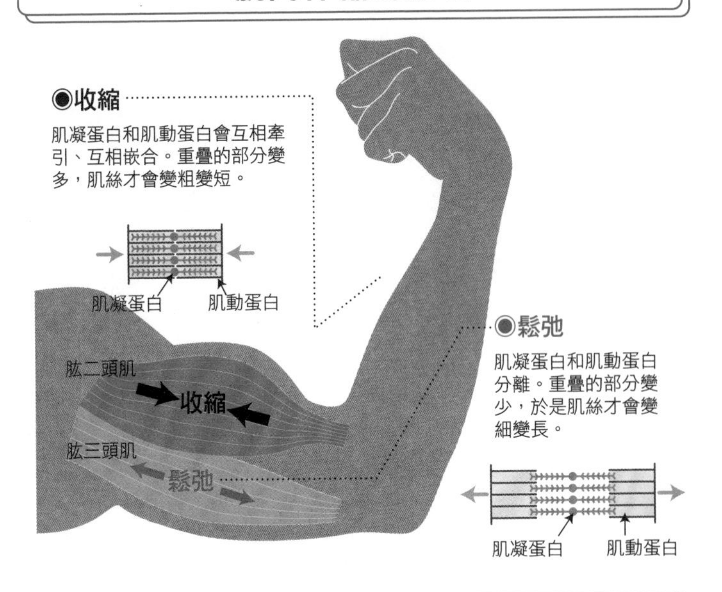

肌肉痠痛的機制

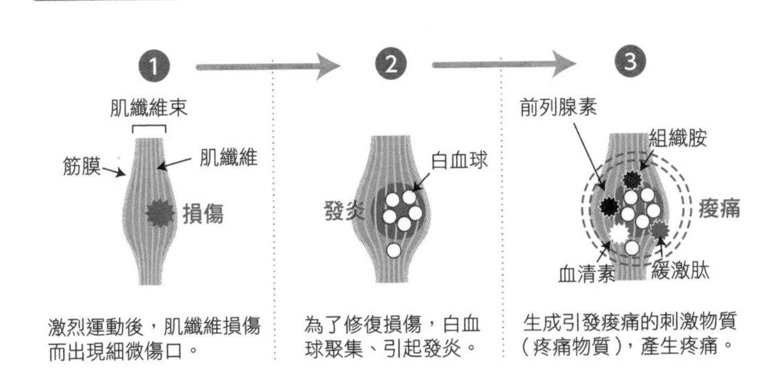

雞皮疙瘩

吹風就起雞皮疙瘩，是人類殘存的「動物本能」？

人類一感受到寒冷就會身體僵硬、起雞皮疙瘩。話說回來，人體身處的空氣溫度，通常都比體溫還要低*1，因此從心臟輸送至全身的溫暖血液，會透過接觸空氣的**皮膚散熱**，以保持穩定的體溫。用汽車來比喻的話，皮膚的**作用就像是散熱器**一樣。

但是，當天氣變冷後，身體會失去大量體熱，導致體溫下降，代謝也會跟著下降。於是交感神經開始作用，使分布在皮膚表面的**動脈收縮**、血流量減少，以抑制散熱。在動物當中，只有人類的體溫調節機

*1 當然還是有些國家、地區、季節的氣溫高於體溫。

皮膚的體溫調節功能

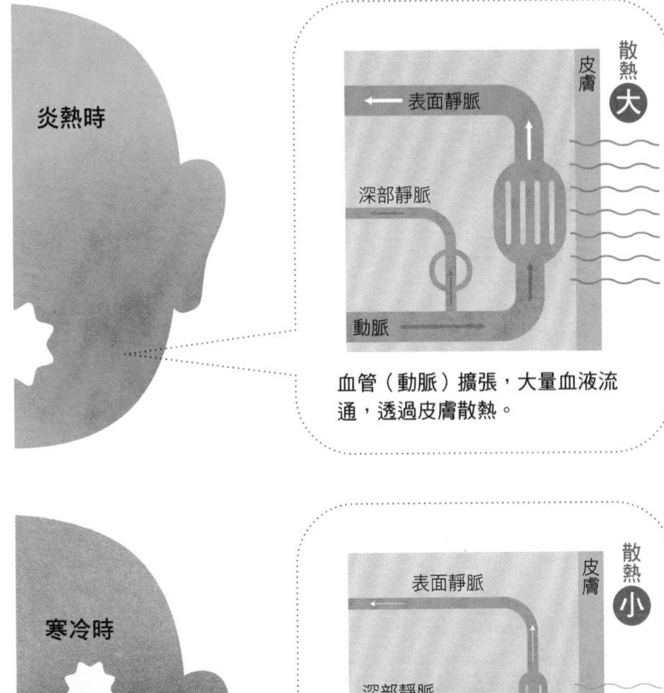

血管（動脈）擴張，大量血液流通，透過皮膚散熱。

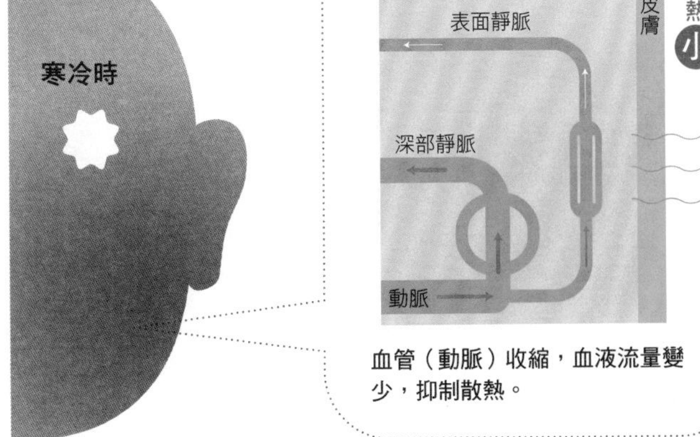

血管（動脈）收縮，血液流量變少，抑制散熱。

制最發達，因為人類和其他動物的不同點在於**沒有覆蓋全身的毛皮**。

動物一旦遭遇寒流，會讓平常伏貼在身上的毛豎起來，以便抑制散熱。毛只要豎起，皮膚接觸的空氣量就會增加，毛叢中的空氣便不會產生循環，可以藉由皮膚升溫，這層溫暖的空氣就會產生**斷熱效果**。

那麼，人類身上難道沒有遺留這種機制嗎？其實，**雞皮疙瘩**就是這種反應殘留的證據。雖然人類不像其他動物一樣有包覆全身的毛，但是還保留著可以使毛豎立的肌肉，稱作**立毛肌**。當我們感受到寒冷時，這個肌肉就會收縮，讓毛孔緊縮起來、形成有許多點狀凸起的皮膚（雞皮疙瘩）。不過因為人沒有最重要的毛，所以這個反應並沒有什麼防止散熱的效果*2。

附帶一提，人感到寒冷時之所以顫抖，也是起因於立毛肌收縮。我們在夏天聽鬼故事會打冷顫、起雞皮疙瘩，也是基於同樣的原因*3。

---

*2 身體在寒冷時會蜷縮，是為了縮小體表面積、防止散熱。顫抖則是為了利用肌肉的活動來製造熱能。

*3 當人感受到恐怖時，交感神經會為了處理壓力而啟動，收縮血管、立毛肌，於是人才會在一點也不冷的狀態下打冷顫。

起雞皮疙瘩的原理

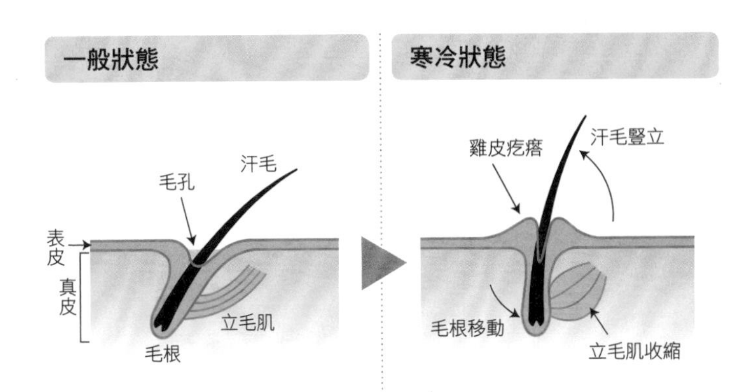

皮膚的汗毛在一般狀態下是呈傾倒狀態。

立毛肌收縮、汗毛豎立，皮膚會隆起以堵住毛孔。

為何夏天的鬼故事會令人起雞皮疙瘩？

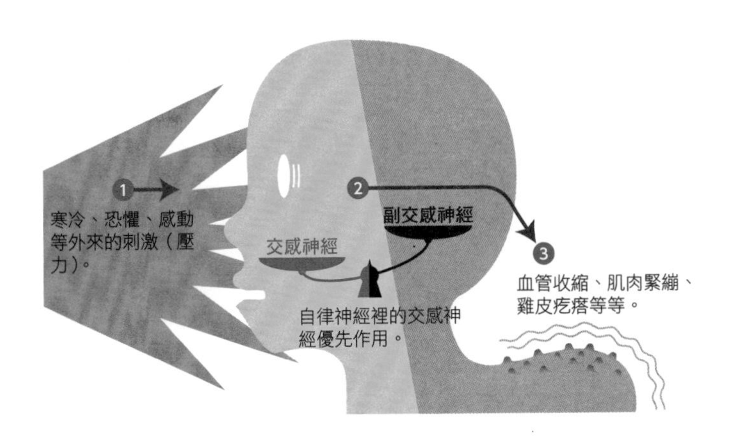

1
寒冷、恐懼、感動等外來的刺激（壓力）。
2
副交感神經
交感神經
自律神經裡的交感神經優先作用。
3
血管收縮、肌肉緊繃、雞皮疙瘩等等。

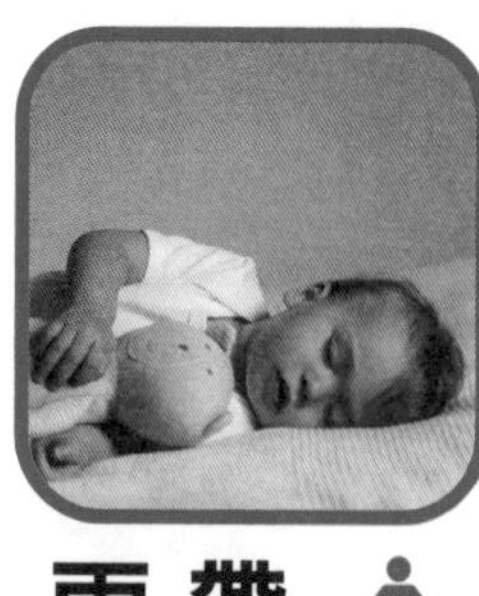

睡眠

帶來睡意和幫助甦醒，兩種荷爾蒙的交互作用

我們每天都幾乎在同一時間入睡，約七到八小時就會自然甦醒。人生有三分之一的時間都花在睡眠上，它最大的任務就是負責「清醒時使用過的**腦部和身體的維修工作**」。

人類的身體是受到生理時鐘的週期[*1]控制，**生理時鐘**會在早晨曬到陽光後重新設定。人體內攸關睡眠、甦醒週期的激素，是在腦部松果體內生成的「**褪黑素**」，作用是在白天因明亮的陽光而抑制分泌，再隨著入夜變暗以後增加分泌量，讓人可以順利入睡[*2]。與褪黑素相反，具

＊1 週期會因人而異，平均是24小時＋10分鐘。

＊2 這個機制會在身體準備進入睡眠的1～2小時前啟動，但會發生逆行性現象，使清醒的狀態在就寢前2～4小時達到一日顛峰。

褪黑素的分泌

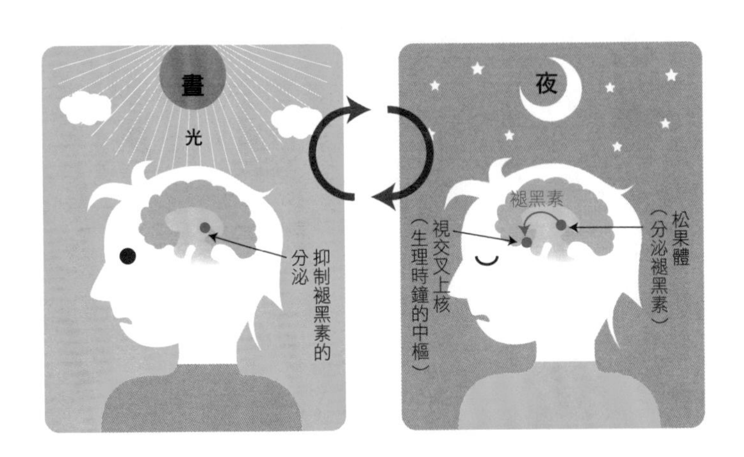

褪黑素和皮質類固醇

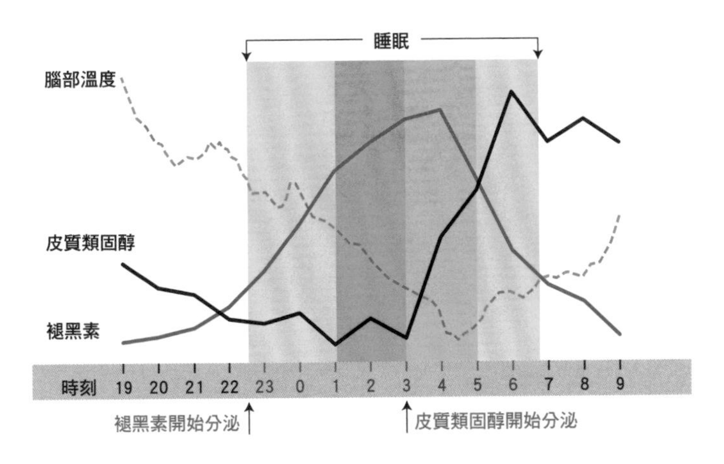

有甦醒作用的激素是「**皮質類固醇**」，它的作用是在早晨開始分泌，使腦部溫度自然升高，最後讓人甦醒。

我們入睡以後，會以大約九十分鐘的週期交互經歷**非快速動眼睡眠**（深度睡眠）和**快速動眼睡眠**[*3]（淺度睡眠），在這個過程中慢慢接近甦醒。在非快速動眼睡眠中，腦部的溫度會下降、使人進入休息狀態，開始修復清醒時承受壓力的神經。促進新陳代謝和細胞修復的**生長激素**，也會在非快速動眼睡眠期間大量分泌。而在快速動眼睡眠中，腦部則會整理情感和記憶，分類固定成為記憶的資訊和遺忘的資訊。

近年來，在談論影響睡眠的因素時，經常提起的就是「**藍光**[*4]」。電視、智慧型手機、電腦螢幕散發的藍光，會抑制褪黑素分泌，造成體內的生理時鐘混亂。所以建議入夜後盡可能少用這些產品。

＊3 因為這時眼球會在閉起的眼瞼內快速轉動（Rapid eye movement），所以才稱作快速動眼睡眠。做夢就是主要發生在快速動眼睡眠期間。

＊4 波長在380～500奈米的藍色光線。

快速動眼睡眠與非快速動眼睡眠

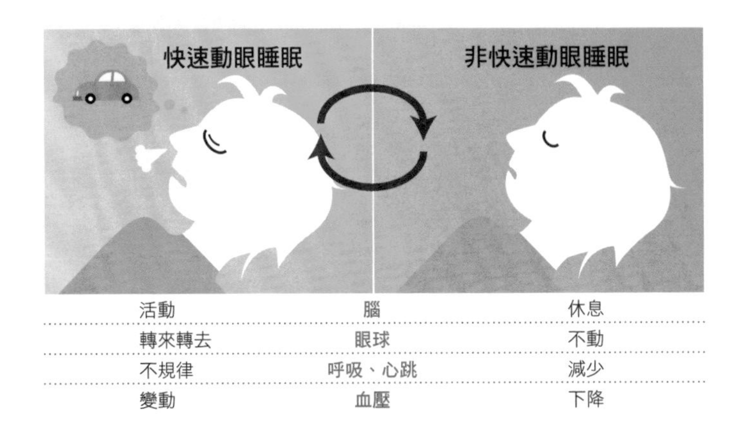

週期約 90 分鐘的睡眠模式

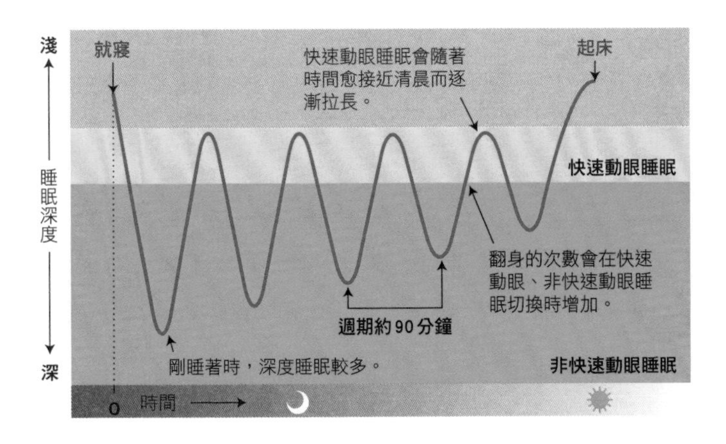

頭髮

直髮和卷髮，是由細胞的彎曲程度決定？

應該很多人在青春期，因為頭髮卷得很明顯、為這一頭「天然卷燙髮」而煩惱吧。頭髮的特徵（顏色或直卷髮）取決於基因[*1]，但其中的構造究竟是哪裡不同呢？

頭髮的粗細大約為〇・〇三～〇・一公釐左右，用顯微鏡觀察剖面，會發現最內側的是「**髓質層**」，外側有呈束狀排列的「**皮質層**」細胞，更外層則包覆著鱗片狀的「**表皮層**」。大家都知道表皮層會展現出頭髮的光澤，而與卷髮有關的，則是在它內側的皮質層。皮質層

＊1　一般而言卷髮是來自遺傳，但目前還沒有研究證實的確是來自遺傳。

頭髮的剖面

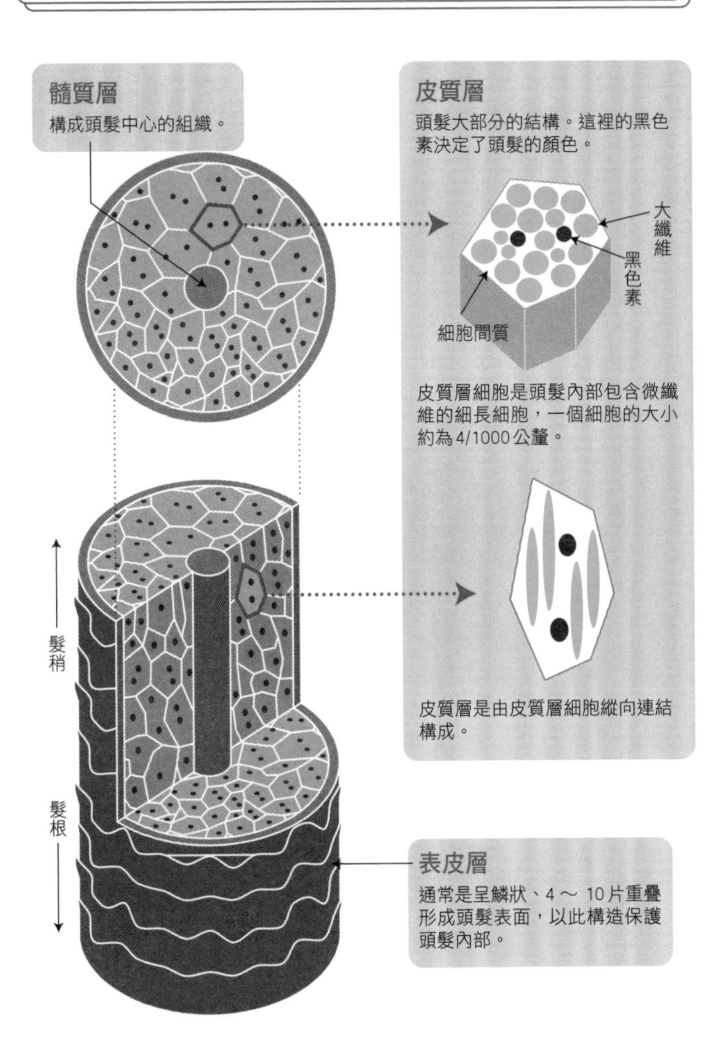
髓質層
構成頭髮中心的組織。
皮質層
頭髮大部分的結構。這裡的黑色素決定了頭髮的顏色。
大纖維
黑色素
細胞間質
皮質層細胞是頭髮內部包含微纖維的細長細胞，一個細胞的大小約為4/1000公釐。
皮質層是由皮質層細胞縱向連結構成。
髮稍
髮根
表皮層
通常是呈鱗狀、4～10片重疊形成頭髮表面，以此構造保護頭髮內部。

是纖維狀的細長細胞，占了從髮梢到髮根的八成比例。

二〇〇九年，花王公司研究團隊調查了約兩百三十名日本女性的頭髮並製成影像，才終於釐清了卷髮的成因。因為構成皮質層的蛋白質有兩種，分別是**副皮質細胞**和**正皮質細胞**；副皮質細胞的纖維是筆直排列，正皮質細胞的纖維則是以扭曲的方式排列。直髮的正皮質細胞和副皮質細胞是以同心圓的方式排列，沒有明顯的偏移；但是卷髮的正皮質細胞大多分布在扭曲（彎曲）的部分，副皮質細胞則多分布在內側。也就是說，正副皮質細胞的**分布位置出現偏移，就是造成卷髮的原因**[*2]。

近年來，頭髮燙直的技術已經十分進步，卷髮的人也能體會到直髮造型的樂趣，但是燙直的卷髮仍會在一段時間後恢復原狀。用「卷髮也很有特色」的樂觀心態看待，或許會比較好[*3]。

＊2 即使髮根是筆直的，只要細胞分布產生偏移，頭髮就會卷曲。如果是像非洲人一樣的嚴重自然卷，連髮根的形狀也是呈卷曲。

＊3 因為頭髮的「卷度」和「彎曲度」會隨著損傷和年齡的增長而變強。

皮質層細胞偏移造就了「卷髮」

◉構成皮質層的兩種細胞

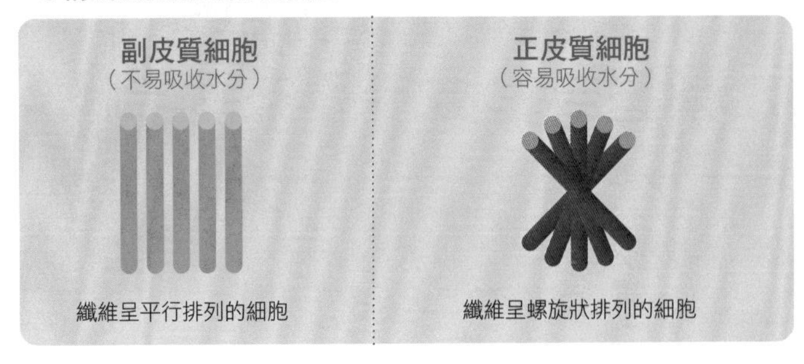

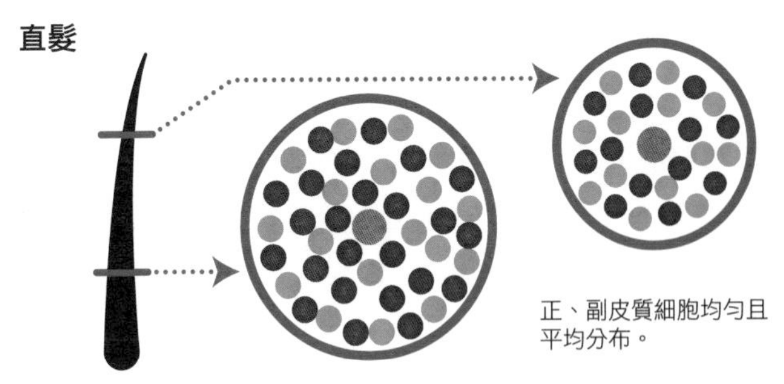

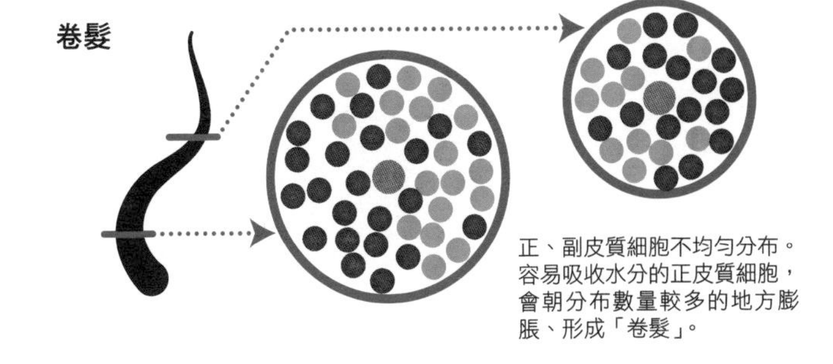

column

生活各種省力設計都是為右撇子量身打造？

全世界的「左撇子」比例，大約為每9個人當中有一人；換言之，絕大多數人都是「右撇子」。因此，我們周遭的生活器具，大多都是設計成右撇子方便使用的構造。舉例來說，各位不妨想像一下螺絲釘和瓶蓋的設計。

人體從手腕到手肘的部位稱作前臂，前臂有兩根骨頭，會在轉動手腕時隨之牽動而跟著扭轉。手腕向外側轉的運動稱作「旋後」，向內側轉的運動稱作「旋前」；當手腕旋後、旋前時，力道最大的就是肱二頭肌強力做出的旋後動作。而螺絲釘和瓶蓋都是往右轉（旋後）可以鎖緊，往左轉（旋前）可鬆開。鎖緊和鬆開的動作當中，鎖緊需要的力道顯然強上許多，可見它是設計成右撇子更容易鎖緊的構造。

»Part5«

「生活周遭」的驚奇原理

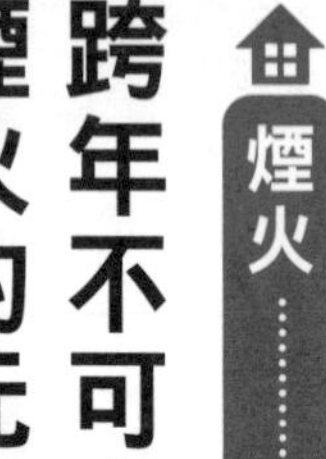

煙火

跨年不可少的繽紛化學秀，煙火的元素發色原理

煙火筒發射出來的煙火，其中的爆裂藥會在空中爆炸，隨著時間的經過而變化成各式各樣的顏色、閃耀著光輝。這種繽紛的煙火色彩，是由一種叫作「**星**」[*1]的火藥球裡填充的**金屬種類**而定。

金屬具有加熱後發光的性質，發出的顏色取決於金屬的種類（**元素**）。這種現象稱作**焰色反應**，好比說鈉會產生黃色、銅會產生藍綠色，顏色會因金屬的種類而各不相同[*2]。那麼金屬為什麼會產生焰色反應呢？其中的關鍵就在於電子的動向。

＊1　星是從正中央的芯往外層層包裹不同金屬的火藥製成。星發射到高空後，會從外層開始逐漸燃燒，所以煙火的色彩才會不斷變化。

＊2　煙火使用的金屬主要是價格便宜又容易取得的鍶、銅、鈉、鋇。只要妥善搭配這4種金屬，就能營造出各式各

煙火的原理

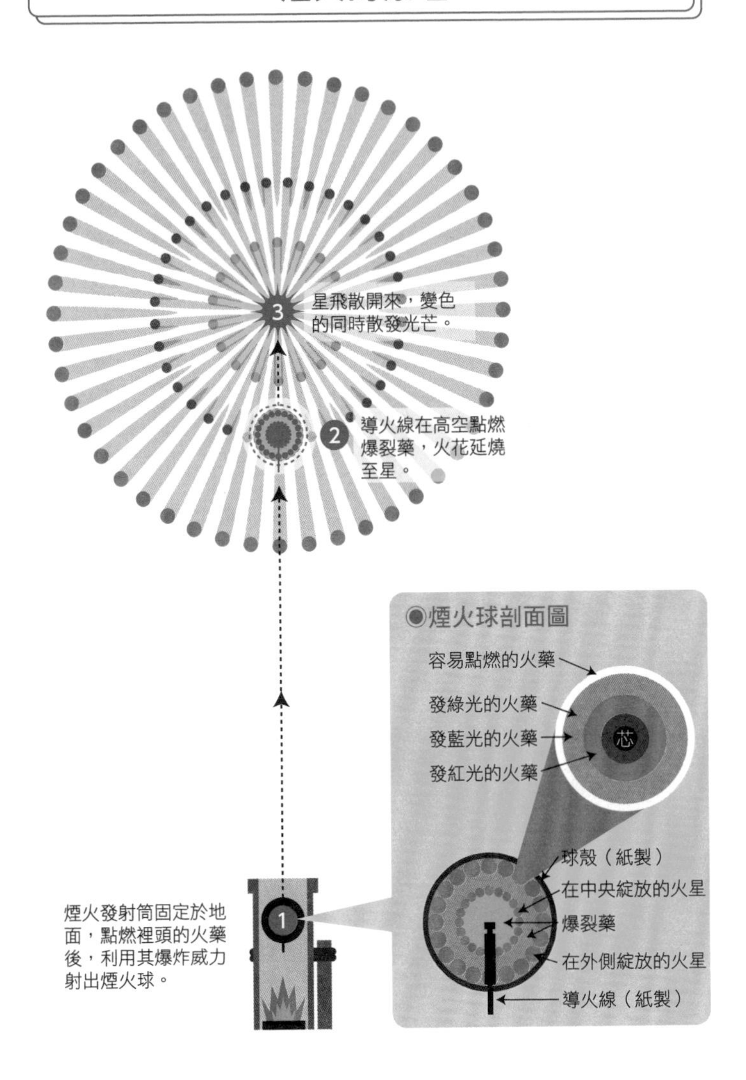

3
星飛散開來，變色
的同時散發光芒。
2
導火線在高空點燃
爆裂藥，火花延燒
至星。
◉煙火球剖面圖
容易點燃的火藥
發綠光的火藥
發藍光的火藥
發紅光的火藥
芯
球殼（紙製）
在中央綻放的火星
爆裂藥
在外側綻放的火星
導火線（紙製）
1
煙火發射筒固定於地
面，點燃裡頭的火藥
後，利用其爆炸威力
射出煙火球。

金屬是由非常細小的原子聚集構成，每一個原子的中心都有一個原子核，它的周圍圍繞著好幾個**電子**。一般來說，電子會以固定的軌道旋轉，但是當原子受熱後，電子就會吸收熱能、**躍遷**到外側的另一個軌道。但是，新的軌道遠離原子核、處於不穩定的狀態，所以電子又會立刻回到原本穩定的軌道。這時電子會**釋放已吸收的熱能**，變成光的形式放出。

煙火燃燒時的溫度高達攝氏兩千度，而電子吸收這股熱能、躍遷到外側軌域或落回原本軌域的動向，也會因元素的種類而異，於是釋放出的光能也不盡相同。

只要光能不同，光的波長也不會一樣，這就是為什麼金屬的種類會**使釋放的光芒色彩改變**[*3]。

樣的煙火色彩。

*3 江戶時代流行的煙火之所以是單一的暗紅色，是因為當時的火藥主要成分是硝石、硫黃和木炭。直到明治初期海外的發色劑進口日本，才能製造出有顏色的煙火，這種煙火普遍被稱作洋火，廣受讚揚。

什麼是「焰色反應」？

❶ 金屬是由很多個細小的「原子」聚集構成。每個原子中心都有1個原子核，其周圍有好幾個電子會在固定的軌道上旋轉。

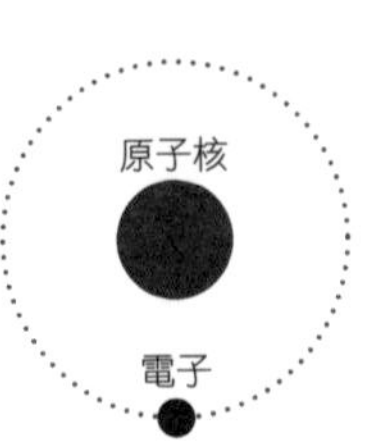

❷ 原子受熱後，電子就會吸收熱能、躍遷到外側的另一條軌道。

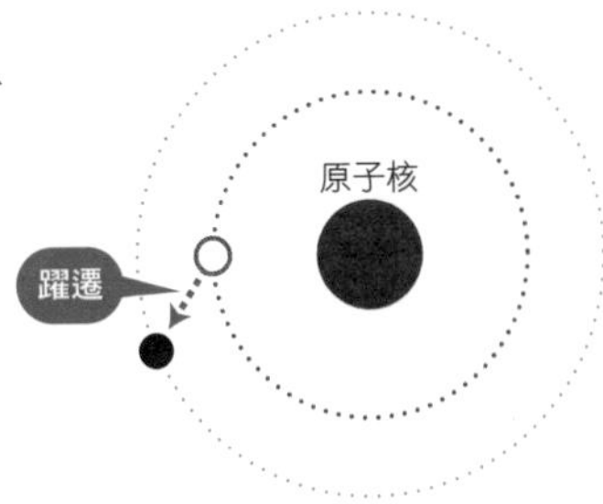

❸ 由於新的軌道並不穩定，所以電子又立刻回到原本穩定的軌道。這時電子吸收的能量就會變成光芒釋放出來。

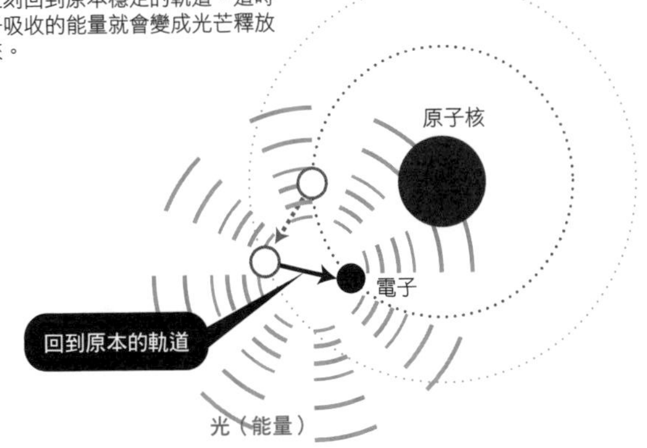

可以拉長的年糕，能夠用米飯取代糯米製作嗎？

我們吃進嘴裡的食物，有些明明有相同的主要成分，卻又有可以延展和不可延展的分別。其中的代表就是「**米**」和「**起司**」。

年糕之所以能夠延展，米飯卻無法延展，是因為它們各自所含的澱粉比例不同。

澱粉分為**直鏈澱粉**和**支鏈澱粉**，兩者都是由大量葡萄糖所組成。它們的差異，在於直鏈澱粉是像一條線般直線串連葡萄糖，分支較少；而支鏈澱粉的分支較多，結構像是擁有許多樹枝的樹狀，延展後也只

年糕能夠延展的原理

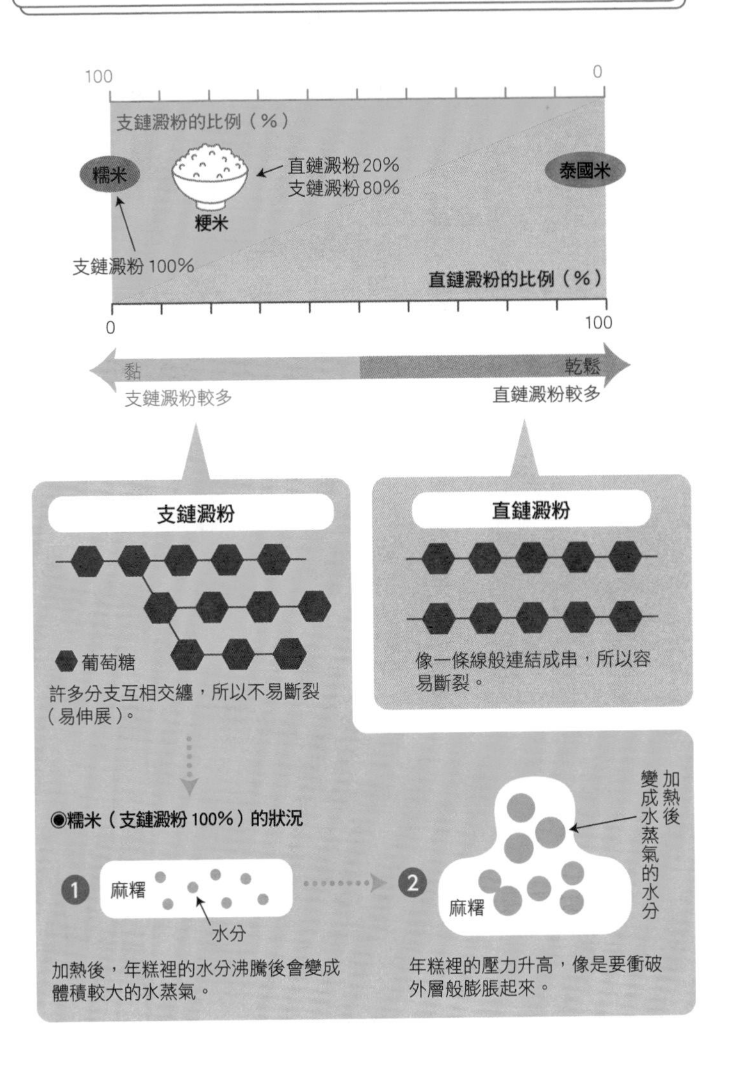
100
0
支鏈澱粉的比例（%）
糯米
直鏈澱粉 20%
支鏈澱粉 80%
泰國米
粳米
支鏈澱粉 100%
直鏈澱粉的比例（%）
0
100
黏
乾鬆
支鏈澱粉較多
直鏈澱粉較多
支鏈澱粉
直鏈澱粉
葡萄糖
許多分支互相交纏，所以不易斷裂（易伸展）。
像一條線般連結成串，所以容易斷裂。
◉糯米（支鏈澱粉 100%）的狀況
1
麻糬
水分
2
麻糬
加熱後變成水蒸氣的水分
加熱後，年糕裡的水分沸騰後會變成體積較大的水蒸氣。
年糕裡的壓力升高，像是要衝破外層般膨脹起來。

是改變了形狀，不會輕易斷裂。一般來說，我們平常所吃的飯是「**粳米**」，內含的直鏈澱粉和支鏈澱粉比例大約是二：八[*1]；而年糕使用的「**糯米**」，卻是百分之百的支鏈澱粉。所以，糯米泡水蒸熟後，支鏈澱粉便吸飽了水分，使原本收縮的分支伸展成糊狀。用泡過水的糯米做年糕的話，米粒碾碎後，支鏈澱粉的**分支會在吸水的狀態下交纏**，變成柔軟又能伸展的年糕[*2]。

另一方面，**天然起司**[*3]在加熱後之所以會牽絲，與其成分中占了大半數的蛋白質**酪蛋白**有關。擁有強大黏著力的酪蛋白在經過加熱後，構成蛋白質的**胺基酸會分解再重組**，這就是天然起司能夠伸展成絲狀的原理。

但是，徹底融化的起司所含的胺基酸已經完全斷裂，因此重複加熱後並不會再度牽絲。

＊1 支鏈澱粉的比例變高會形成Q彈的口感，變低則會形成乾鬆的口感。

＊2 年糕做好後之所以會隨著時間慢慢變硬，是因為溫度下降後，吸收水分而延展的支鏈澱粉又逐漸收縮的緣故，這種現象稱作澱粉回凝（老化）。

＊3 天然起司是牛乳或羊乳發酵後製成，加工起司則是為了長期保存前者而再加工製成的起司。

起司為什麼會牽絲？

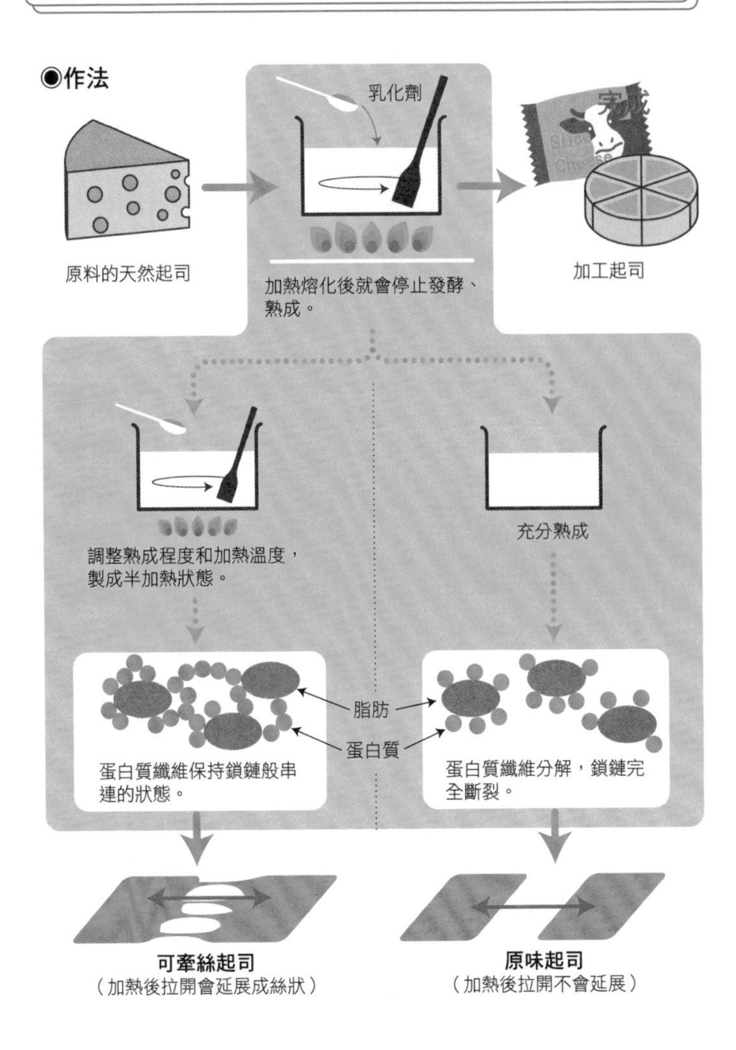
◉作法
乳化劑
原料的天然起司
加熱熔化後就會停止發酵、熟成。
加工起司
調整熟成程度和加熱溫度，製成半加熱狀態。
充分熟成
脂肪
蛋白質
蛋白質纖維保持鎖鏈般串連的狀態。
蛋白質纖維分解，鎖鏈完全斷裂。
可牽絲起司
（加熱後拉開會延展成絲狀）
原味起司
（加熱後拉開不會延展）

濃縮果汁

100％原汁和100％濃縮果汁，差別究竟在哪裡？

超市和便利商店的飲料架上，總是陳列著各式各樣的「**果汁**」。其實在日本，食品標示上果汁含量未滿百分之百的飲料，無法當作「果汁」銷售。因此果汁含量未達百分之百的飲料，一律都標示為「**果汁飲料**」*1。

市售飲料的成分標示也經常出現「**濃縮還原**」的字樣。很多人都看過這種產品，但真正了解原理的人應該很少吧。百分百鮮榨的果汁是榨好的果汁經過殺菌處理，直接填入容器包裝出貨的產品。而百分百

*1 在包裝方面，日本法令規定非100％果汁的產品，不得在包裝上印製水果剖面圖；果汁含量未滿5％的產品，甚至不能在包裝上印製水果的圖案。

日本食品標準中的水果、蔬菜飲料定義

❶純果汁

只用1種水果的100%果汁。

❷綜合果汁

混合2種以上水果的100%果汁。

❸含果粒的純果汁

包含柑橘類水果的果粒或其他類水果碎果肉的100%果汁。

❹蔬果汁

果汁和蔬菜汁混合成100%，但果汁比例須達50%以上。

❺果汁飲料

果汁比例在10%以上、未滿100%的飲料。

→無「純果汁」標記

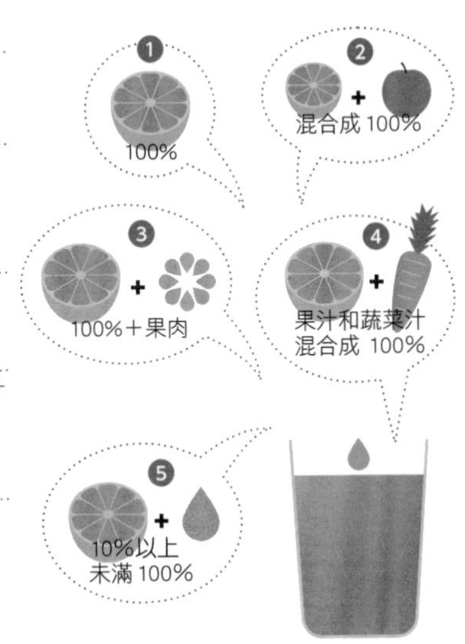

什麼是真空蒸發濃縮法？

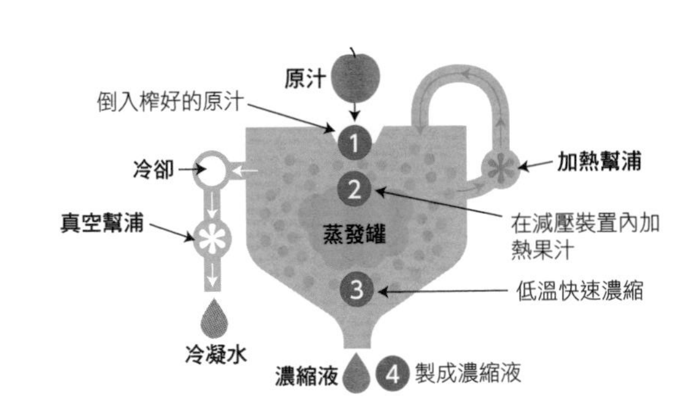

濃縮還原果汁即字面上的意思，是「**將濃縮果汁稀釋還原的產品**」；簡單來說，就是將百分百的原汁濃縮（蒸發水分）、製成「百分之五百的果汁」，再加水稀釋成五倍容量，變成百分之百的果汁。

一般最普遍的濃縮方法是「**真空蒸發濃縮法**」。這個方法是在減壓裝置內加熱果汁，蒸發水分*2。由於果汁在濃縮時會失去香氣，所以後續會再添加香料*3。

濃縮還原果汁的好處有很多。尤其作為原料的水果和蔬菜，盛產時期畢竟有限，但只要榨成果汁濃縮後加以冷凍保存，如此一來一整年都能夠供應果汁。不僅如此，蔬果濃縮後也可以一次運送大量果汁，有效降低**運輸成本**。

濃縮還原果汁的製程需要經過兩道工序，乍看之下似乎十分複雜，但實際上卻是合理的作法。

---

*2 可以低溫快速濃縮。其他還有「逆滲透濃縮法」、「冷凍濃縮法」。

*3 鮮榨果汁和濃縮還原果汁的主要營養成分幾乎相同。

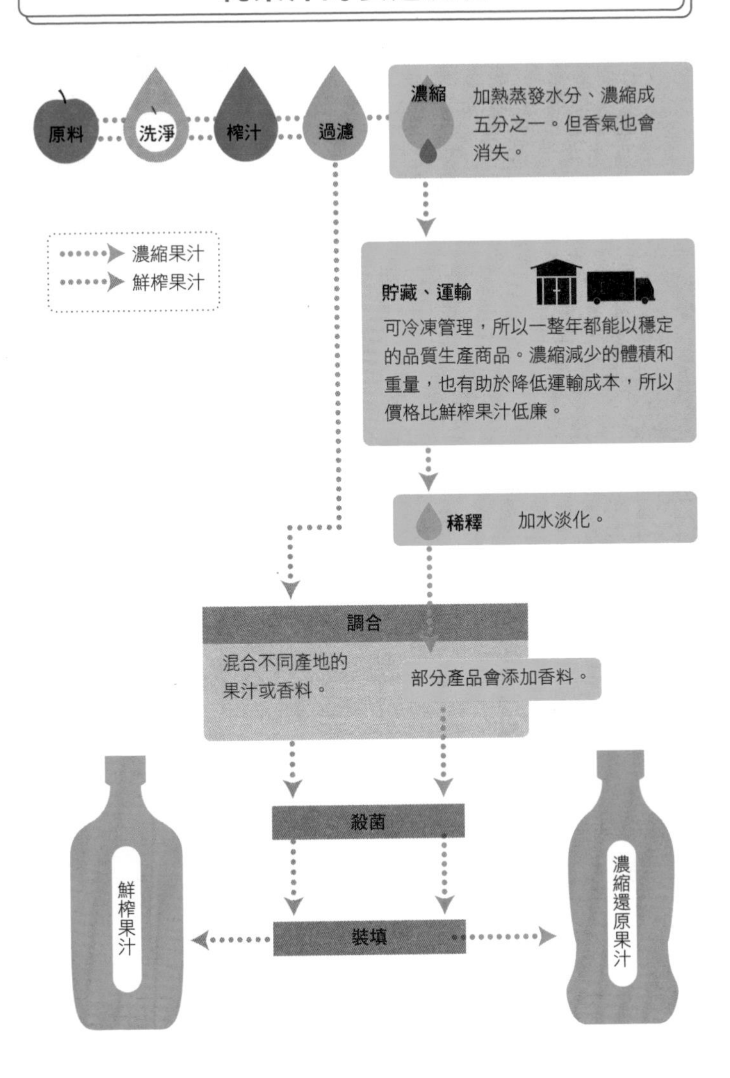
純果汁的製造流程
原料
洗淨
榨汁
過濾
濃縮
加熱蒸發水分、濃縮成五分之一。但香氣也會消失。
濃縮果汁
鮮榨果汁
貯藏、運輸
可冷凍管理，所以一整年都能以穩定的品質生產商品。濃縮減少的體積和重量，也有助於降低運輸成本，所以價格比鮮榨果汁低廉。
稀釋
加水淡化。
調合
混合不同產地的果汁或香料。
部分產品會添加香料。
殺菌
裝填
鮮榨果汁
濃縮還原果汁

除臭劑

消除惱人的氣味，坊間常見的四種「除臭」方法

廁所、玄關、室內，甚至是衣物上，令人在意的氣味通通都能幫忙消除的便利生活用品，就是「**除臭劑**」。

廁所和屋內形成惡臭的原因各不相同。比方說，廁所散發的惡臭，是起因於排泄物裡所含的氨和硫化氫等成分；而室內散發的惡臭，是廚餘的氣味（甲硫醇）、造成體味和汗味的異戊酸[*1]、菸味（乙醛），還有榻榻米、家具、鮮花、食品等氣味混雜而成的複合氣味。

因此，除臭時最重要的，是**使用最能消除臭味成因的除臭成分和香**

＊1 刺鼻的腳臭味，也是來自於異戊酸。

氣味的成因五花八門

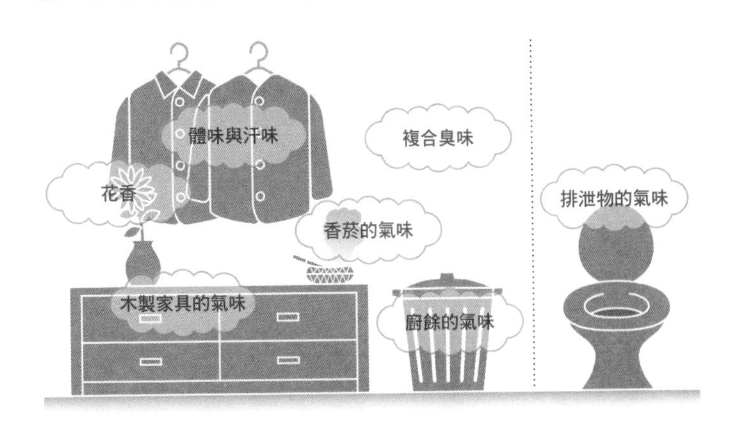

惡臭物質減少一半也沒用

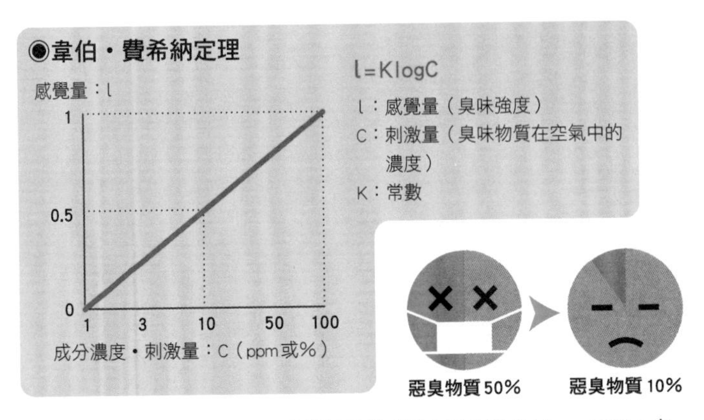

氣味成分即使減少了50%，人對氣味的感受也只會減少10～ 20%；直到成分減少至90%，人才會覺得氣味散去一半。

精。如果將除臭劑用在不符合目的的地方，那就不能期待它充分發揮效果。市售的除臭劑之所以分為「廁所用」、「室內用」等等[*2]，就是基於這個緣故。

根據韋伯・費希納定理[*3]，形成惡臭的物質就算實際上減少一半，也只會讓人覺得減少了百分之十到二十；直到物質減少到百分之九十以下，才會讓人覺得氣味消散了一半。

除臭劑消除惱人氣味的方法，大致可以分為左頁圖示列出的「**化學性除臭法**」、「**物理性除臭法**」、「**感官性除臭法**」、「**生物性除臭法**」這四類。

除臭芳香劑常用的感官性除臭法，過去的主流是用強烈香氣使人聞不到臭味的「掩蓋法」；現在則普遍使用「**配對除臭法**」，將惡臭吸收成為香氣的一部分、轉化成更怡人的香氣。

＊2　除臭技術、除臭成分、香精成分都需要配合使用的空間和大小分別運用。

＊3　由德國生理學家恩斯特・韋伯和學生古斯塔夫・費希納提出的感官基本定理。人類的感官強度（感知氣味的方式）會與刺激量（氣味量）的對數成正比。也就是說，空氣當中的惡臭物質實際濃度，與人感覺到的氣味強度之間並沒有比例關係。

四種除臭方法

❶ 化學性除臭法

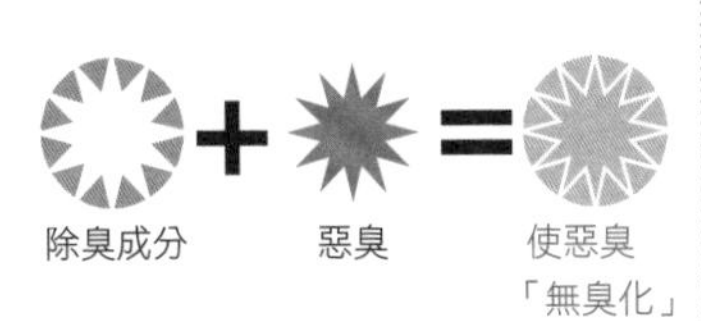

藉由化學反應將惡臭成分變成無味成分的方法。例如小蘇打、檸檬酸、多酚，都是利用酸性和鹼性的中和反應，或是氣味成分的反應性來除臭。

❷ 物理性除臭法

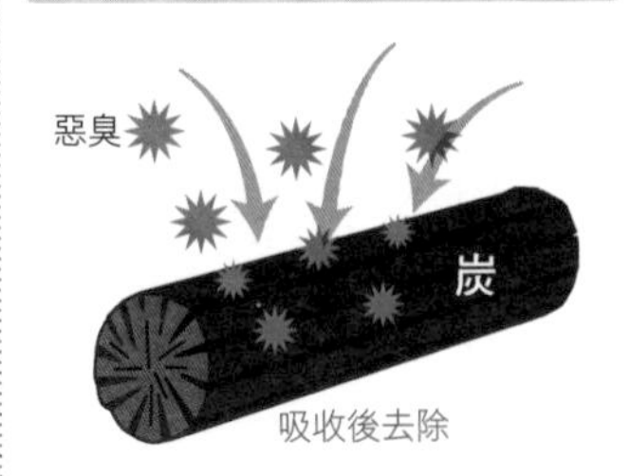

吸收惡臭成分的物理性去除方法。生活中最常見的就是炭。備常炭、活性炭都經常作為冰箱的除臭劑。

❸ 感官性除臭法

吸收成為一部分、轉化成更怡人的香氣

運用怡人的香氣使人聞不到臭味的方法。現在的主流是「配對除臭法」，將惡臭吸收成為芳香的一部分、轉化成更怡人的香氣。

❹ 生物性除臭法

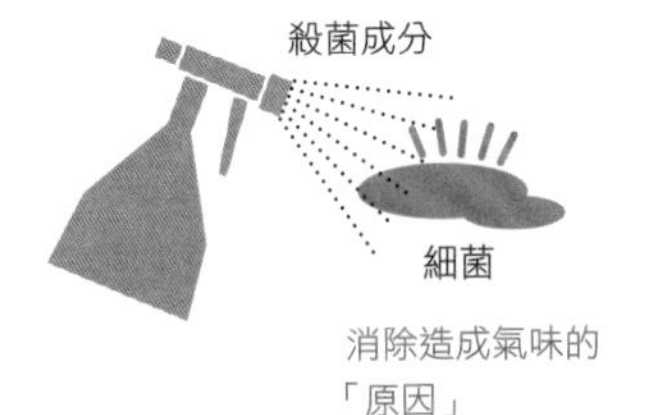

消除造成氣味的「原因」

使造成惡臭的細菌無法繁殖、抑制惡臭的發生。大多數除臭芳香劑都是多方搭配❶～❹的方法，以提高除臭效果。

除溼劑、除溼機

除溼就靠小小的白色顆粒？拋棄式除溼盒內部大公開

在悶熱潮溼的季節裡能夠大顯身手的居家用品，就是「**除溼劑**」和「**除溼機**」了。

我們只要將除溼劑放進衣櫃或是壁櫥裡，就能防止衣物發霉；而日常生活中最基本、也是最普遍的除溼劑，就是在塑膠容器裡儲水的拋棄式「除溼盒」。

這種類型的除溼劑，容器上層都塞滿了大量白色顆粒。這些顆粒其實就是大家都很熟悉的豆腐成分「鹽滷」，學名是「**氯化鈣**[*1]」。

---

*1 氯化鈣在大雪地區也會當作道路的融雪劑（防止路面凍結）使用。

溼度的基準會因氣溫而變化

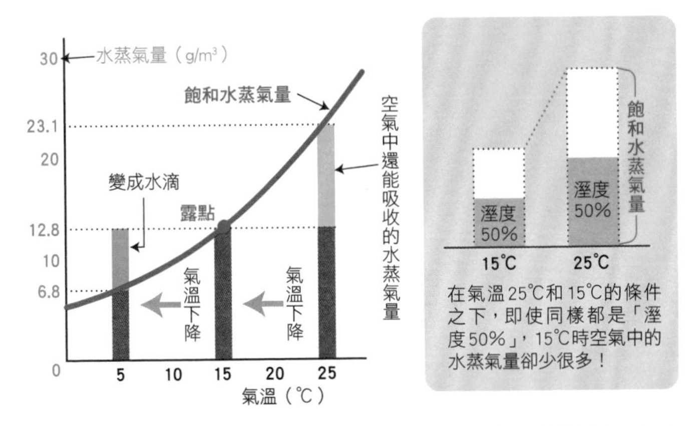

空氣中可吸收的水蒸氣量取決於氣溫。平均每1m³的最大含量稱作「飽和水蒸氣量」。天氣預報裡使用的溼度是「相對溼度」，是以「%」來表示當時的水蒸氣含量相對於飽合水蒸氣量的比例。

除溼劑是用「氯化鈣」除溼

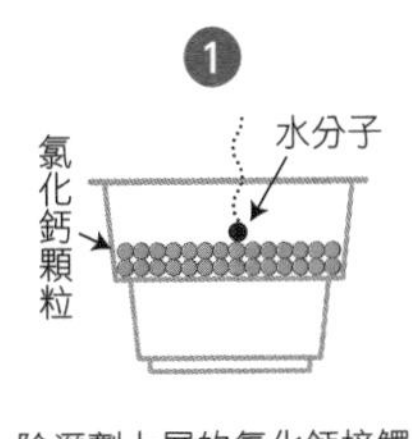

除溼劑上層的氯化鈣接觸到空氣中的水分，會產生化學反應、開始溶化。

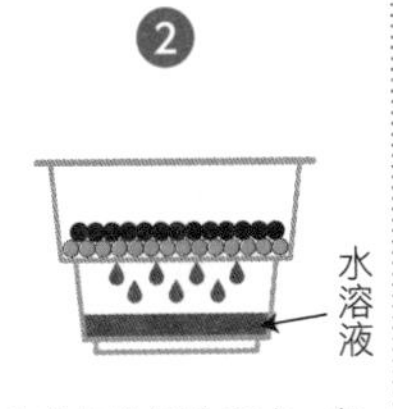

溶化的氯化鈣會和水一起流入下層，變成水溶液。

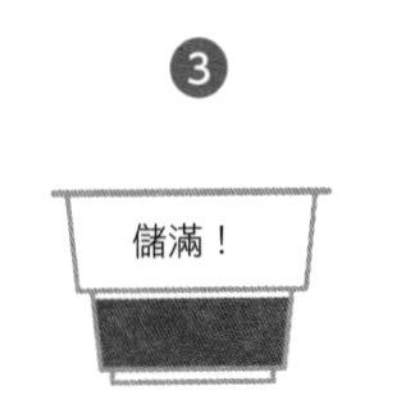

氯化鈣全部溶化後，下層就會儲滿水，不再具備除溼效果。

空氣中含有許多肉眼看不見的水分（水分子），氯化鈣一旦接觸這些水分，就會產生化學反應而溶化[*2]，最後變成類似水的液體（氯化鈣水溶液），囤積在容器下層。氯化鈣具有吸水性質，可吸收本身重量**三至四倍的水分**。

空間的下方和四個角落，比正中間和上方更容易堆積溼氣。因此如果打算在壁櫥或鞋櫃放除溼劑，最好放在最下層。

至於除溼機（乾燥除溼機）則有好幾種除溼的機制。「**壓縮機式**」是使用壓縮機冷卻空氣、將溼氣化為水滴後儲存在集水槽內，再透過手動倒水去除；「**除溼輪式**」則是使用乾燥劑（沸石），將水分吸入過濾器，藉此去除空氣中的溼氣。

但是，這兩種方法各有利弊，所以後來才會研發推出結合兩者優點的「**雙動力式**」除溼機。

---

*2 這種現象稱作「潮解」。

除溼機的除溼方式主要有3種

◉壓縮機式

利用壓縮機冷卻潮溼空氣，將溼氣變成水滴並去除。缺點是機器運轉的聲音很大，冬天的除溼能力較弱。

除溼能力	
梅雨（20℃時）	◎
冬季（10℃時）	○
電費	○

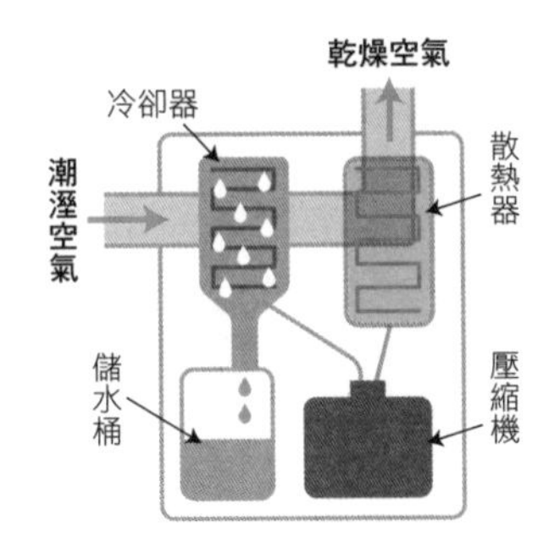

◉除溼輪式

使用沸石（乾燥劑）將水分吸入過濾器來除去溼氣。缺點是配備了加熱器，消耗的電力較多。

除溼能力	
梅雨（20℃時）	○
冬季（10℃時）	○
電費	△

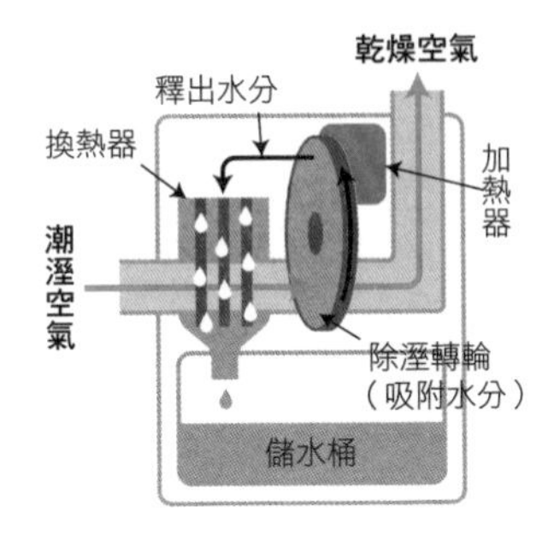

◉雙動力式

結合以上兩種方式，夏季用壓縮機防止室溫上升，冬季則用除溼輪式保持除溼力。

除溼能力	
梅雨（20℃時）	○
冬季（10℃時）	△
電費	○

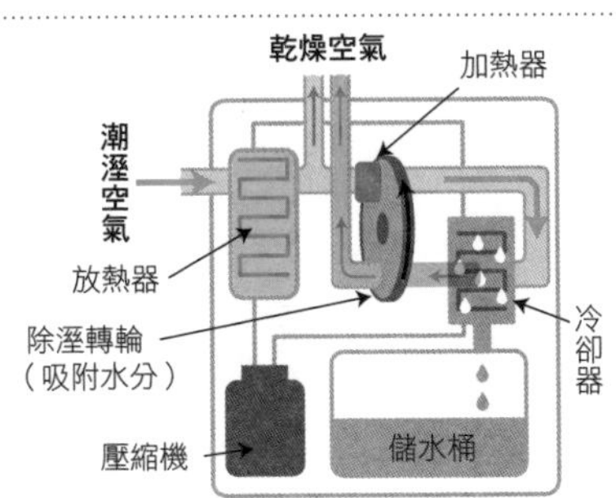

保溫瓶

保溫保冷兩相宜，關鍵是比擬外太空的「真空」構造！

保溫瓶[*1]可以為溫熱的液體保持熱度，為冰涼的液體保持清涼，這其中究竟是用什麼原理來保溫的呢？話說回來，熱能具有透過金屬、玻璃、水等介質，從高溫傳導至低溫的性質，這種性質稱作熱傳遞，又分為**傳導**、**對流**、**放射**（輻射）三種類型。

這三者當中與保溫瓶關係最密切的，就是傳導和對流。傳導是高熱能的分子群體流動至低熱能分子群體的現象；對流則是加熱後的物質透過流動，將熱能傳遞至四周的現象。

＊1 保溫瓶在發明當初是玻璃材質，最大的缺點是易破損，直到1978年日本首度研發不鏽鋼保溫瓶，才終於解決這個問題。

3種傳遞熱能的方法

傳導
熱能透過物質傳遞。
對流
熱能藉由物質的移動四處傳遞。
放射（輻射）
物體直接放射出熱能。

壓力與熱傳導率的關係

高壓狀態下的熱傳導

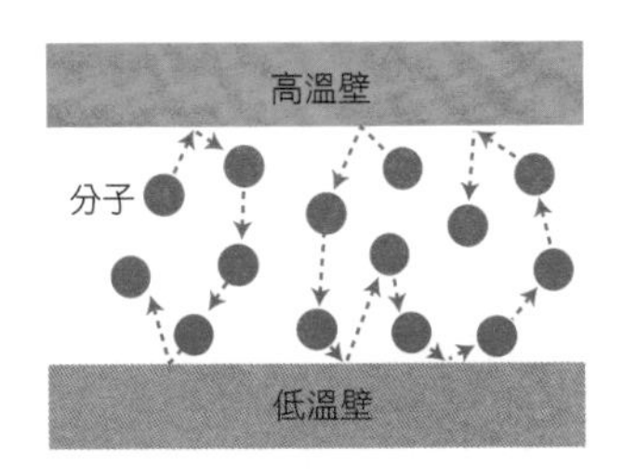

碰撞高溫壁而帶有熱度的氣體分子會像撞球一樣碰撞其他分子、轉移熱度，將熱能擴散至全體。

低壓狀態下的熱傳導

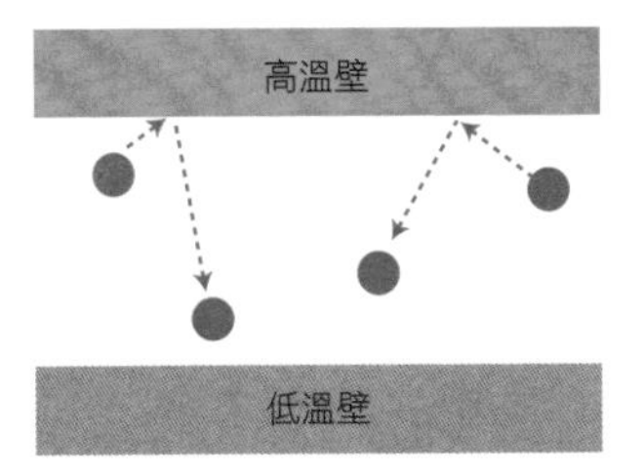

在真空般的低壓狀態下，分子密度較小，即使帶有熱度，也因為碰撞次數少而使得熱能的傳遞較慢。

這些導熱作用在沒有空氣的狀態下會失效，所以保溫瓶是在**內瓶和外瓶之間做出真空構造**，防止熱能逸散出去。一般的不鏽鋼保溫瓶，外瓶和內瓶之間的真空斷熱層寬度大約是一公釐到數公釐，從中抽出約一百萬到一千萬分之一的空氣氣壓，即可製造出幾乎等同於外太空的真空狀態[*2]。

不過，藉由放射形式（輻射）散發能量的熱傳遞方式，就無法只靠真空的方式加以阻隔了。放射是利用電磁波傳遞熱能的現象[*3]，就像太陽產生的熱能夠傳送到地球一樣，輻射也能透過真空傳遞熱能。

因此，保溫瓶為了防止放射導熱，會在內側做**鏡面加工**，或是在真空層鍍上**銅箔**，當保溫瓶內的熱能朝外釋放時，上述設計便有效反射逸散的熱能，將熱封鎖在內部。

＊2 日本工業規格（JIS）定義的「真空」，是「空間內充滿低於氣壓的氣體」，雖然裡面仍有微量分子，但導熱功能趨近於零。

＊3 手蓋在暖爐邊會感到溫熱，也是放射造成的現象，暖爐釋放的熱能會直接接觸手，所以人才會覺得溫暖。

保溫瓶無法導熱的原理

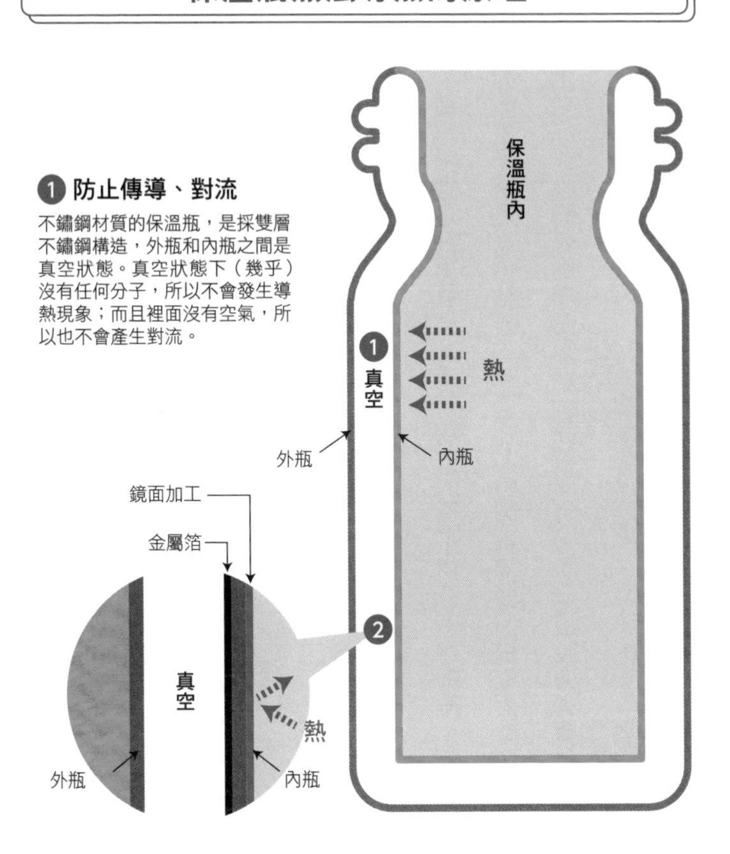

❶ 防止傳導、對流

不鏽鋼材質的保溫瓶，是採雙層不鏽鋼構造，外瓶和內瓶之間是真空狀態。真空狀態下（幾乎）沒有任何分子，所以不會發生導熱現象；而且裡面沒有空氣，所以也不會產生對流。

❷ 防止輻射

輻射幾乎不需要媒介便能傳遞熱能，所以保溫瓶的內側會做鏡面加工、在真空層鍍上金屬箔（銅箔），藉此反射輻射熱能，將熱度鎖在內部。

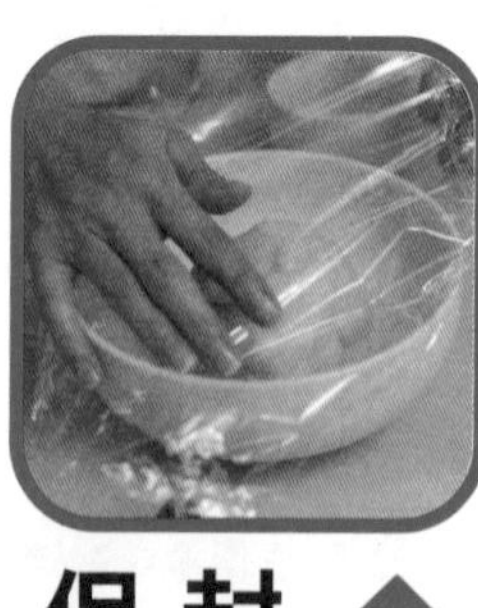

保鮮膜

封碗盤卻不沾手，保鮮膜具備選擇性「黏著力」？

食品用保鮮膜之所以能夠輕易黏住器皿，主要是因為有三種力量發揮作用。

其中一種作用就是**凡得瓦力**[*1]，這是物質的分子與分子靠近後，分子間的引力產生作用、互相黏著。凡得瓦力會因為接觸面積愈大而作用愈強，由於保鮮膜的表面非常平坦、面積又大，所以這股力量會更為強烈。

第二種作用，是來自於家用食品保鮮膜常見的成分**聚偏二氯乙烯**[*2]，

＊1　這是一種分子間作用力，為分子與分子之間產生的微弱引力，與距離的7次方成反比。

＊2　雖然也有用聚乙烯等材質製成的保鮮膜，不過用聚偏二

食品用保鮮膜的材質比較

※數值是以一般食品用保鮮膜為例	耐熱溫度（℃） 數字愈大，耐熱性愈高。	透氧率 數字愈小，氧氣愈不易穿透。	透溼度 數字愈小，水分愈不易穿透。
聚偏二氯乙烯	140	592	12
聚乙烯	110	128,000	30
聚氯乙烯	130	148,000	150以上
聚甲基戊烯	180	494,000以上	150以上
聚乙烯／聚丙烯（多層）	150	197,000	45

食品用保鮮膜的製造過程（膨脹法）

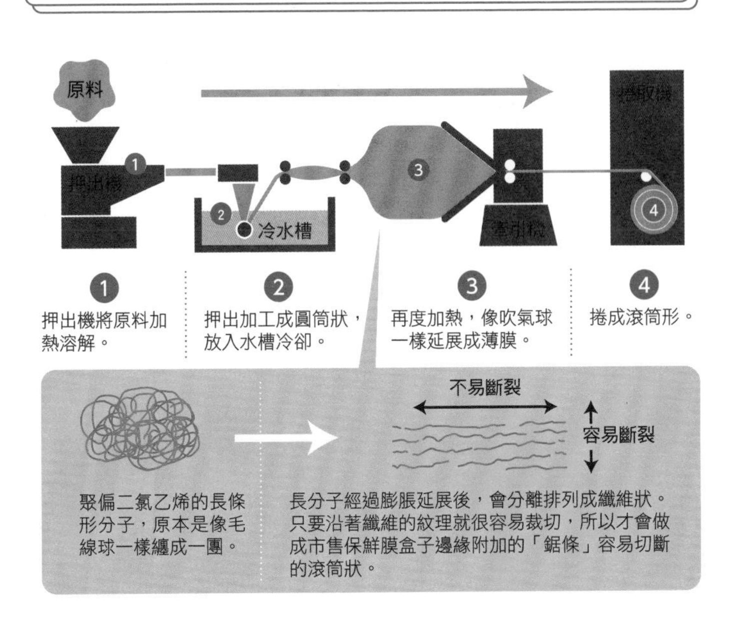

原料
押出機
冷水槽
牽引機
捲取機
① 押出機將原料加熱溶解。
② 押出加工成圓筒狀，放入水槽冷卻。
③ 再度加熱，像吹氣球一樣延展成薄膜。
④ 捲成滾筒形。
不易斷裂
容易斷裂
聚偏二氯乙烯的長條形分子，原本是像毛線球一樣纏成一團。
長分子經過膨脹延展後，會分離排列成纖維狀。只要沿著纖維的紋理就很容易裁切，所以才會做成市售保鮮膜盒子邊緣附加的「鋸條」容易切斷的滾筒狀。

這個材質大約有百分之七十是來自於鹽（氯化鈉）。鹽的化學成分裡含有氯元素，它的特性是容易吸引負電荷。所以保鮮膜的表面帶有負電荷，會吸引帶有正電荷的器皿，於是發生靜電結合的現象。

最後，保鮮膜的柔軟度產生的**減壓吸附作用**也是造成黏著現象的主因。減壓吸附是指壓力的差距使物體互相貼附，吸盤之所以能夠黏住物體，就是因為這股力量的作用。

此外，保鮮膜的黏著力[*3]也有適性。保鮮膜可以緊緊黏住玻璃和陶瓷器皿，但是卻不易黏住不鏽鋼和木製器皿，當黏貼在這類材質上時，保鮮膜相當容易滑掉，原因就在於**表面積大小的差異**。

乍看之下外觀平坦的器皿，只要放大一看，就會發現表面其實凹凸不平。而不鏽鋼與木製器皿正是因為接觸面積太小，所以保鮮膜才無法發揮黏著力。

氯乙烯製造的保鮮膜黏著力更強，而且氧氣和水分不易穿透，在食品的保鮮度上也是聚偏二氯乙烯更出色。

＊3 保鮮膜的表面有人類幾乎感覺不到的微小黏性，這有助於形成黏著力。

聚偏二氯乙烯不透氣的原因

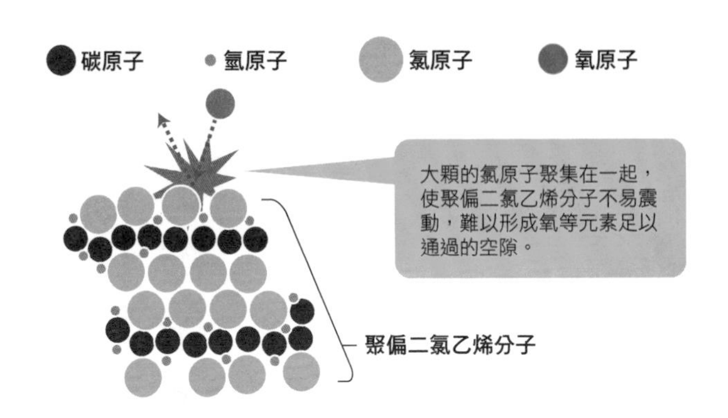

黏著的原因在於「凡得瓦力」

玻璃盤

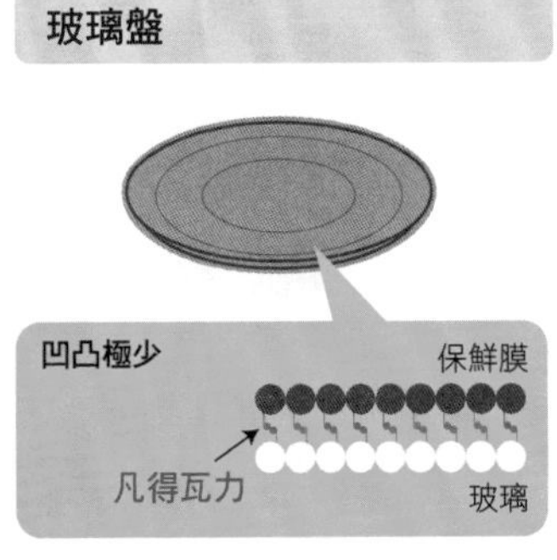

保鮮膜和玻璃的表面凹凸都很少，可以互相貼近，所以能夠產生強大的凡得瓦力，容易緊密黏貼。

木盤

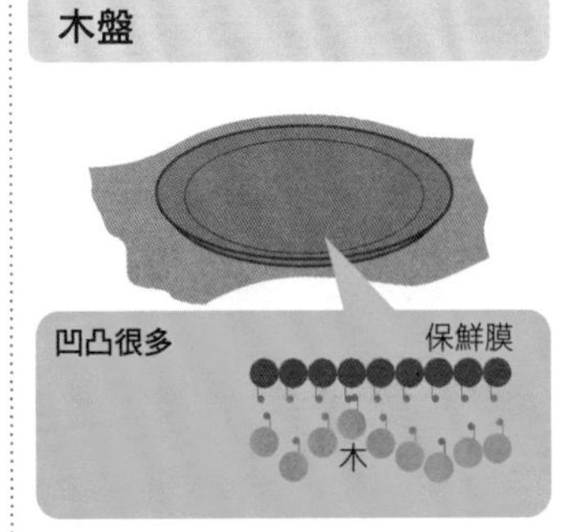

木製器皿雖然外表看似平滑，但只要放大一看，就會發現表面凹凸不平，所以保鮮膜不易貼近，不太容易產生凡得瓦力。

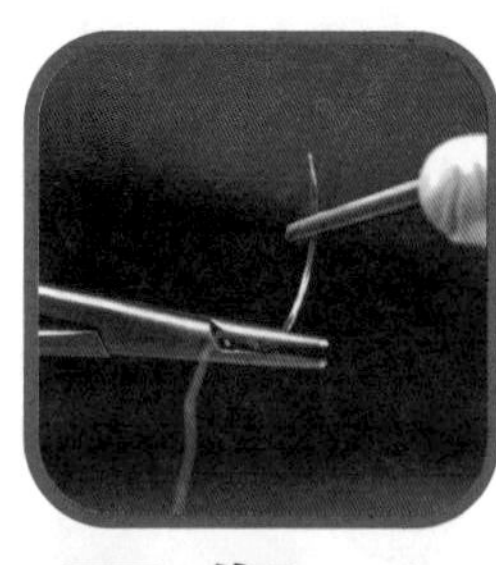

手術縫合線

傷口癒合也不需要拆線？可被身體吸收的縫合線

在外科手術中，用來連接分裂組織所用的醫療材料，就是**手術縫合線**。因縫合而接觸的組織之間，會依靠自己的恢復能力逐漸再生。手術縫合線起源於西元前三世紀的古埃及[*1]，自此以來都是使用動物或植物組織材質的縫合線，直到第二次世界大戰後開發出**合成纖維**，纖細又結實的手術縫合線才終於問世。這項創舉使得外科手術有了卓越的進步。

手術縫合線依材質大致可分為**天然**（蠶絲等天然素材製成的線）和

---

*1　古埃及是用亞麻纖維縫合傷口，後來才開始使用動物皮製成的線、樹皮纖維、木綿、蠶絲、馬毛、動物肌腱等材質。

縫合線的分類

◉依材質分類

分類		材質	用途
不可吸收性 無法被組織吸收	合成	尼龍	縫合表皮、真皮
		聚丙烯	縫合血管
		聚酯	接合人工心臟瓣膜、縫合膝蓋或韌帶
		聚偏二氟乙烯	
	天然	蠶絲	
	金屬	不鏽鋼線 鈦線	連接關節、骨骼
吸收性 可被組織吸收	合成	聚乙醇酸 聚乙醇乳酸910	消化管、肝臟、子宮等
	天然	現在並未使用	

◉依形狀分類

單絲

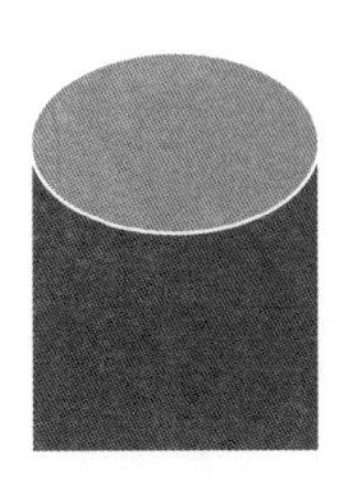

由一條線製成的縫合線，細菌無法入侵，不易引發感染。

編織線

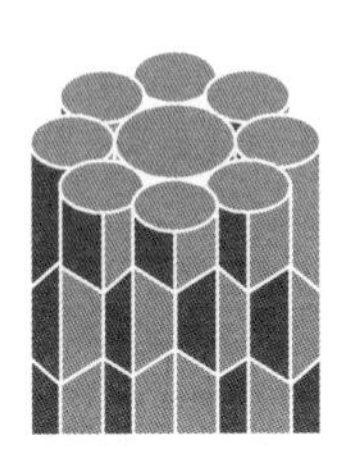

由多條線編製而成的縫合線。容易打結，不易鬆開。

合成（合成纖維製成的線），兩種大分類又可再進一步個別細分為**可被組織吸收**與**無法吸收**的材質；此外，根據數量多寡，還能再分成用一條線製成的**單絲**，以及多條線編成的**編織線**[*2]。

這裡所說的「可吸收」，是指縫合線會在手術完成一段時間後消失的「**可吸收縫線**」。這種線會用在縫合腸管和腹膜這些術後線會封進體內的病例，可以減輕留在體內的線發炎或引發感染的風險。

可吸收縫線是利用聚乙醇酸等生物降解聚合物所製成，這種熱塑型塑膠具有「**水解**」的性質，相連的分子遇水後便會剝離分解。因此在手術中使用這種線縫合傷口後，體內的水分就會使這種材質逐漸自動分解，最後變成二氧化碳和水而被人體吸收，經由代謝排出體外。不過，因為線必須保持縫合的狀態直到組織確實癒合，所以是在組織重生後才會慢慢被人體所吸收。

＊2 縫合線對人體來說是異物，所以材質很講求直徑均等、容易打結的柔軟度和打結後的穩固力、纖細卻能保持均勻又強大的抗張力（抗拉強度）、對組織的影響程度較低等特質。

縫合線分解消失的過程

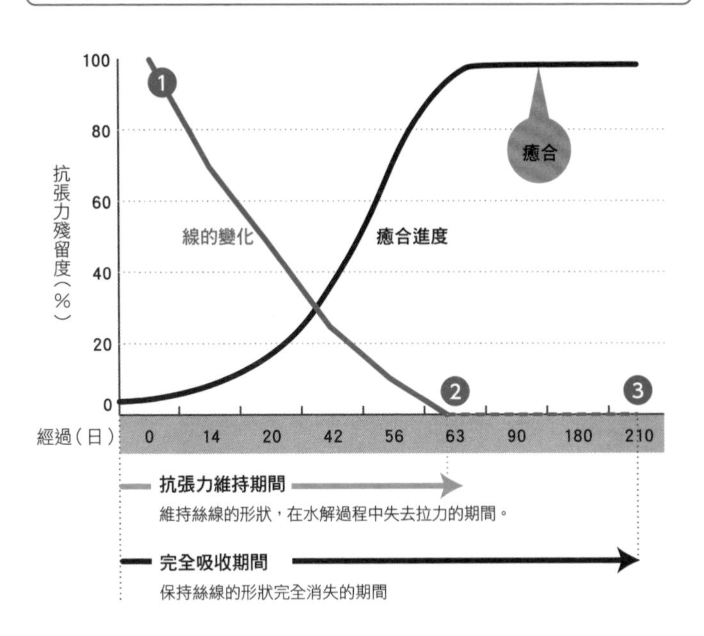
100
80
60
40
20
0
抗張力殘留度（%）
經過（日）
0
14
20
42
56
63
90
180
210
線的變化
癒合進度
癒合
1
2
3
抗張力維持期間
維持絲線的形狀，在水解過程中失去拉力的期間。
完全吸收期間
保持絲線的形狀完全消失的期間

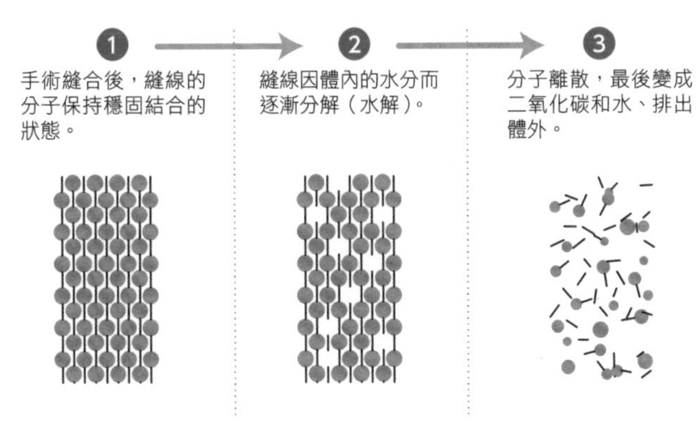
1
手術縫合後，縫線的分子保持穩固結合的狀態。
2
縫線因體內的水分而逐漸分解（水解）。
3
分子離散，最後變成二氧化碳和水、排出體外。

面紙和廁所衛生紙

「可溶」與「不可溶」，關鍵差異是由纖維所決定！

面紙和**廁所衛生紙**都是輕薄柔軟的紙，但廁所衛生紙易溶於水[*1]，面紙卻不易溶於水。其實兩者的**材料相同**，都是以能製造出木漿的木材為原料，**大致的生產方式也一樣**[*2]；唯獨在之後的製造階段，依照各自的用途而分別加工，才出現了差異。

首先，面紙講求的是在擤鼻涕、擦水漬時不易破損的性質，所以在製造面紙時，為了讓它遇水也不易破損，而在木漿裡添加了**溼潤紙力增強劑**，以加強紙纖維之間的結合力。這個藥劑可使木漿纖維產生化

---

*1 紙張在水中溶解，並不是像食鹽溶於水一樣徹底消失，而是指木漿纖維在水裡分解的現象。

*2 木漿分為松樹和杉樹等針葉樹製成的長纖木漿，與桉樹和山毛櫸等闊葉樹製成的短纖木漿；長纖木漿愈多的紙愈結實強韌，短纖木漿愈多

面紙和廁所衛生紙

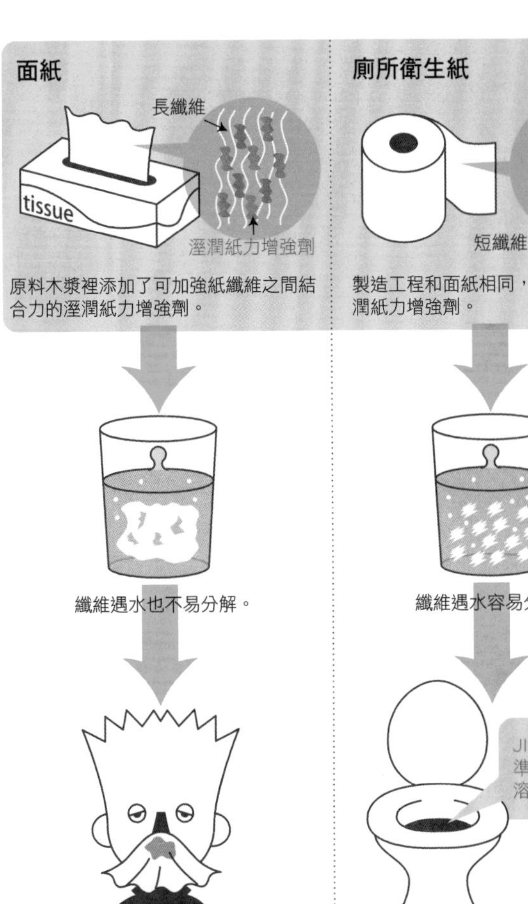
面紙
長纖維
tissue
溼潤紙力增強劑
原料木漿裡添加了可加強紙纖維之間結合力的溼潤紙力增強劑。
廁所衛生紙
短纖維
製造工程和面紙相同，但並未添加溼潤紙力增強劑。
纖維遇水也不易分解。
耐水性佳，用來擤鼻涕也不易破損。

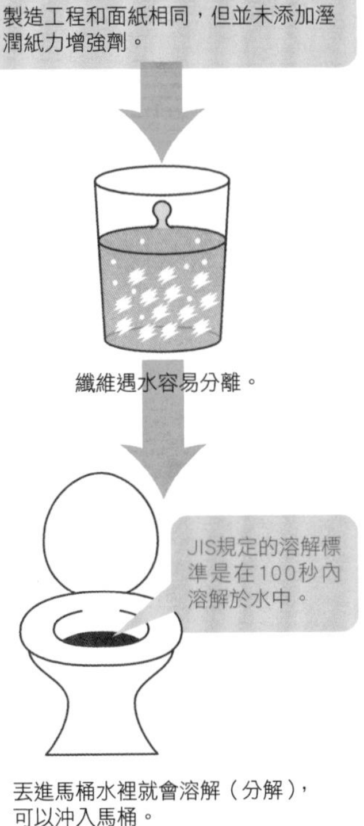
纖維遇水容易分離。
JIS規定的溶解標準是在100秒內溶解於水中。
丟進馬桶水裡就會溶解（分解），可以沖入馬桶。

學性的結合，**遇水也不易破損**。

而廁所衛生紙講求的是**遇水易分解**的性質，才不會造成馬桶水管堵塞，所以在製造過程中並不會額外添加溼潤紙力增強劑這類藥劑，而是製做成泡進水裡加以攪拌後就會立刻分解程細小纖維，可以順暢沖入馬桶的特性。

日本坊間販售的廁所衛生紙，必須遵守日本工業規格（JIS）規定的溶解程度為標準。其基準是先攪拌燒杯裡的水後，接著將紙丟進燒杯，從紙的抗力暫時延緩水流的旋轉速度，到紙張分解後使水流再度快速旋轉，此過程需要的時間必須在一百秒以內，此衛生紙產品才算是合格。

但是，日本的廁所衛生紙大部分在沖進馬桶水以後，大約十秒就會徹底分散成碎片了[*3]。

的紙則愈柔軟。面紙和廁所衛生紙都是這兩種木漿混合製成。

＊3 單層衛生紙比雙層更易溶解沖下。有部分海外生產的便宜廁所衛生紙不易溶於水，可能會造成馬桶堵塞。

面紙做成雙層的原因

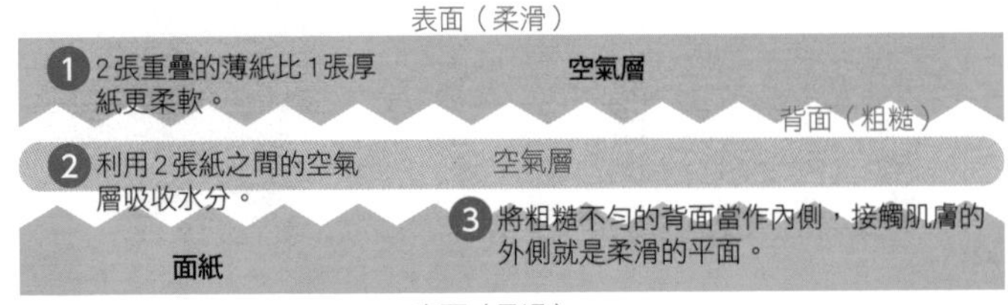

表面（柔滑）
1 2張重疊的薄紙比1張厚紙更柔軟。
空氣層
背面（粗糙）
2 利用2張紙之間的空氣層吸收水分。
空氣層
3 將粗糙不勻的背面當作內側，接觸肌膚的外側就是柔滑的平面。
面紙
表面（柔滑）

可一張張抽取的面紙堆疊方式

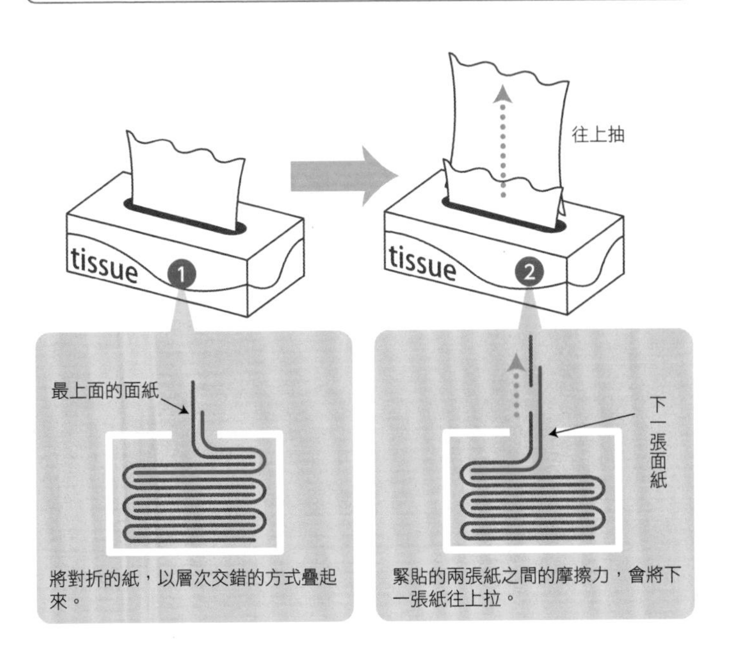

汽油

汽機車的專用燃料，汽油到底是怎麼製造的？

從地下挖掘出來的**原油**運送到煉油廠後，會透過**蒸餾**法，**分離成適合各種用途的石油產品**。

蒸餾是將液體加熱至沸騰、汽化後的產物，再冷卻恢復成液體的技術。比方說，酒是酒精和水的混合液，但酒精濃度低的酒加熱後，因為酒精的沸點低於水，於是酒精會先蒸發成為蒸氣；將這股蒸氣再度冷卻成液體收集起來，就可以製成去除水分、只剩下酒精的高濃度蒸餾酒。

石油的形成過程

1 約6500萬～1億9000萬年前的生物死後，和淤泥一起沉積在海底並掩埋。

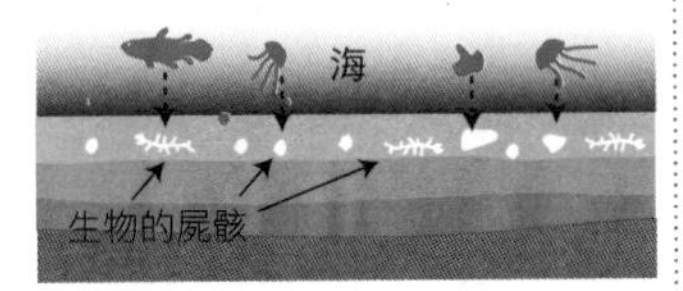

2 經過漫長的歲月，淤泥不斷受到擠壓變硬，形成石油的原型油母質。

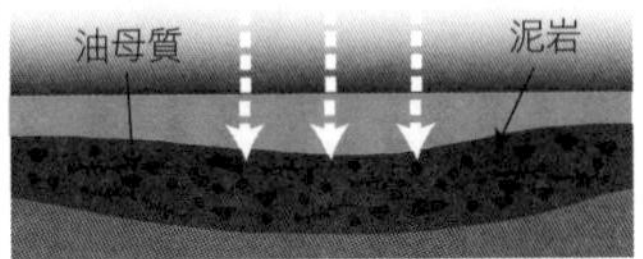

3 油母質因地熱而升溫，變成石油碳氫化合物。

4 地底的壓力不停往上推擠，石油逐漸堆積在沒有縫隙的岩石下。

原油的採掘方法

尋找地底深處的石油非常難，不過現在已經可以利用人造衛星等技術來調查地層，一旦偵測到可能含有石油的地層，就會進行試挖，但真正挖到石油的機率只有2～3%左右。

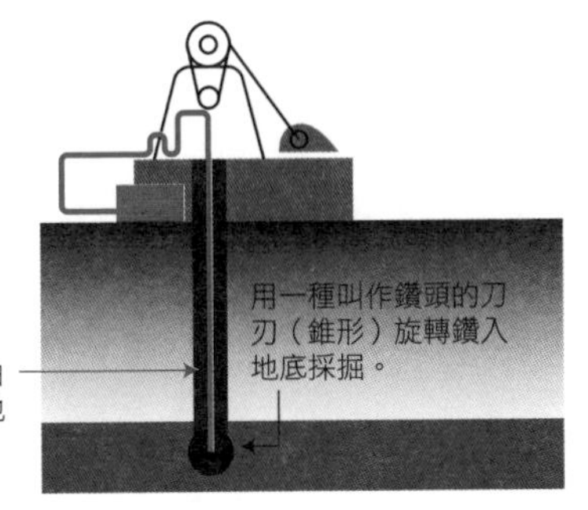

用一種叫作鑽頭的刀刃（錐形）旋轉鑽入地底採掘。

地下挖掉的岩石（岩削），會藉由一種叫作泥水的特殊液體循環至地面再回收。

運送到煉油廠[*1]的原油也是同理，在加熱爐裡加熱到約攝氏三百六十度後，灌入**常壓蒸餾塔**裡變成石油蒸氣[*2]，之後再冷卻，依**沸點低到高**的順序大致分類，進行各種更進一步的處理，製造成精製度更高的石油產品。

這個過程可以製造出作為汽車燃料、塑膠、合成纖維等石油化學產品原料的汽油（石腦油）、作為煤油爐和暖爐燃料的燈油、驅動巨大輪船和發電廠所用的重油，以及其他各式各樣的石油產品[*3]。

不過，原油製造出來的產物比例是固定的，即使汽油或燈油一時短缺，也**難以只增產所需的分量**。因此日本在第二次石油危機以後，為了調整供需平衡，才著手增設二次加工裝置，以便分解並重整有過剩傾向的重油、增產容易缺乏的汽油或燈油。

＊1
日本全國製造石油產品的煉油廠共有22家（2018年6月底）。

＊2
沸點35～180℃可蒸餾出汽油、170～250℃可蒸餾出燈油、240～360℃可蒸餾出輕油，最後剩下的就是重油和柏油。

＊3
也可以製造用於丙烷的液化石油氣、作為柴油引擎燃料的輕油，以及鋪設道路用的柏油。

製造各種用途的石油產品

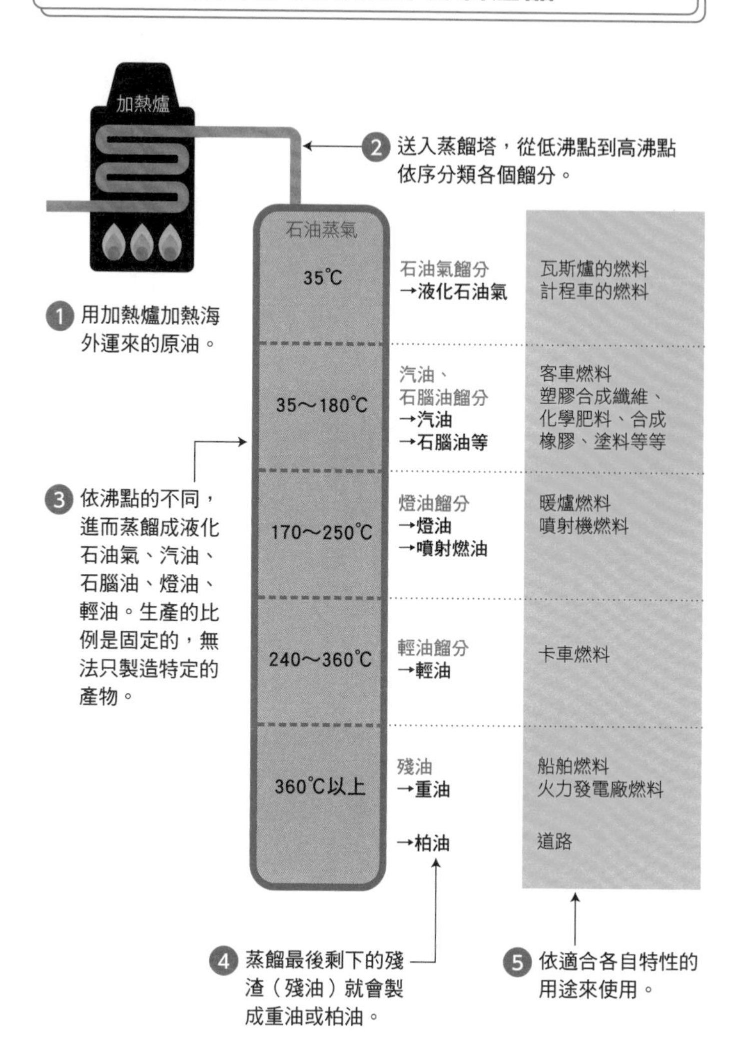

內用藥

為什麼人類生病需要吃藥，動物受傷卻能自然痊癒？

人類的身體，原本就具備可以自行治癒疾病和傷口的自然治癒力。但是遇到無法光靠這股能力治療的狀況，或是需要花費很長時間才能康復時，就需要用到「藥」了。藥會因為「攝入人體的部位」而分成「**內用藥**[*1]」、「**注射用藥**[*2]」、「**外用藥**[*3]」三種基本類型，這裡就來看內用藥的原理。

內用藥是口服吞入、在胃和小腸裡溶解吸收的藥，依劑形（藥物形狀）可分為膠囊、錠劑、散劑、顆粒劑、液劑、糖漿劑等種類，這些

＊1 又稱作內服藥、吞服藥、口服藥。

＊2 用針頭刺入、注入皮膚下層或血管內的液態藥物。藥效發揮得比內用藥快，少量即有效。

＊3 直接塗抹或貼在發病部位的藥。從肛門塞入的栓劑也是

錠劑、膠囊的填藥方式

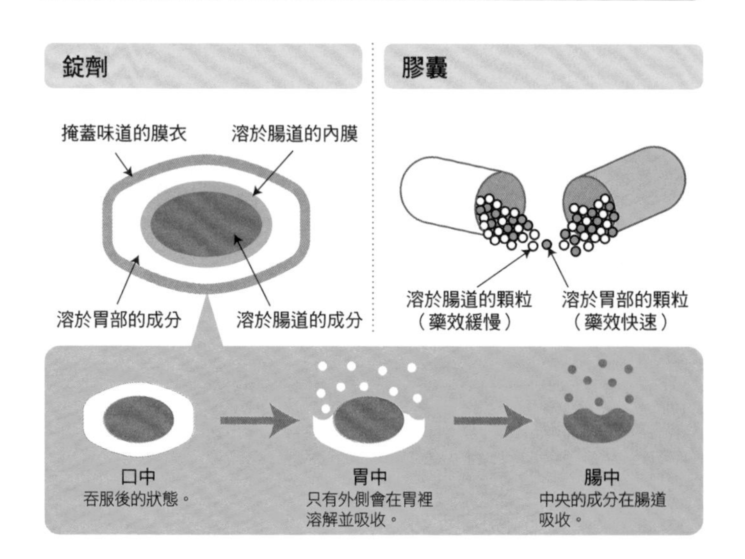

藥必須在正確的時間適量服用！

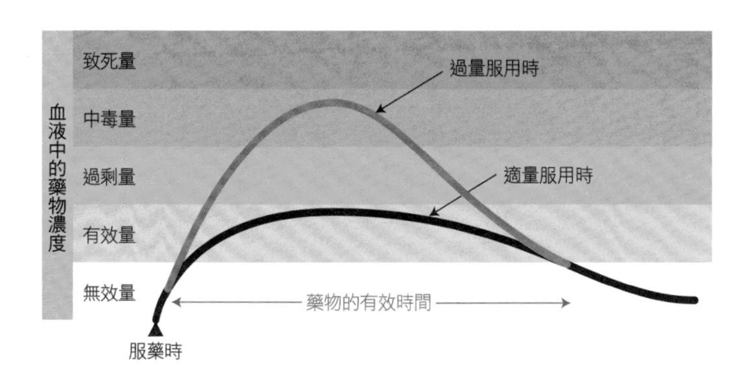

形狀是針對需要藥效的部位，為了發揮藥效的適當強度和持久度、減少副作用才設計而成[＊4]。被人體吸收的藥物成分，會**在肝臟代謝**（分解）後進入血液，循環至全身時，約**十五到三十分鐘**即可傳遞至目的部位[＊5]。

不過，藥物並不是在人體內產生新的作用，而是藉由加強或削弱體內的生理作用，藉此來改善症狀。藥物的目標部位是細胞內接收指令的**受體**。人體內有各式各樣對細胞傳送指令的傳遞物質，當這些物質與受體結合後，就會對細胞下達「去做◯◯」的指令。藥物利用的正是這個機制。

能夠緊密嵌入受體、促使體內機制更進一步發揮作用的藥，就稱作**致效劑**；至於防止傳遞物質與受體結合、阻擋體內作用的藥，則稱作**拮抗劑**。

屬於外用藥。

＊4
比方說，如果錠劑裡包含在胃裡溶解、效果就會降低的成分，以及會導致胃部不適的成分，就會做成不易在胃部溶解、進入腸道才會開始溶解的多層構造。如果是膠囊，就是混合溶於胃的顆粒和溶於腸道的顆粒，設計成可以長時間維持穩定效果的構造。

＊5
遵守服藥的次數和時間之所以很重要，是因為如果沒有維持適當的藥物血中濃度，便無法發揮最大的藥效。

藥物在體內的循環路徑

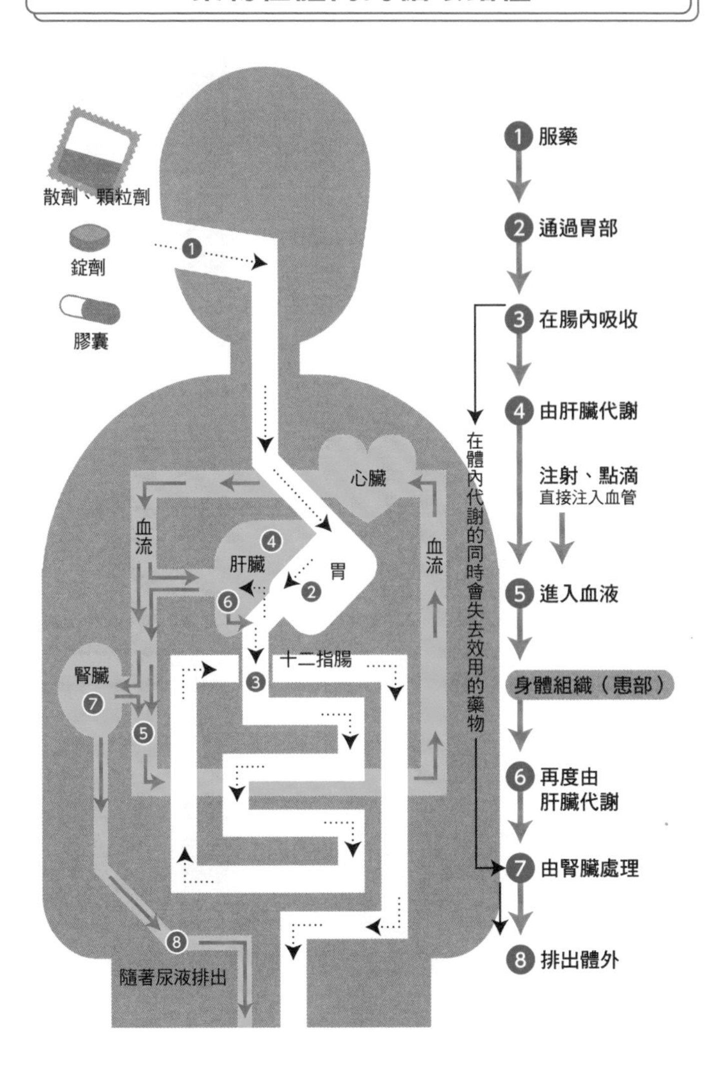

散劑、顆粒劑
錠劑
膠囊
心臟
血流
肝臟
胃
血流
十二指腸
腎臟
隨著尿液排出
1 服藥
2 通過胃部
3 在腸內吸收
4 由肝臟代謝
注射、點滴
直接注入血管
5 進入血液
身體組織（患部）
6 再度由
肝臟代謝
7 由腎臟處理
8 排出體外
在體內代謝的同時會失去效用的藥物

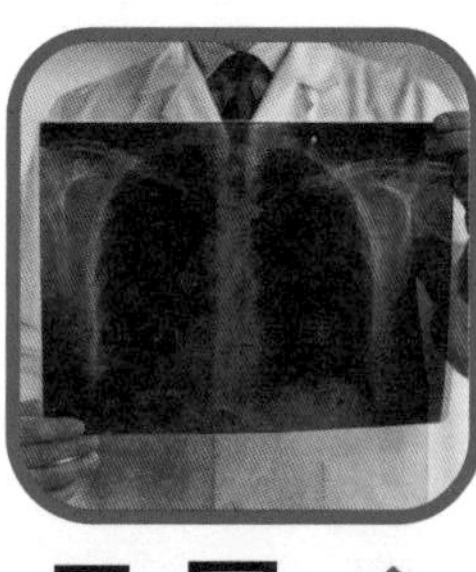

X光

層層穿透內臟與肌肉，只照出「骨骼」的神奇射線

X光機[*1]使用的是肉眼看不見的**X射線**[*2]。X射線這個名稱是取自X符號本身即代表「未知數」的含義，其能量比肉眼可見的光線（可見光）要高，**穿透物質的能力也非常強**。因此，用可以感應X射線的底片和攝影機拍攝人體，就能拍出宛如半透明的體內相片。

不過，X射線的穿透程度會因骨骼、內臟、肌肉而異。從根本上來說，光是像海浪一樣以輕微震動的方式前進，這股性質會因波長而改變；像X射線這種波長偏短的光，很容易穿透原子之間的縫隙。

---

*1
X光檢查的發明人、德國物理學家威廉・倫琴，因這項研究成果而榮獲1901年第一屆諾貝爾物理學獎。

*2
一種放射線，若是大量曝曬其中，恐怕會罹患白血病或癌症。

X射線的「波長」很短

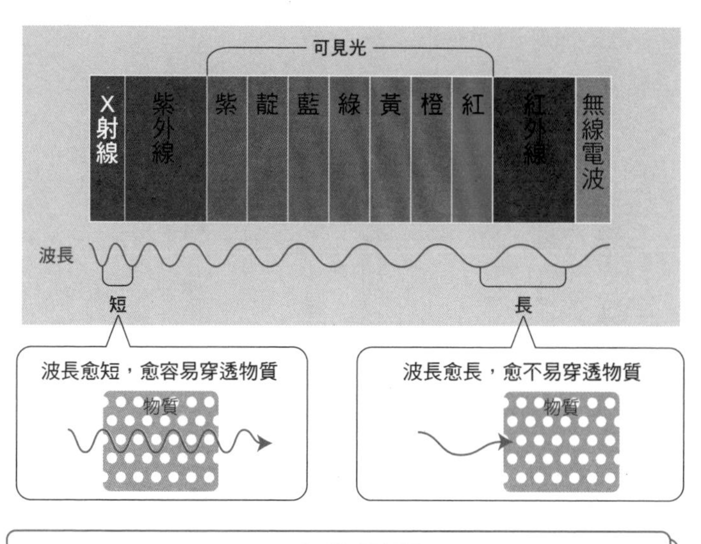

X光的原理

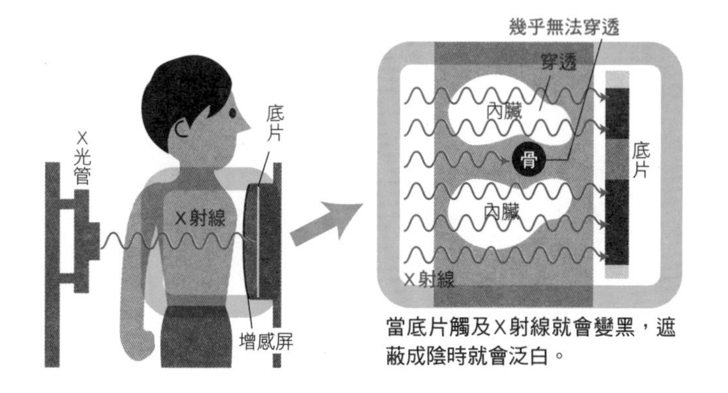

當底片觸及X射線就會變黑，遮蔽成陰時就會泛白。

但是，**骨骼屬於高密度的物質**，原子的排列非常緊密，所以會阻擋X射線的穿透。X光片使用的是拍攝X射線專用的底片，所以接觸到X射線的部分呈黑色，未接觸的部分則呈白色。結果就是X射線可穿透的內臟和肌肉會顯示為黑色，**骨骼則是泛白色**。

而X光機看不見的骨骼內部，可以改用**MRI**[*3]儀拍攝。它的特徵是使人體內分布的**氫原子**產生電波，利用電波資訊來形成影像，由於骨骼和空氣並不會對成像造成負面影響，所以也能用MRI明確診斷腦部和脊髓的疾病。

而且，MRI不需要使用顯影劑即可觀察血管影像，亦可任意拍攝直、橫、斜剖面。不過，MRI不利於診斷肺這類充滿空氣的器官，而且會用到磁力和電波，無法用於檢查體內裝有心律調節器等金屬零件[*4]的患者。

＊3　「Magnetic Resonance Imaging」的簡稱，意指磁共振成像。

＊4　眼線等化妝品內所含的微量金屬，會受到電波影響而變熱，可能會導致燙傷，所以檢查前一定要卸妝。

MRI示意圖

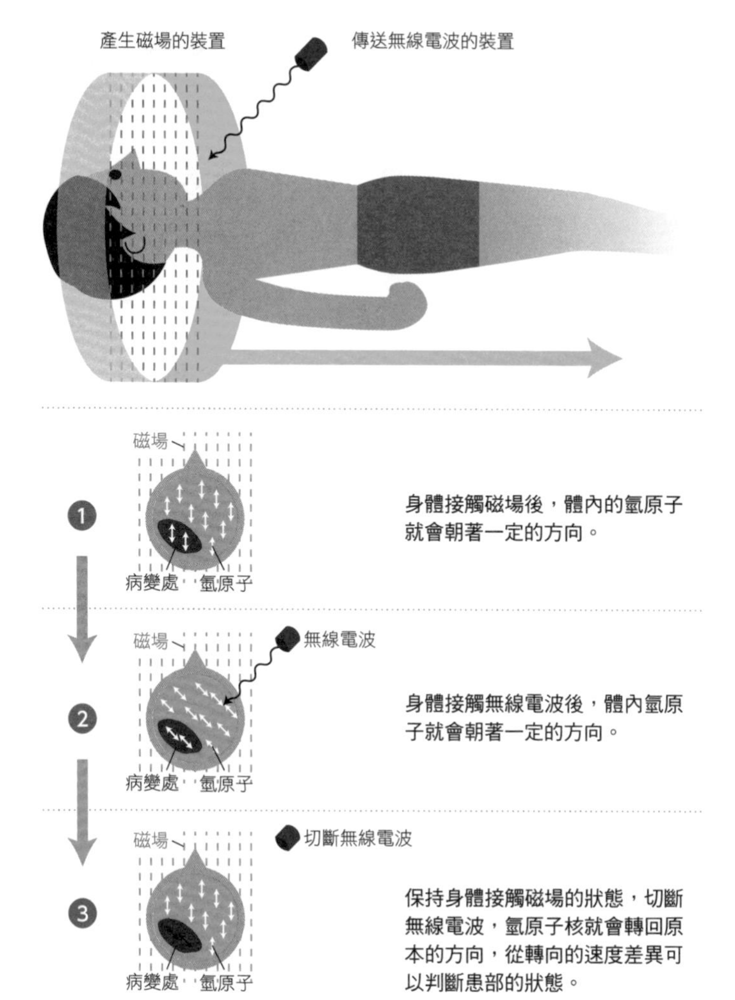
產生磁場的裝置
傳送無線電波的裝置
磁場
病變處
氫原子
身體接觸磁場後，體內的氫原子就會朝著一定的方向。
磁場
無線電波
病變處
氫原子
身體接觸無線電波後，體內氫原子就會朝著一定的方向。
磁場
切斷無線電波
病變處
氫原子
保持身體接觸磁場的狀態，切斷無線電波，氫原子核就會轉回原本的方向，從轉向的速度差異可以判斷患部的狀態。

立體停車場

由汽車層層疊成的大樓，機械式停車場的結構

機械式立體停車場[*1]是利用機械運作，讓車輛以堆疊多層的方式達到立體停車的目的。根據日本立體停車場工會的分類，這種停車裝置共有八種方式，其中最常見的是兩段式和多段式，設置數量占全國總數的六成以上[*2]。

首先，兩段式是在已停好的汽車上方或下方再多停一輛汽車，這種方式可提高停車的效率；而汽車的升降機關有鋼索式、鏈條式、油壓式等等。兩段式立體停車場可再進一步分為只有升降機的**升降式**，和

---

*1 自1960年，日本第一座機械式停車場設置於東京都千代田區以來，機械式停車裝置到2016年3月底為止，累積出貨數量已經達到301萬台。

*2 其次是停車用的搬運器以旋轉木馬般的移動方式讓車輛出入庫的垂直循環式，以及

立體停車場的主要類型

◉兩段與多段式

配備可讓汽車停兩層以上的搬運器，採搬運方式停車。普遍用於公寓大廈。

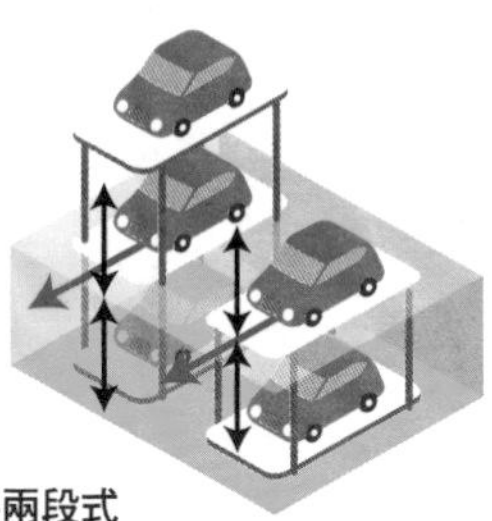

坑井兩段式

下層位於地下的兩段式停車場。上層車輛可任意出入，不必移動下層車輛。

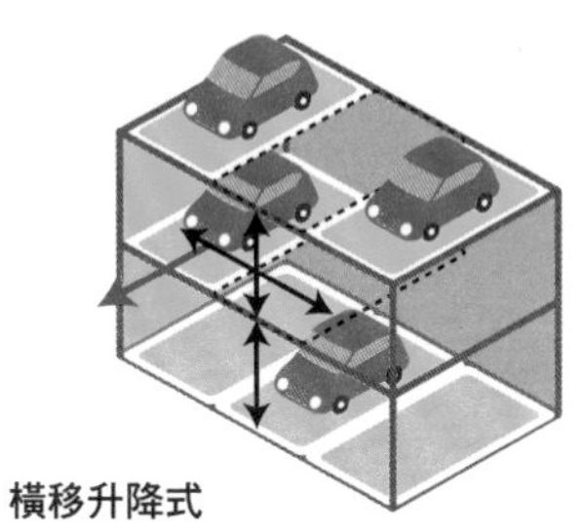

橫移升降式

保留一輛車的空位，利用該空位移動車板、使車輛出庫。

◉大型裝置

常見於大型公寓大廈、商業辦公大樓、大型商業設施。

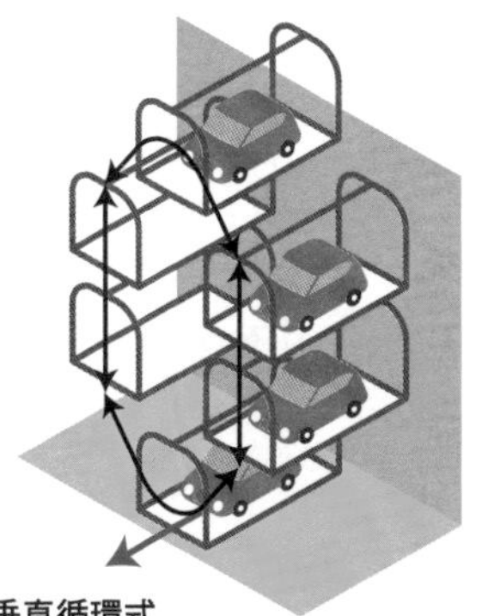

垂直循環式

車板以垂直的方式迴轉、移動到出入口。

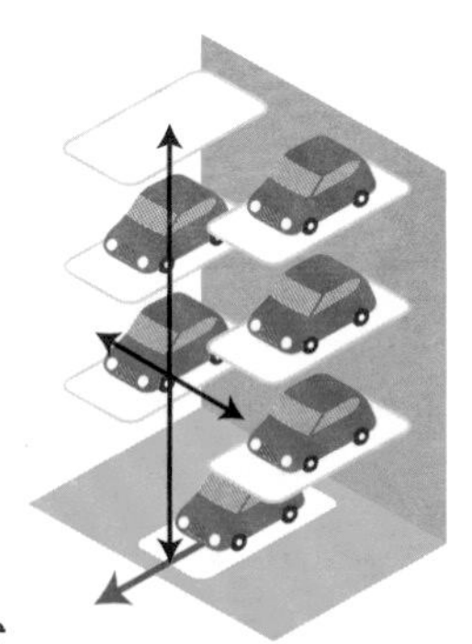

電梯式

車板採左右配置，升降梯會上升到目的高度、讓車輛進出。

出處：參考日本國土交通省《「機械式立體停車場安全對策方針」入門指南》製作而成

下層搬運板可左右移動、方便汽車隨意進出的**橫移升降式**。橫移升降式擴大應用後，就成了三段式、四段式等**多段式**。多段式立體停車場從只能使用地上空間的停車場，到利用地下坑井的停車場，有各式各樣的型態。不過，近年來可前後停放的縱向停車場也逐漸邁向實用化的階段。

目前也已出現進化型的立體停車場，像是日本三菱重工機械系統開發的節能型立體停車場「Smart Lift Park」，會測量入庫車輛的重量，**自動選擇**最適合的**升降速度和加速度**。

另外還有JFE Technos公司開發的「JFE Puzzle Tower」，特徵是搬運汽車的升降梯和基座都是**梳齒型**＊3。通常高一百公尺等級的立體停車場，車輛需要七分鐘以上才能出庫，但是這種停車塔卻只要兩分三十秒左右，約三分之一的時間即可讓車輛出庫。

搭配停車板、升降梯、搬運器，以立體方式停車的電梯式。

＊3 車輛出庫時，升降梯會上升至停車的位置，載著車輛的基座會橫向滑動、把車移到升降梯上，當基座回到原位後，升降梯才會下降。基座和升降梯的梳齒位置互相錯開，所以能夠順利交車。

進化型立體停車場

傳統的立體停車場

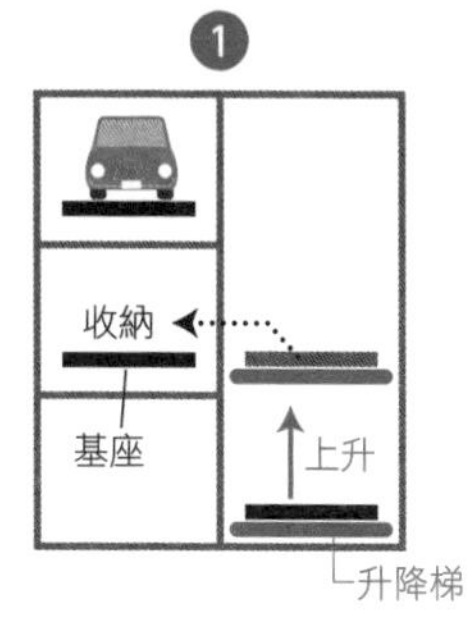

收納空的基座。

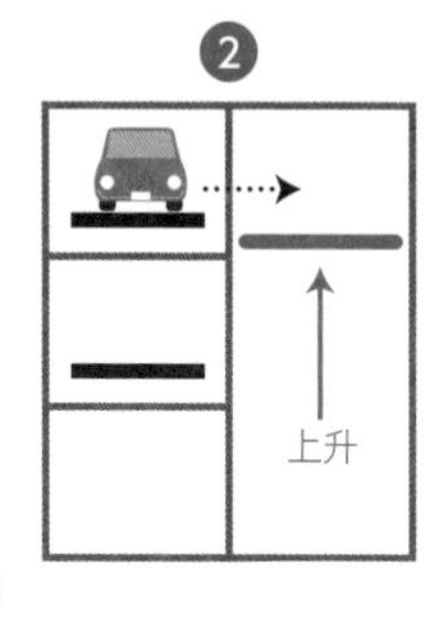

升降梯連同基座一起載運車輛。

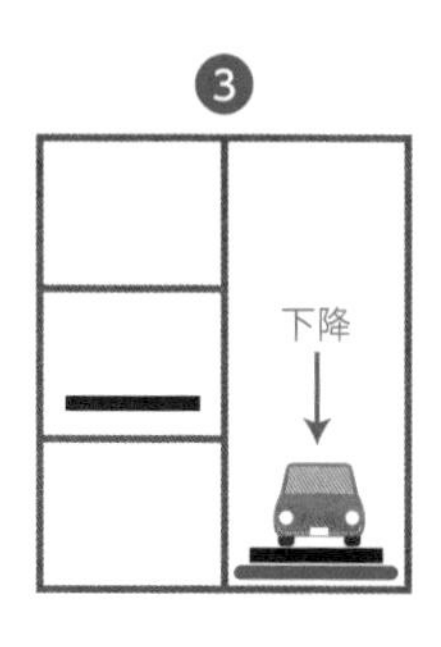

升降梯下降，完成出庫準備。

採用「梳齒型車板」的立體停車場

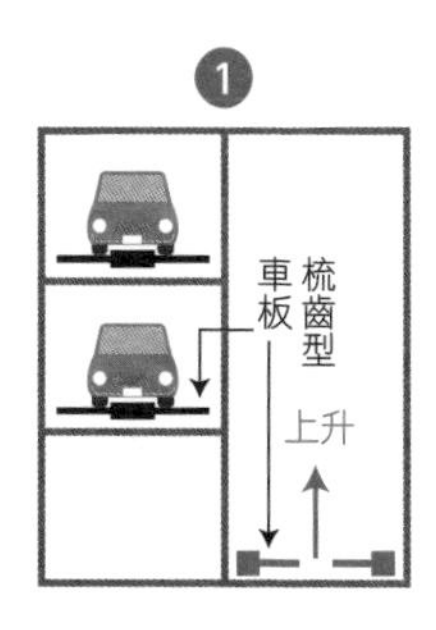

梳齒型升降梯上升。

從載著車輛的梳齒型車板，只將車輛本體移到升降梯上。

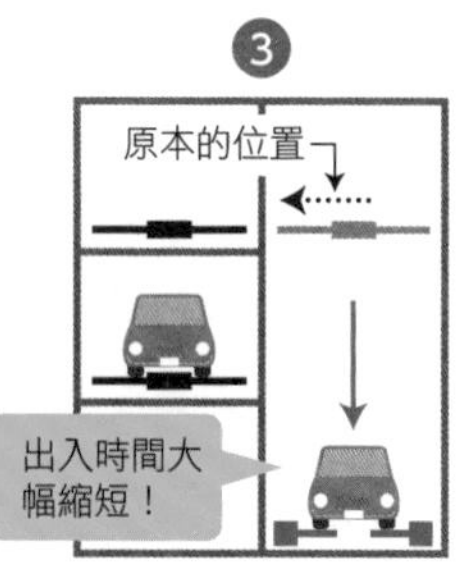

車板回到原位。載著車輛的升降梯下降，完成出庫準備。

column

日本的「年號」是依循什麼規則決定？

2019年5月1日，日本的年號從「平成」轉變為「令和」。令和是自西元645年的「大化」算來第248個年號，其中維繫最長的年號是昭和，使用期間為64年又14天；最短則是13世紀上半葉的「曆仁」，使用期間為2個月又14天。「明治」是日本史上唯一透過「抽籤」方式決定的年號，是當時年僅15歲的明治天皇，從多個候補名單中抽籤決定。

日本現今年號的選定流程，首先是由內閣總理大臣委託幾名國文學等領域的資深專家，提出2～5個新年號的構想。接著，內閣總理大臣和官房長官等官員會根據這些構想，以「吉祥的意涵」、「兩個漢字」、「易讀易寫的程度」、「普遍不會使用的詞彙」等幾個重點為考量，討論哪一個方案最適合當作年號，最後由政府正式決定。

»» Part6 ««

「氣象」的驚奇原理

太陽

宇宙層級的再生能源，孕育龐大能量的核融合

許多人以為太陽是處於「燃燒」的狀態，不過嚴格來說，事實並非如此。況且燃燒需要**氧氣**參與化學反應，而太陽上幾乎沒有氧氣，有的只是**大量的氫和氦**。話說回來，既然不是燃燒，為什麼太陽卻能散發如此龐大的能量呢？

太陽孕育能量的機制，在於核心由氫引發的**核融合反應**[*1]。

由於太陽的核心處於高溫、高壓的狀態，氫原子和電子可以離子的型態到處游離。氫原子的原子核彼此碰撞後，會四個一組聚合在一

＊1 輕原子結合，變成重原子的反應。

太陽的內部結構

太陽從內側開始，依序是核心、輻射層、對流層、光球層，以及更外層的色球層、日冕環所構成。表面溫度大約是5400℃，由於黑子比這個溫度低1000～1500℃，所以看起來才會是黑色。

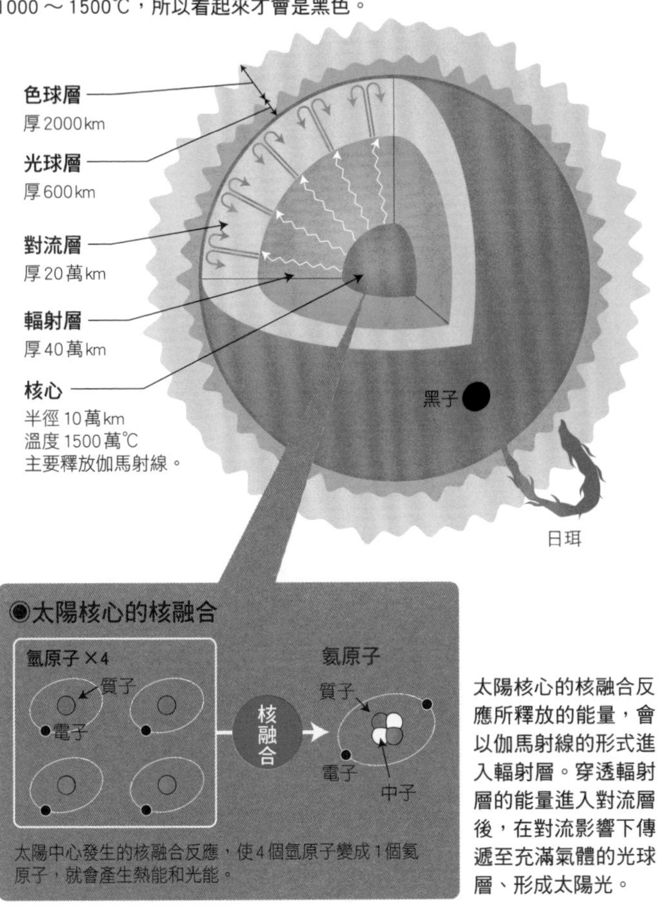

太陽核心的核融合反應所釋放的能量，會以伽馬射線的形式進入輻射層。穿透輻射層的能量進入對流層後，在對流影響下傳遞至充滿氣體的光球層、形成太陽光。

起，變成一個氦原子核。氫原子核的質量為一．〇〇七八，四個氫原子核就是四．〇三一二。而氦原子的質量是四．〇〇二六，所以在這個轉換的過程中，**減少了約百分之〇．七一的質量**。根據愛因斯坦的**狹義相對論**[*2]**——質能等價**定律；也就是說，反應過程中減少的質量就成了太陽釋放的能量[*3]。這股龐大的能量會轉變為熱能和光能的形式，從太陽表面釋放到宇宙中。

太陽的能量甚至能夠傳遞到遙遠的地球，地球距離太陽約一億五千萬公里遠，所接收到的能量，不過只有太陽表面的**二十二億分之一**罷了。當中有百分之二十為大氣層所吸收，百分之五十為地面所吸收，剩下的百分之三十則反射回太空。

正是因為地球與太陽之間的絕妙距離，以及大氣層的存在，才得以創造出這個最適合人類居住的環境。

＊2 能量等於物質的質量m乘以光速c的平方（$E=mc^2$）。

＊3 太陽產生的能量，1秒就能達到廣島原子彈爆炸6兆倍的威力。

太陽以精妙的距離為地球打造溫暖環境

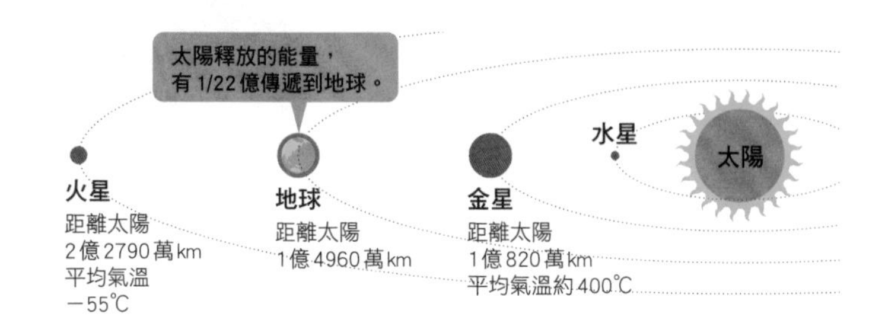

地球吸收的能量

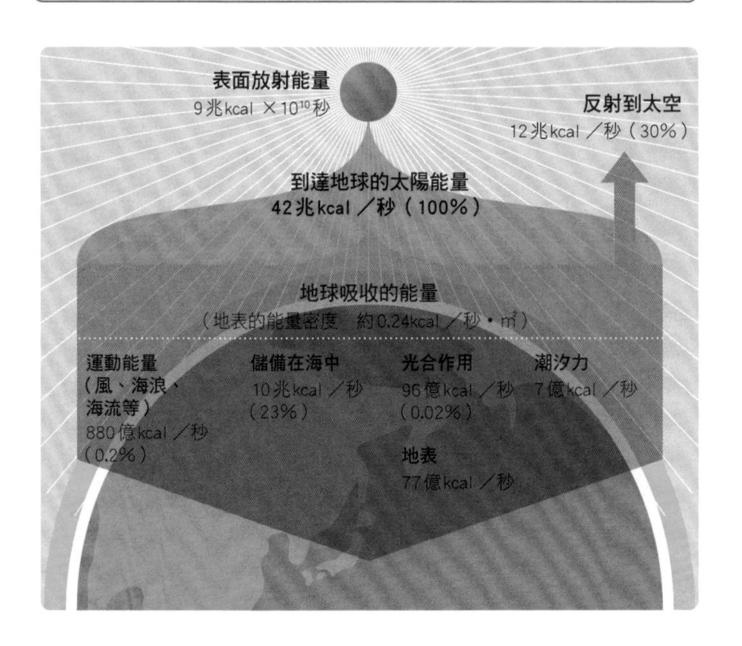

雷

冬天的閃電會劈向天空！雷電是如何煉成的？

雷擊是由雷雨雲（**積雨雲**）所引起的現象。當潮溼的空氣溫度升高、產生上升氣流後，這團溼暖的空氣就會在空中積聚成雲，再因上升冷卻凝結成細小的冰粒。這些冰粒在上升的同時會逐漸變大，大到一定的重量以後就會開始落下，和正在上升的小冰粒發生碰撞。冰粒在互相碰撞時會因摩擦起電而產生電荷，大冰粒帶有**負電荷**，小冰粒帶有**正電荷**。結果，因為雲層下方累積了許多負電荷，便吸引正電荷聚集在地表附近，等到兩邊累積超過一定的數量後，雲層就會朝地面

一般雷擊發生的原理

❶ 潮溼的空氣受到強烈日照後升溫，產生上升氣流。上升的水蒸氣接觸到空氣冷卻後變成水滴，形成雲層。

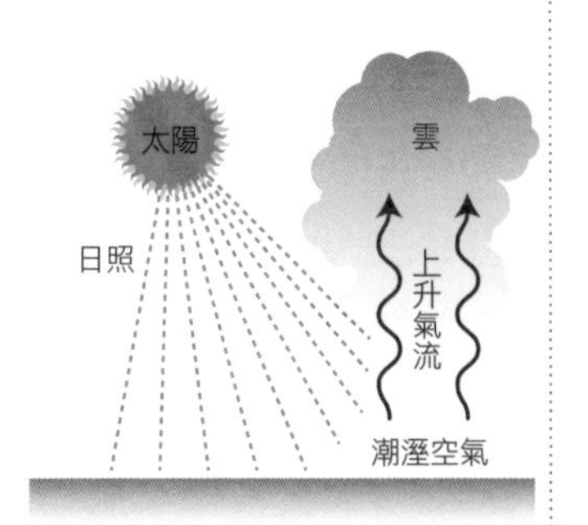

❷ 上升氣流繼續往上，水滴冷卻後凝結成冰。冰粒在雲層中互相碰撞，摩擦產生靜電。

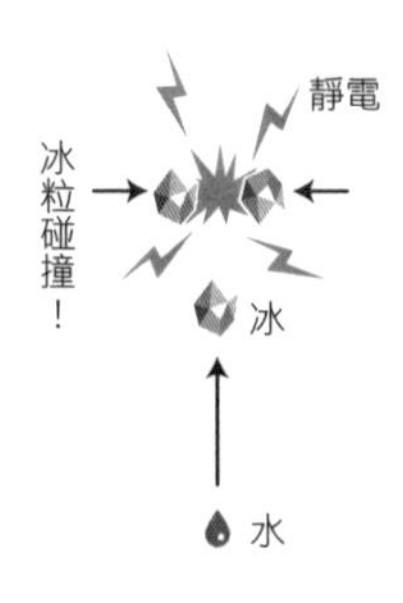

❸ 冰粒不斷碰撞後，大冰粒產生負電荷並往下落，小冰粒則產生正電荷並往上聚集。

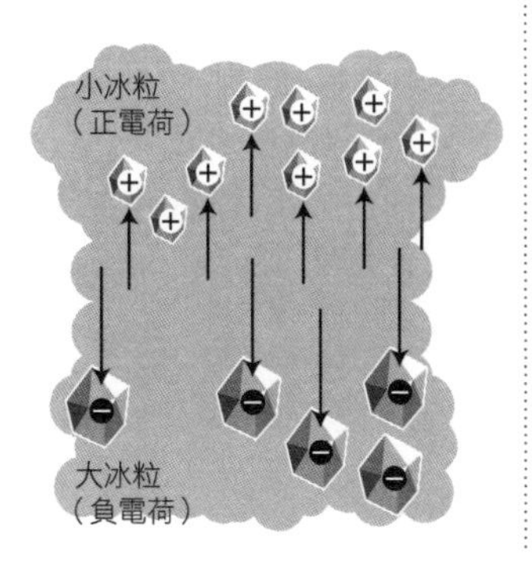

❹ 地面上的正電荷受到負電荷的吸引而聚集起來，超過一定的量以後，雲就會朝地面放電。

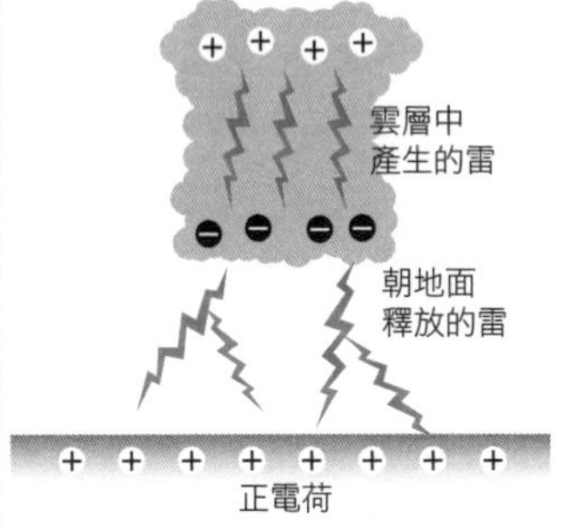

放電，這就是雷擊產生的原理。而雷聲之所以會發出轟隆隆[*1]的聲音，則是傳導電的空氣因為電子的熱度而快速膨脹，使得周圍的空氣劇烈震動的緣故。

這種雷擊常給人好發於夏季的印象，但是在北方國度如日本北陸地區一帶，嚴冬時期也會常常發生雷擊。

冬天與夏天的雷擊，最大的不同在於**雲層的高度**。夏天的雷雨雲可高達十二到十三公里，雲層底部距離地面也有兩公里左右；冬天的雷雨雲[*2]高度則是五公里，雲層底部距離地面不到一公里。因此，冬季雲層上方的正電荷距離地面相對較近，地面的負電荷會朝向上空的雲層移動，因而引發許多**朝上釋放的雷**。

附帶一提，冬天的雷擊[*3]發生頻率，在最近半個世紀增加了二・五倍，原因就在於地球暖化，導致高空的氣溫無法徹底下降。

＊1
轟隆聲含糊不清的通常是雲中雷，聲音銳利清晰的則多半是朝地面劈下的雷。

＊2
來自大陸的西北風，吹過因對馬暖流流經而升溫的日本海上空時，會吸收大量的水蒸氣。這股水蒸氣與寒冷的高空互相作用，便形成雷雨雲。這股氣流一接觸到寒冷的日本列島，特別容易形成雷雨雲。

＊3
冬季雷擊導致供電設備和風力發電設施故障的案例並不少，不過因為在冬季外出的人較少，鮮少有人受害。

冬天的雷會從地面朝空中劈

冬雷

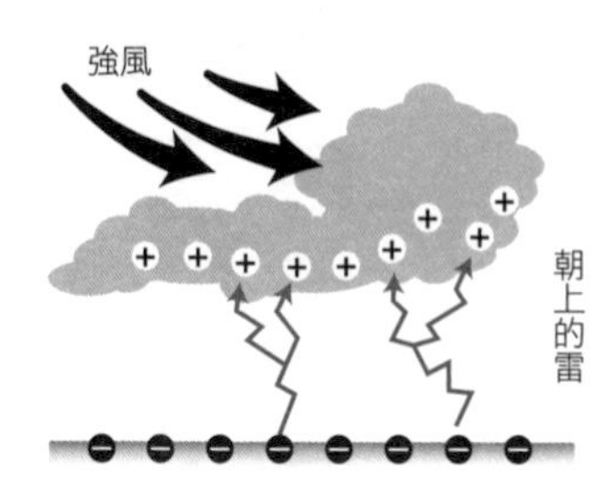

強風吹拂會形成低矮的雲層，所以上方的正電荷很靠近地面，引發地面的負電荷朝上空雲層釋放，產生閃電。

夏雷

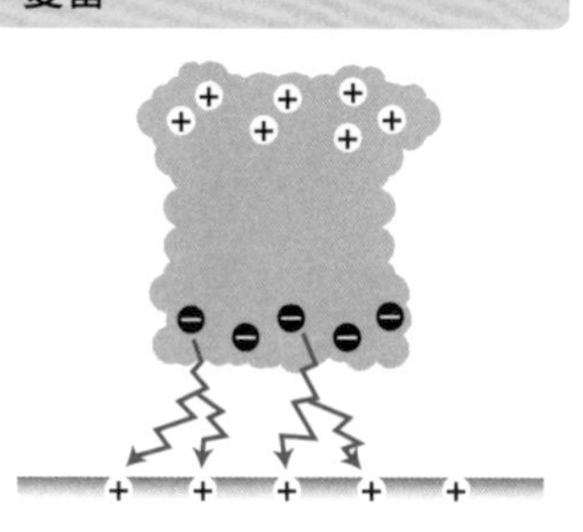

日照較強、風偏弱，所以形成高度超過10公里的雷雨雲，雲的下層聚集著負電荷，引起雷擊。

雷會選擇走「捷徑」

空氣稀薄的地方

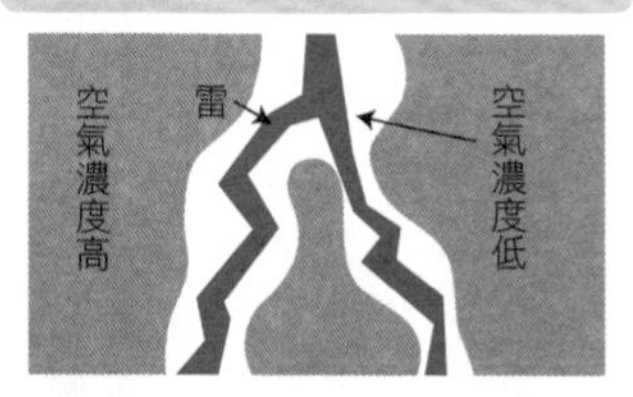

空氣稀薄（氮和氧等分子含量少）對雷來說「阻礙」較少，很容易通過，所以雷會選擇往空氣稀薄的地方曲折前進。

溼度高的地方

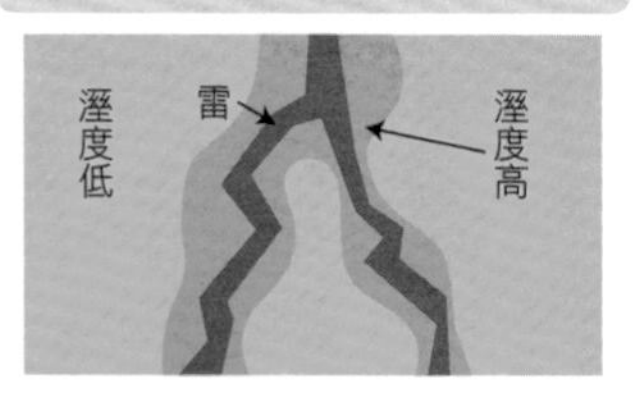

溼度高的地方有很多含水的分子和金屬物質，電氣容易通過，所以雷會選擇往溼度高的地方曲折前進。

颱風

侵襲日本的颱風，每年總是走固定的路線？

在鄰近赤道的熱帶海洋上空生成的**颱風**[＊1]，會以漩渦的方式在海洋和陸地上旋轉行進。不過，颱風並不是靠自己的力量行進，而是和飄在空中的雲一樣，乘著**風向**前進[＊2]。

那麼，生成於赤道附近的颱風，為什麼會千里迢迢來到日本呢？

這其實與季節有很大的關係。提到颱風季，許多人都會聯想起夏天到秋天這段時節，實際上，颱風也會發生在春季和冬季；只不過，這個時期於赤道生成的颱風，會在地球外圍乘著從東向西吹的**偏東風**（即

＊1　雲層周圍的風，若是到每秒17公尺（秒速17公尺）以上的速度，就稱作颱風。

＊2　當高空的風力減弱時，颱風通常會受到地球自轉的影響而往北行進。

颱風生成的機制

❶ 海水受到強烈日照而升溫，產生水蒸氣。

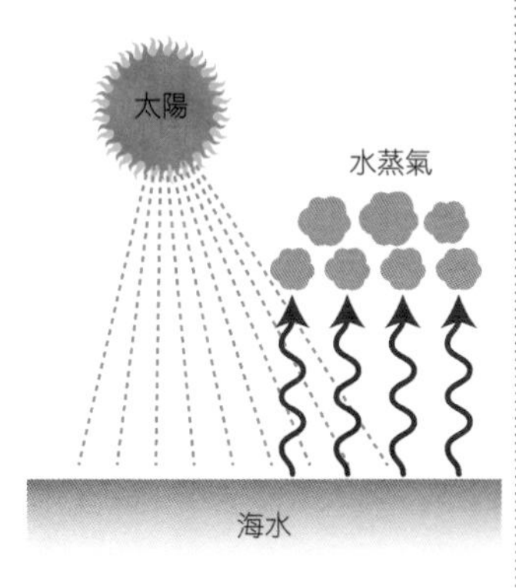

❷ 水蒸氣凝結成雲，在地球自轉的影響下持續旋轉並上升。

❸ 溫暖潮溼的空氣和雲聚集，使得漩渦愈來愈大，形成熱帶性低氣壓。

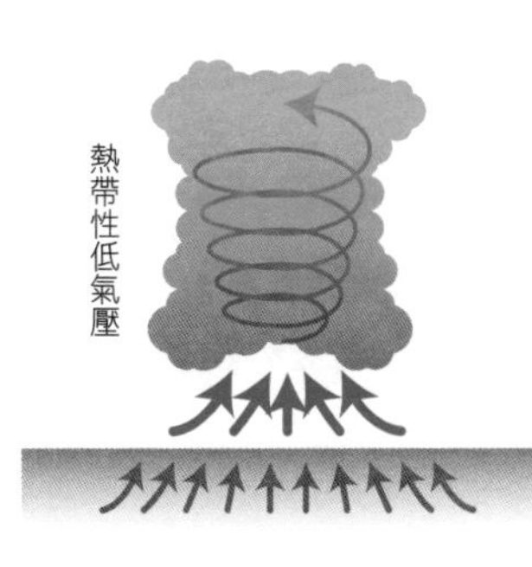

❹ 漩渦的旋轉速度變快，風也增強，形成颱風。

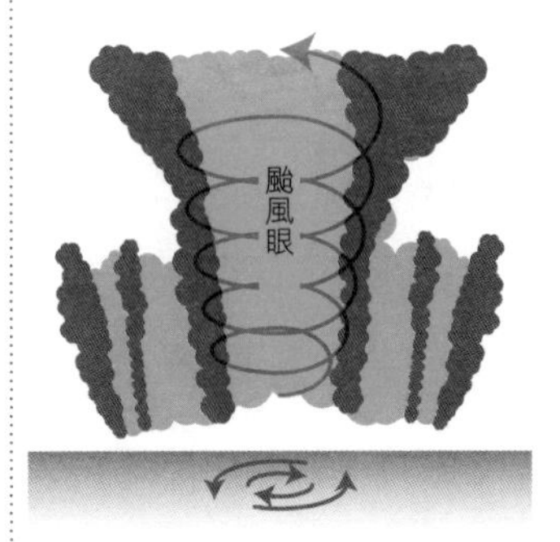

季風），筆直地朝向菲律賓、越南、中國南部一帶前進，所以不太會一路北上行經日本。

夏季至秋季期間生成的颱風，首先會順著偏東風西進，然後受到太平洋上空**太平洋高壓**的影響下，會沿著高氣壓邊緣迴轉北上。此時籠罩在高氣壓之下的陸地會颳起順時針方向的風，所以颱風的路徑才會往右彎。

於是，當颱風北上抵達日本列島附近時，會遇上在北半球的中緯度地區、秒速達數十公尺的強烈**偏西風**。颱風會乘著西風順勢加速，一鼓作氣朝東北方前進[*3]。

附帶一提，颱風之所以不會在夏天炎熱的時期登陸日本，是因為受到籠罩在日本列島上的太平洋高壓所阻擋。隨著高壓勢力減弱，颱風的路徑才會接近日本[*4]。

＊3 颱風的名稱會因生成的地點而異，美國稱為「颶風」，在印度洋一帶、澳洲則稱為「氣旋」。

＊4 太平洋高壓的勢力會因年而異，所以颱風未必每年都會採取相同的路徑。

颱風是如何撲往日本

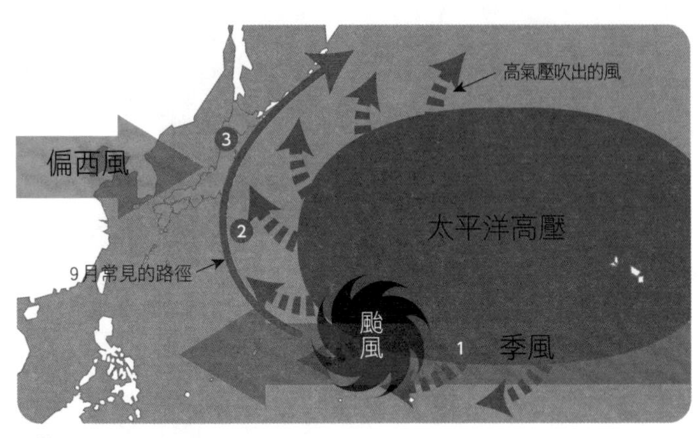

1. 乘著由東往西吹的季風，往西行進。
2. 沿著太平洋高壓的邊緣行進。
3. 乘著由西往東吹的偏西風，朝東北方行進。

氣旋與颶風的差異

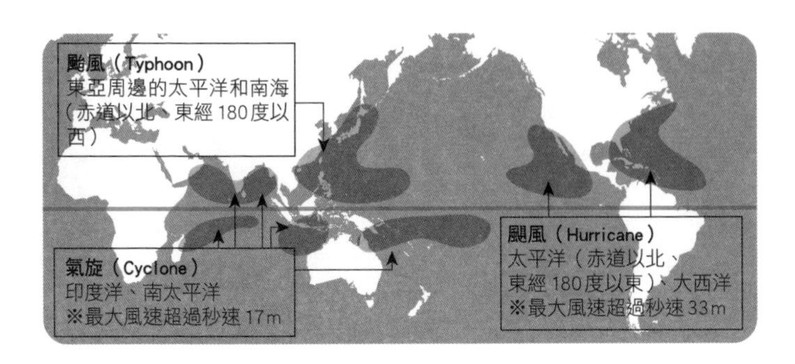

晚霞

傍晚晴朗的天空，為什麼會從藍天轉為紅色？

在萬里無雲的晴天抬頭仰望天空，可以看見遼闊的清爽藍天；可是一到傍晚，天空就會染成紅色。

「**天空顏色**」的形成，究竟是出自什麼樣的原理呢？

當陽光穿透稜鏡[*1]時，會折射出**紅**、**橙**、**黃**、**綠**、**藍**、**靛**、**紫**這七種顏色的光線。太陽光正是由這些繽紛色彩混合而成的顏色，不同顏色光線其波長也會大不相同。天空的色彩之所以變化多端，原因就在於光線的「**散射**」。

＊1 使光線分散、折射的玻璃或水晶材質工具。

我們為什麼能看見「色彩」？

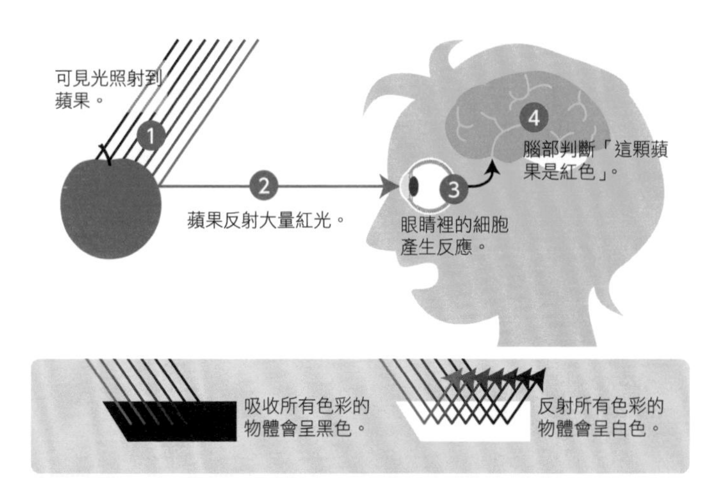

可見光照射到蘋果。
1
2
蘋果反射大量紅光。
3
眼睛裡的細胞產生反應。
4
腦部判斷「這顆蘋果是紅色」。
吸收所有色彩的物體會呈黑色。
反射所有色彩的物體會呈白色。

可見光的特徵

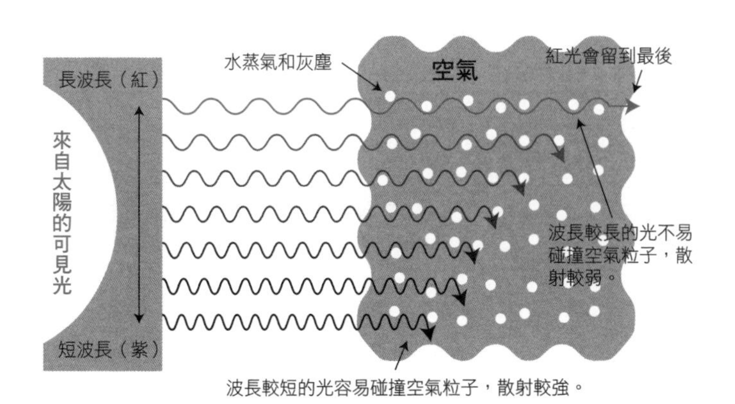

當陽光照射地球、穿透覆蓋在地球外圍的大氣層時，會碰撞到空氣分子[*2]，散射成各種顏色的光。其中偏藍色的光因為波長較短、碰撞分子的機率偏高，所以容易四處散射[*3]。

天空之所以看起來會呈現藍色，正是因為**波長短的藍光在空中大量散射**的緣故。

而傍晚的天空看起來呈紅色，則是與陽光穿透大氣層的「距離」有關。太陽會隨著西沉，從天頂的正上方往底端移動，這也導致陽光從側面穿透空氣層的距離，會比太陽位在天頂正上方的距離還要長。由於藍光的波長較短，反覆散射的作用會因此減弱；而原本可以直接穿透空氣分子間隙的長波長紅光，便開始碰撞分子、四處散射。

於是，我們最後便會看見**只有紅光散射的天空**，所以晚霞的天空才會呈現紅色。

＊2 構成大氣的氧和氮分子。

＊3 當光和電波等電磁波，碰撞到直徑略小於波長的大型粒子時，會使粒子產生兩次電磁波並釋放到周圍的現象，此稱作「散射」；若碰撞到比波長小很多的微小粒子，此時造成的散射則稱作「瑞利散射」。

晚霞呈紅色的原理

白晝

白天的天空有許多藍光散射，天空看起來是藍色。

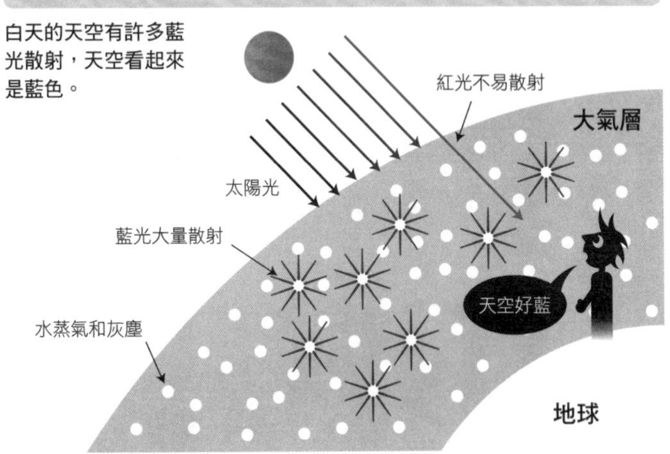

傍晚

傍晚的天空只剩下不易散射的紅光可以照射到地球，所以看起來是紅色（晚霞）。

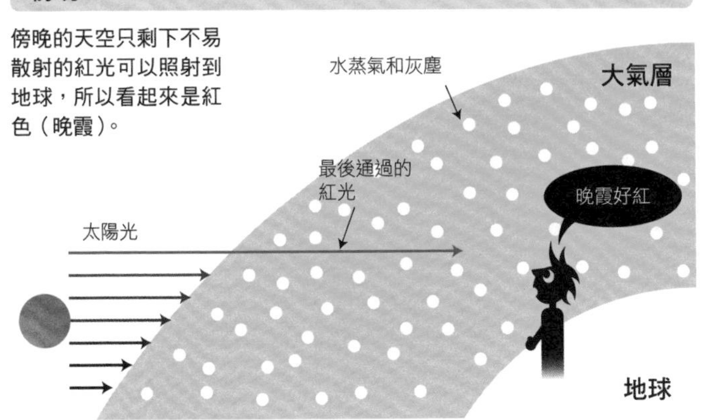

潮汐

滿月會帶來大漲潮？「滿潮」和「乾潮」的循環

海面的水位（**潮位**）以大約半天為週期[*1]緩慢升降變化的現象，稱作**潮汐**（漲潮和退潮）。潮汐的主要成因，在於月球對地球的**引力**。

引力是所有物質之間互相吸引的力量，如果是像地球和月球這種星球級之間的引力，由於質量都很大，因此這股力量也會非常巨大。地球表面覆蓋的海水可以自由流動，所以面向月球的海水會受到月球引力的吸引而稍微往上抬，導致水位上升，這個現象就稱作**滿潮**；而背向月球的另一面，因為距離月球很遠，離心力較強，會朝著遠離月球

＊1 地球會自轉，所以一天內的漲退潮會以大約每6小時為週期，交互各出現2次。

互相吸引的地球和月球

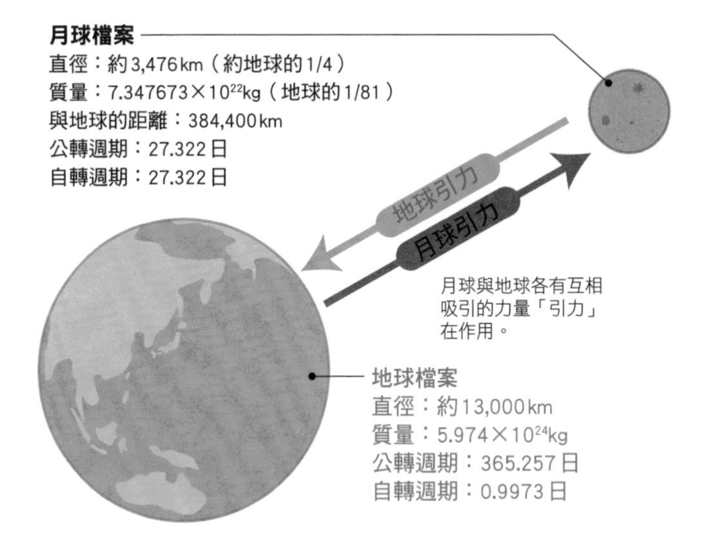

滿潮與乾潮

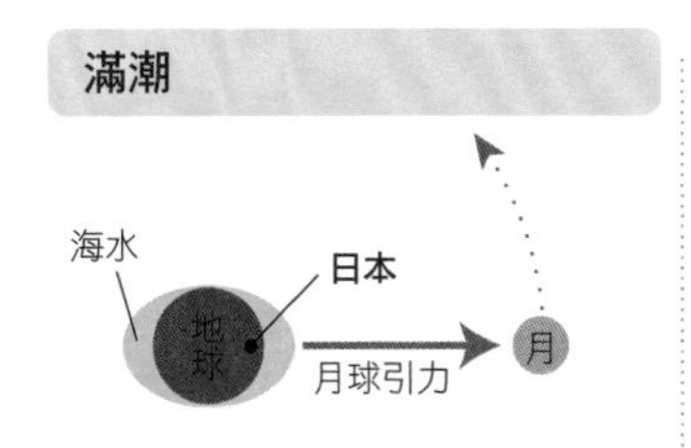

日本位於兩個滿潮地點的中間時，兩側的海水會各自聚集，於是形成乾潮。地球另一側的地點也同樣會發生乾潮。

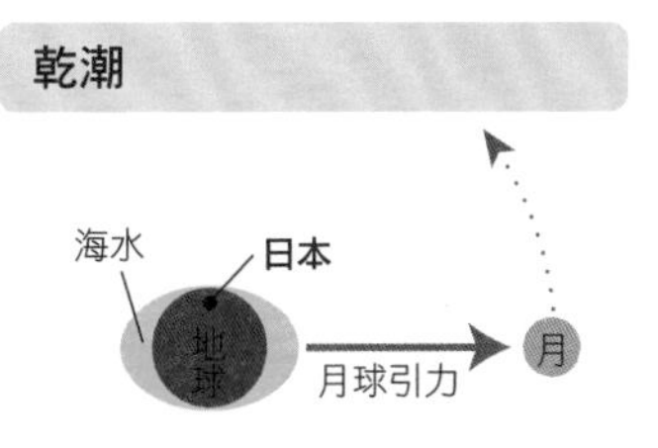

日本位於靠近月球的位置時，月球引力會使海水聚集，形成滿潮。地球另一側的地點，海水也會因為離心力而上升、出現滿潮。

的方向作用，所以這一側的海面也會上升到滿潮。至於和月球呈直角的方向，則是受到前述的力量影響，海面會降低，發生**乾潮**的現象[*2]。日本太平洋沿岸，滿潮與乾潮的海水水位落差約為一・五公尺；日本海沿岸的潮差則是比太平洋沿岸小，只有四十公分左右[*3]。

地球正是以這種方式，受到月球引力的大小差異影響而發生潮汐現象，不過太陽的引力其實也會引發相同的現象[*4]。尤其當地球與月球、太陽連成一直線時，兩者的引力加乘，所以會發生一日的滿潮與乾潮潮差達到最大的**大潮**現象。

相反地，當月球和太陽相對於地球的方位形成直角時，就會發生滿潮與乾潮潮差最小的**小潮**現象。大潮與小潮會在新月到下一次新月之間分別出現兩次，新月與滿月時會出現大潮，上弦月與下弦月時則會出現小潮。

＊2 月球是以大約1個月的週期繞著地球公轉，所以滿潮與乾潮的時間每天都會延遲大約50分鐘。

＊3 全世界潮差最大的地方是在加拿大的芬迪灣，高達15公尺。

＊4 太陽對潮汐的影響，會與星球間距離的3次方成反比，所以影響力大約是月球的一半。

大潮與小潮的成因

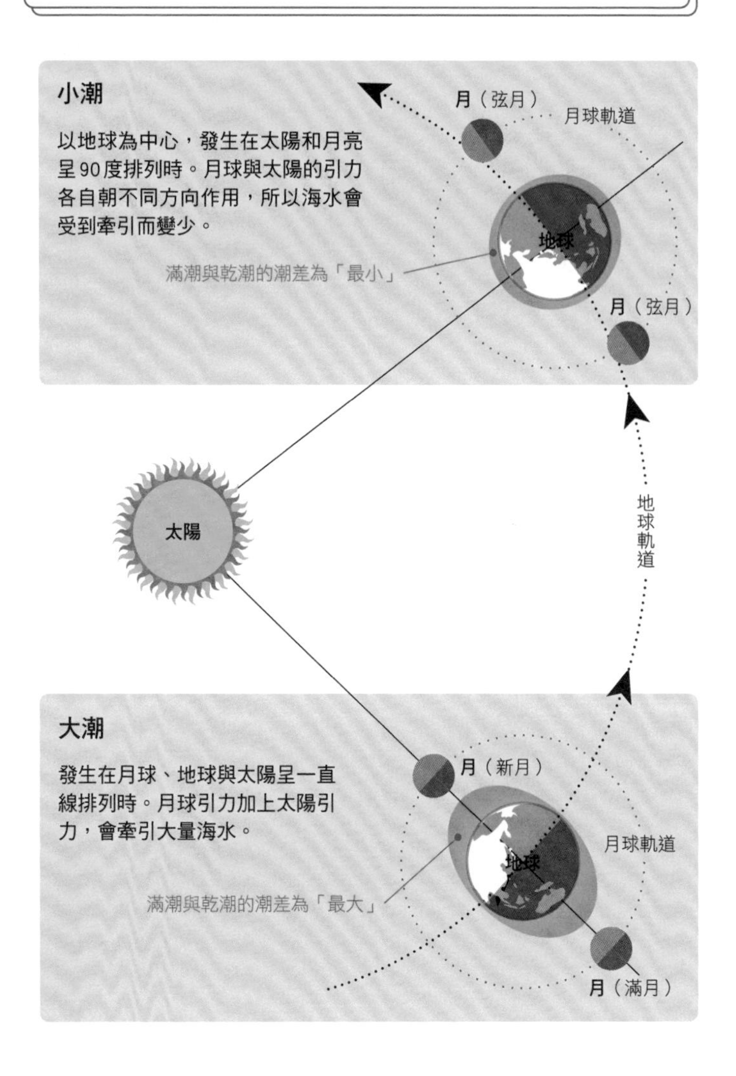
小潮
以地球為中心，發生在太陽和月亮呈90度排列時。月球與太陽的引力各自朝不同方向作用，所以海水會受到牽引而變少。
月（弦月）
月球軌道
地球
滿潮與乾潮的潮差為「最小」
月（弦月）
太陽
地球軌道
大潮
發生在月球、地球與太陽呈一直線排列時。月球引力加上太陽引力，會牽引大量海水。
月（新月）
月球軌道
地球
滿潮與乾潮的潮差為「最大」
月（滿月）

雲的形成

是氣態還是液態？乘著上升氣流飄浮空中的雲

輕飄飄浮在天空中的雲，其實是細微的水滴和冰的粒子聚集而成。粒子的大小為**百分之一公釐左右**，這些粒子大量聚集在一起，看起來就是雲朵了。在解釋雲的成因時，經常用來比喻的例子就是裝了冷飲的**杯子外壁附著的水滴**。杯子表面接觸的空氣冷卻後，平常肉眼看不見的水蒸氣就會凝結成水滴（露）。這正是雲形成的原理。

海洋和陸地的水會在陽光照射下升溫，於是水分蒸發變成水蒸氣，與空氣中的灰塵混合，乘著溫暖的上升氣流輸送至高空。當高空的氣

雲形成的原理

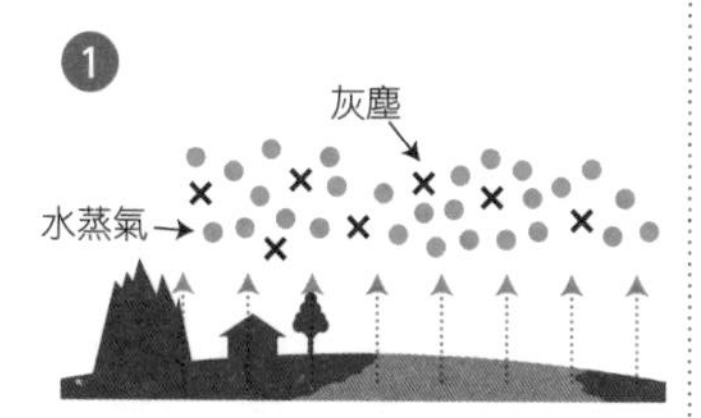

陸地和海洋在日照下升溫，水蒸發變成水蒸氣，與空氣中的灰塵混合。

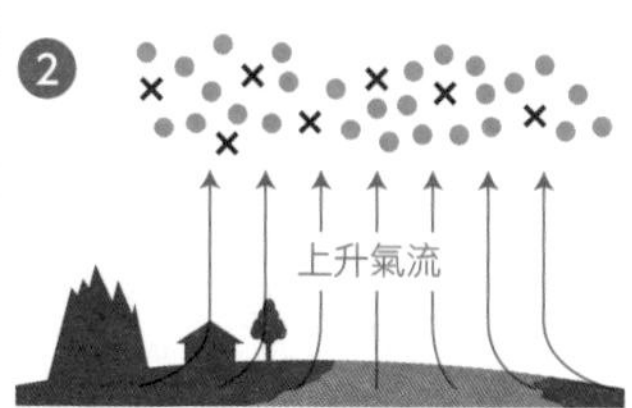

溫暖的上升氣流將水蒸氣和灰塵一併運送到高空。

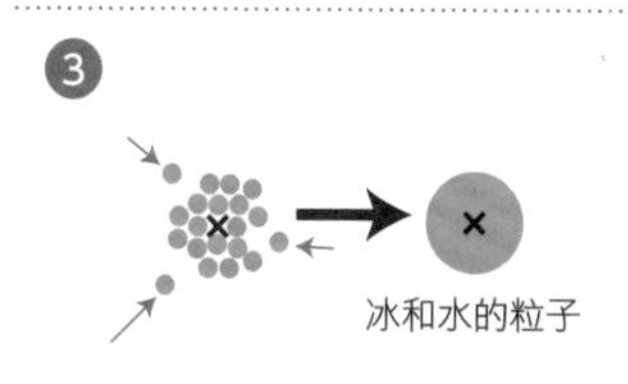

空氣在高空冷卻後，水蒸氣會附著在灰塵上，形成冰粒和水滴。

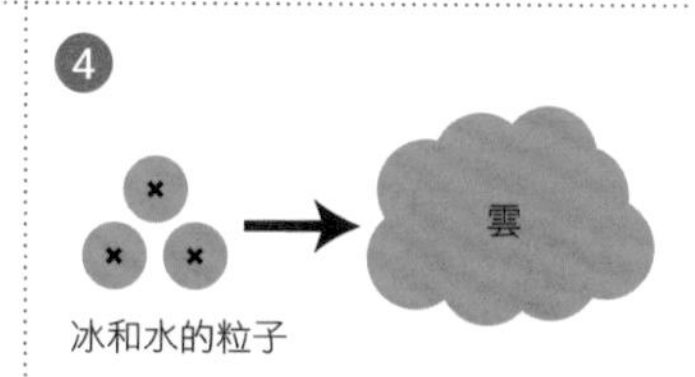

許多小粒子聚集起來變成雲朵。當氣溫隨著高度上升而持續下降後，雲的形狀就會更明顯。

雲為什麼不會掉落地面？

◉水滴的直徑和掉落速度

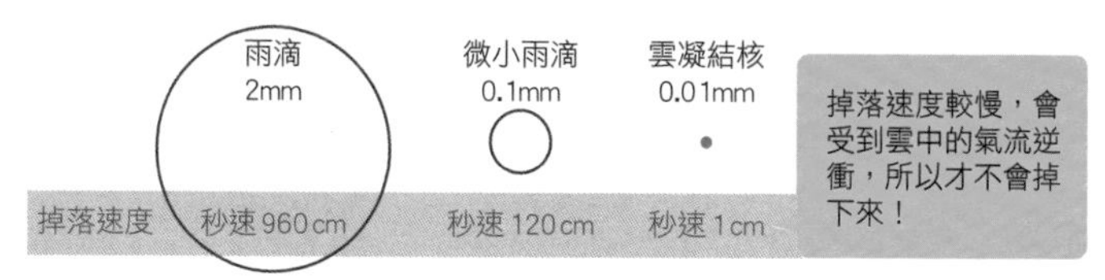

溫下降，水蒸氣就會冷卻凝結成水或冰。由此形成的微量水滴和冰粒就是「**雲凝結核**[*1]」，集結後便形成雲。雲有各式各樣的形狀和大小，根據世界氣象組織的《國際雲圖》，總共歸納並選定**十種雲的形狀**[*2]。

神奇的是，水滴和冰粒凝結形成的雲不會掉落地面，而原因就出在**粒子大小**。構成雲的水滴和冰粒其實會受到地球重力的吸引而掉落，但是因為粒子非常小、掉落速度十分緩慢，又會與雲中的氣流（上升氣流）逆向對衝，所以才無法掉落，一直飄浮在空中。

氣象預報中的「晴朗」、「晴天」、「陰天」等天氣分類，是依照雲在整片天空所占的比例（雲量）而定。一般人可能以為如果天空有八成都是雲，那就是「陰天」，但事實上這在氣象預報中是歸類為「晴天」。雲在整片天空所占的面積是**零到一成**就屬於「**晴朗**」，**二到八成**則屬於「**晴天**」，**九到十成**才會判定為「**陰天**」。

---

*1 又稱作「凝結核」。

*2 標示出各種雲的高度、形狀與特質。

雲的高度和種類

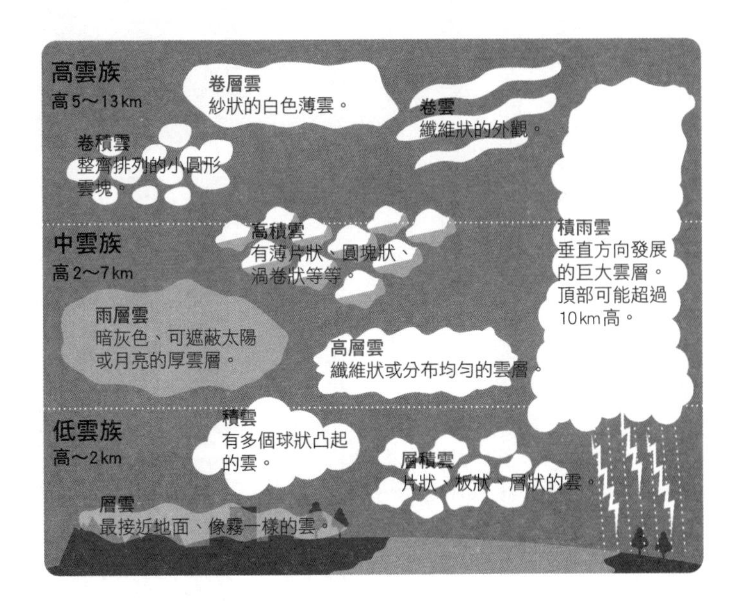

天氣預報的「晴天」和「陰天」的分界

雲的比例占整片天空的9成以上，就是「陰天」。也就是說，如果天空只有8成的面積是雲，依然會判定為「晴天」。

「雲量」是指雲覆蓋整片天空的程度。如果覆蓋了1成面積，就是「雲量1」。

梅雨

兩種氣團相遇的產物，春夏之交陰雨不斷的真相

根據日本氣象廳的定義，**梅雨**是指春末到夏季經常出現雨天和陰天的現象（或期間）。梅雨季通常落在五月上旬，沖繩最先進入，東日本則要到七月下旬才結束，但為什麼會出現這種連日降雨和陰天呢？

大陸和海面上空的溫暖空氣團（**暖氣團**）與寒冷空氣團（**冷氣團**）[*1]互相碰撞，就會形成「**鋒面**」。鋒面可以分為四種，分別是冷氣較強的**冷鋒**、暖氣較強的**暖鋒**、冷鋒追上暖鋒後形成的**囚錮鋒**，以及冷氣和暖氣勢均力敵而停滯不動的**滯留鋒**。梅雨時期氣象圖上的主角**梅雨**

---

*1 溫度和溼度相近的空氣團，就稱作「氣團」。

四種鋒面

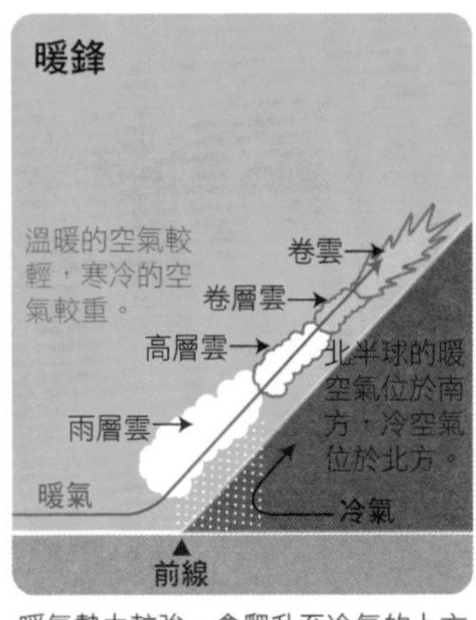

暖氣勢力較強，會爬升至冷氣的上方行進。天空會布滿雲，雨層雲在大範圍的地區斷斷續續降雨。

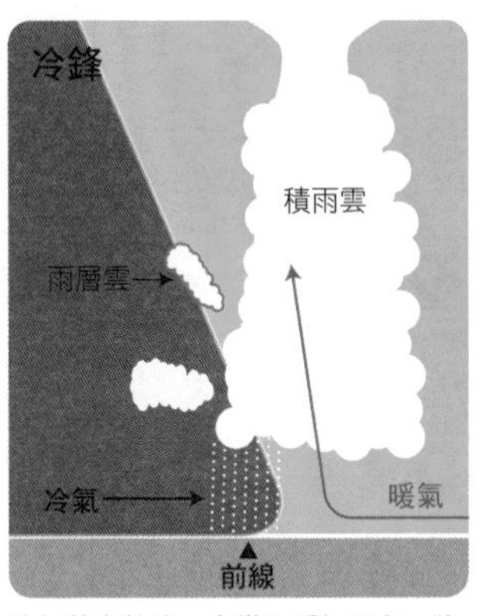

冷氣勢力較強，會鑽入暖氣下方、將暖氣往上抬升變成積雨雲，造成小範圍的暴雨。

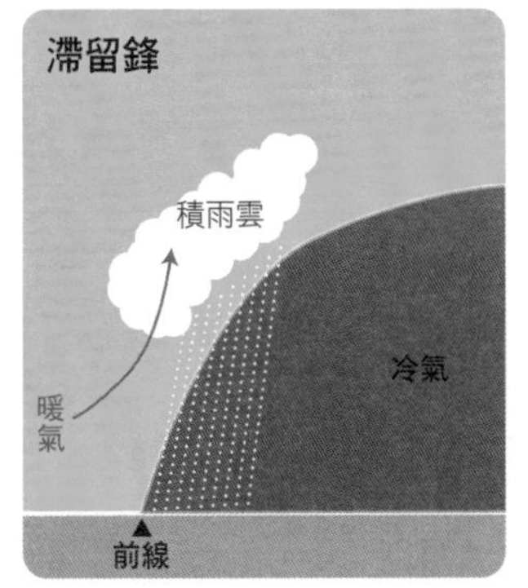

暖氣與冷氣的勢力均等，所以雙方會互相推擠，造成鋒面停滯。鋒面附近形成厚雲層，造成連日久陰不晴。

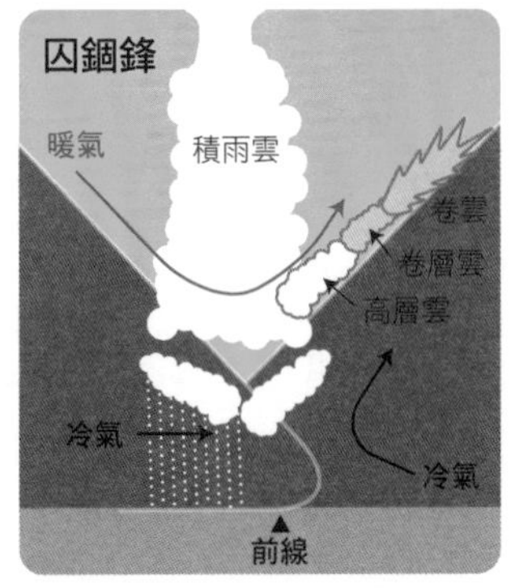

冷鋒追著暖鋒，兩波鋒面重疊，造成強風豪雨，但低氣壓會逐漸減弱。

鋒面，就是一種滯留鋒。

每當進入梅雨時期，日本北方有寒冷的**鄂霍次克海氣團**（鄂霍次克海高壓）停留，南方則有溫暖潮溼的**小笠原氣團**（太平洋高壓）。冬季進入春季之交，小笠原氣團即將取代占據日本附近的鄂霍次克海氣團，這兩個氣團會互相推擠，以南北一百公里左右的距離反覆往來，因此交界面形成的梅雨鋒面便會在日本上空滯留長達一個月以上[*2]。

這波梅雨鋒面的北側，會吹著鄂霍次克海氣團帶來的寒冷東北風，南側則是吹著小笠原氣團帶來的溼熱南風，兩種性質相異的風碰撞生成上升氣流、形成雲層，才會導致連綿的降雨。

附帶一提，北海道地區並沒有梅雨季。這是因為梅雨鋒面無法往北推進到北海道境內，或是在登陸北海道後，鋒面界線已經變得不夠明確、勢力也不強，所以多半不會出現足以稱為梅雨的連日陰雨天。

＊2 當小笠原氣團將鄂霍次克海氣團往北推後，梅雨季就會結束，正式進入夏季。

日本梅雨的形成機制

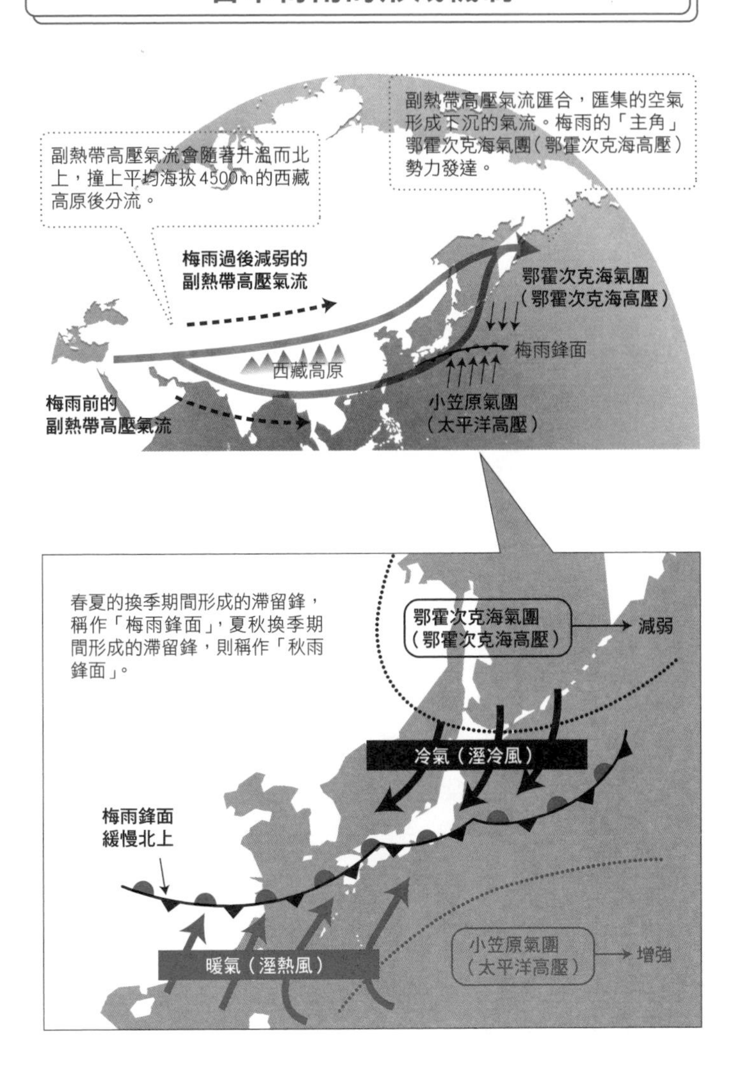
副熱帶高壓氣流匯合，匯集的空氣形成下沉的氣流。梅雨的「主角」鄂霍次克海氣團（鄂霍次克海高壓）勢力發達。
副熱帶高壓氣流會隨著升溫而北上，撞上平均海拔4500m的西藏高原後分流。
梅雨過後減弱的副熱帶高壓氣流
鄂霍次克海氣團（鄂霍次克海高壓）
梅雨鋒面
西藏高原
梅雨前的副熱帶高壓氣流
小笠原氣團（太平洋高壓）
春夏的換季期間形成的滯留鋒，稱作「梅雨鋒面」，夏秋換季期間形成的滯留鋒，則稱作「秋雨鋒面」。
鄂霍次克海氣團（鄂霍次克海高壓）
減弱
冷氣（溼冷風）
梅雨鋒面緩慢北上
暖氣（溼熱風）
小笠原氣團（太平洋高壓）
增強

天氣預報

「降雨機率」如何看？簡單學習天氣預報的術語

天氣預報與生活密切關聯，比如查詢天氣和氣溫來決定當日穿搭，或是參考降雨機率來判斷是否該帶傘。日本國內負責收集氣象資訊、預測天氣的機構是氣象廳，透過地區氣象觀測系統「**AMeDAS**」、氣象衛星「**向日葵**」收集資訊，再透過最新的超級電腦來分析天氣、氣溫、降雨量、風向、風速、日照時間等各式各樣的氣象資訊[*1]。

不過，天氣預報會出現「降雨機率」，季節預報中也有低於往年、和往年持平、高於往年這類使用「**機率**」傳達資訊的預報。

*1 日本氣象廳發布的預報和民間氣象公司發布的預報，差別在於氣象廳和氣象公司會再以自己獨家的計算公式，驗算氣象廳的超級電腦計算出來的數據，修改預報的內容。

天氣預報的精準度逐年提高？

◉東京地區的預報精準度（傍晚發布的明日預報）

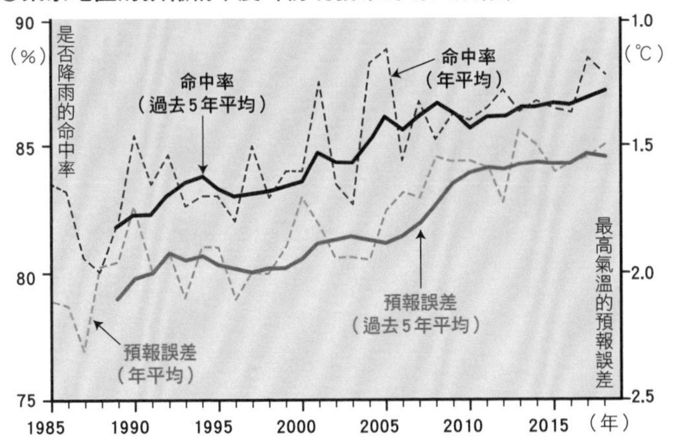

降雨機率和季節預報

降雨機率範例

發表100次「降雨機率60%」的預報，代表其中約60次會出現1mm以上的降雨量。

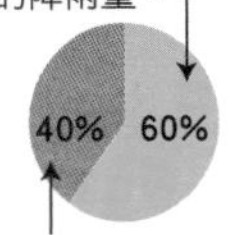

發表100次「降雨機率60%」的預報，代表其中約40次不會出現1mm以上的降雨量。

季節預報範例

發表100次「低於往年的機率60%」的預報，代表其中約60次會出現低於往年的氣溫。

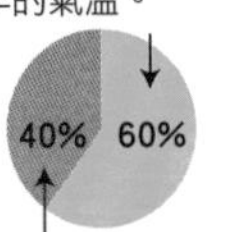

發表100次「低於往年的機率60%」的預報，代表其中約40次不會出現低於往年的氣溫。

氣溫不比往年低的這40次當中，約10次氣溫高於往年。

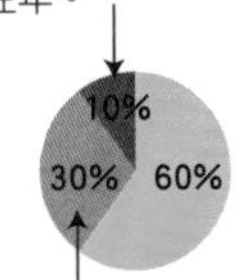

氣溫不比往年低的這40次當中，約30次氣溫與往年持平。

假設**降雨機率百分之六十**的預報發布**一百次**，代表該預報區域**約有六十次**會在此時間內出現**一公釐以上的降雨量**，約有四十次不會出現超過一公釐的降雨。一般觀眾容易誤解降雨機率的數字代表大小，事實上**與降雨強度，或是降雨的時間、範圍、雨量都沒有關係**。

不僅如此，「**往年**」這個說法其實也受到統計學的嚴格規範。天氣預報中的往年數據，是指**過去三十年的平均值**[*2]，而「**和往年持平**」的範圍，可依循以下算法求出。首先計算出各年的平均氣溫和往年數據（三十年的平均值）的溫差，再由低到高依序排列溫度數據。將三十年分的數據劃分成「低於」、「持平」、「高於」三個階段，假若所得數據符合**正中間的十年的範圍**，就可以稱作「和往年持平[*3]」，總之就是導出這三十年間的氣溫變動差距最小的十年。引用統計學的說法，和往年持平是比平均值更接近「中位數」（參照108頁）的概念。

＊2
即1981～2010年的數據。往年的數據會每十年更新一次，並在西元年尾數為1的年分更新。日本氣象廳下一次的更新預定會在2021年（1991～2020年的平均值）。

＊3
和往年持平的指稱範圍，會因地區或預報的期間而異。

「和往年持平」的定義

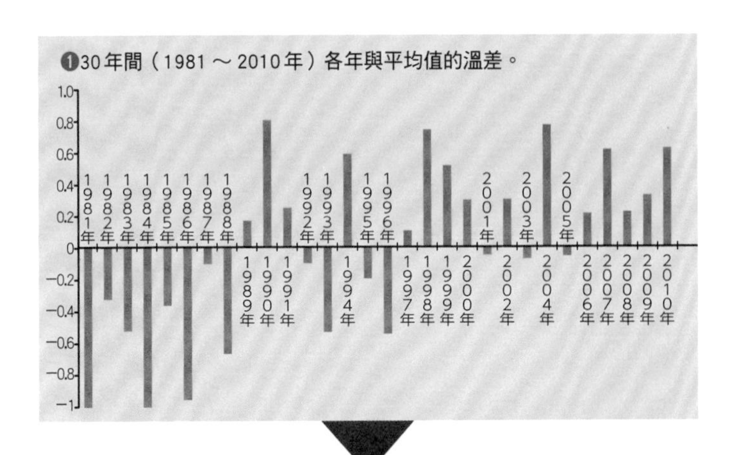

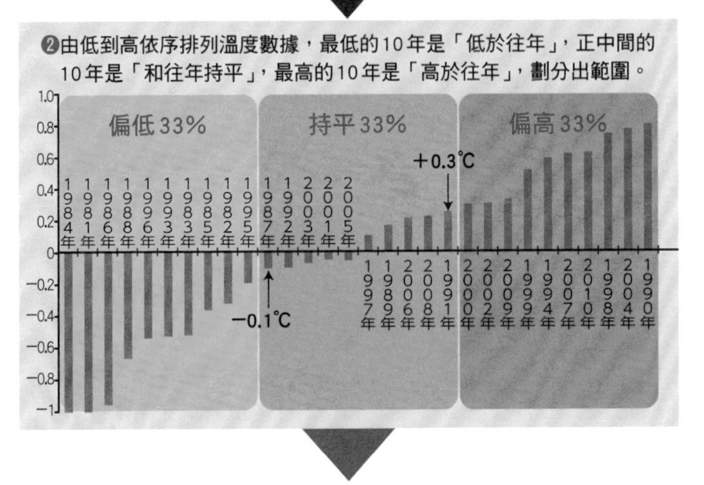

❸「和往年持平」的範圍就在−0.1～+0.3℃。

column

雨天才出現的幽靈氣息？潮溼泥土味的真面目

剛開始下雨時，大家是不是都會在戶外聞到一股「潮溼土壤的氣味」呢？這股獨特的氣味稱作潮土油（Petrichor），是1960年代的澳洲礦物學家，將希臘語意指岩石的petro，和意指諸神體內流動的血液的ichor，結合兩個詞後彙命名而成。

形成雨水氣味的物質是來自植物滲出的油脂，混合棲息在土壤裡的細菌製造出來的土臭素，這就是構成雨水氣味的成因。但是為什麼這些物質唯有在下雨時後才會產生氣味呢？

當雨滴觸碰到地面時，會產生細微的水滴子（稱為氣膠），水滴子會包含覆土壤內的物質，並釋放在空氣中。我們的嗅覺器官捕捉到這個粒子，才會聞到那股獨特的氣味。

»» Part7 ««

「電氣相關」的驚奇原理

家庭用電

從五十萬到一百伏特！超高壓轉成家用電流的過程

電腦只要插上插頭就可以立即開機，打開電視就能隨時收看節目，我們在日常生活中無意間使用的「**電**」，源頭都是來自於遙遠的**發電廠**製造出來的電能。

身為電力起點的發電廠，是以火力、水力、核能三者為發電主力[*1]，製造出高達**數千到兩萬伏特**電壓的電能，然後在附設的變電所轉換成**二十七萬五千到五十萬伏特**的超高電壓，接著再傳送到輸電線。

高壓電在各地設置的超高壓變電所轉換成**十五萬四千伏特**的電壓

*1 近年來，使用風力、地熱、陽光等再生能源的發電技術已經普及。日本各類能源發電量（2017年）所占的比例為：火力約80・9%、水力約7・9%、核能3・1%，水力以外的再生能源則是8・1%。

電氣輸送到家庭的過程

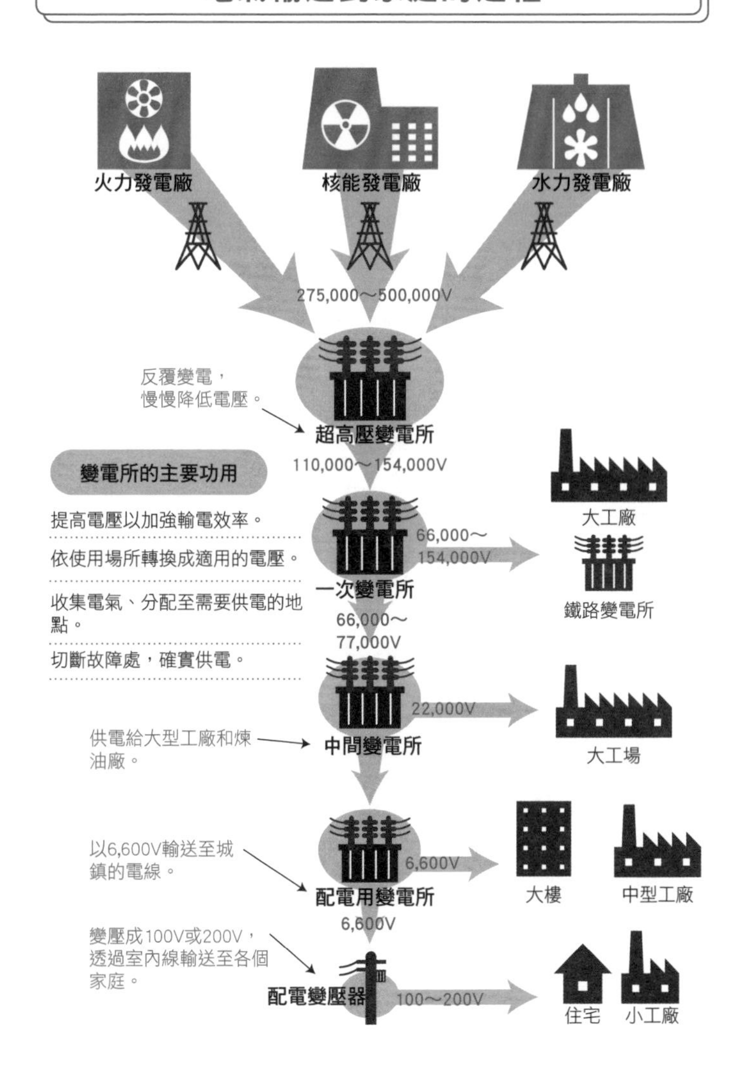
火力發電廠
核能發電廠
水力發電廠
275,000～500,000V
反覆變電，
慢慢降低電壓。
超高壓變電所
110,000～154,000V
變電所的主要功用
提高電壓以加強輸電效率。
依使用場所轉換成適用的電壓。
收集電氣、分配至需要供電的地點。
切斷故障處，確實供電。
66,000～
154,000V
大工廠
鐵路變電所
一次變電所
66,000～
77,000V
22,000V
大工場
供電給大型工廠和煉油廠。
中間變電所
以6,600V輸送至城鎮的電線。
6,600V
大樓
中型工廠
配電用變電所
6,600V
變壓成100V或200V，透過室內線輸送至各個家庭。
配電變壓器
100～200V
住宅
小工廠

後，會再經過一次變電所（**六萬六千伏特**），再於中間變電所（**兩萬兩千伏特**）變電，最後才會送到大型工廠和鐵路公司。而在配電用變電所轉換成**六千六百伏特**的電，則會送到高樓大廈和中型工廠，同時也傳送到城鎮的電線。

即便是六千六百伏特，電壓依然很高，而再進一步轉換成家用電壓的機制，就是電線桿上常見的「**配電變壓器**」。這個變壓器可將電氣變壓為**一百伏特**（或**兩百伏特**），再透過室內線路輸送至各個家庭[*2]。

以高壓電輸送的目的是為了減少輸電損耗。當電流流經輸電線時，會因電阻而生熱（**焦耳熱**），這股熱能有多高就會耗損多少電氣。電流愈多，愈容易生熱[*3]，唯有**降低電流才能減少電能耗損**。由於電壓會和電流成反比，如果要降低電流、減少輸電過程的能量耗損，就必須要提高電壓傳輸才行。

＊2
電力從發電廠經過漫長的路程後才會輸送到各個家庭，但是這段傳輸的時間僅僅只有「一瞬間」。電的速度等同於光速，1秒就能繞行地球7圈半（秒速將近30萬公里）。

＊3
這個現象稱作「焦耳定律」。

電氣需要以高壓電形式傳輸

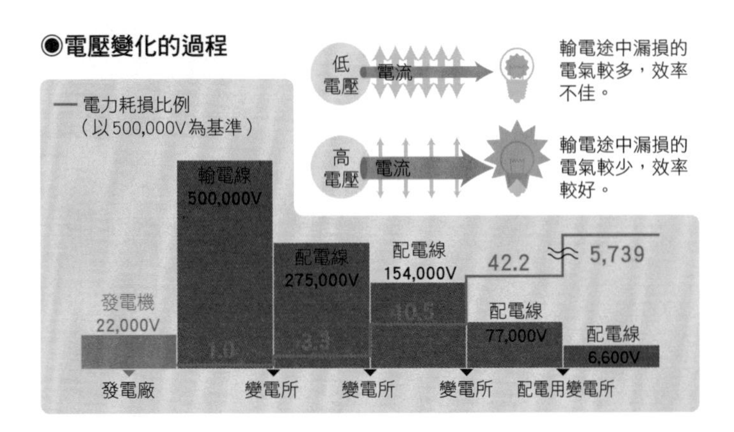

配電變壓器的架構

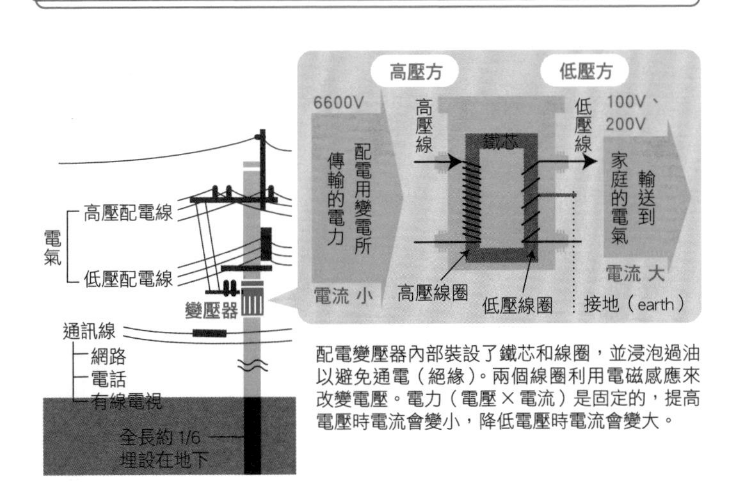

配電變壓器內部裝設了鐵芯和線圈，並浸泡過油以避免通電（絕緣）。兩個線圈利用電磁感應來改變電壓。電力（電壓×電流）是固定的，提高電壓時電流會變小，降低電壓時電流會變大。

手機的聲音

手機聽筒傳來的聲音，並不是「真正的聲音」？

手機是**將通話語音數位化**，再透過行動網路傳送[*1]的通訊工具。但是，如果要忠實重現原音，數位化後的數據量會變得非常龐大，實在不可能以行動通訊的方式傳輸。為了保持通話穩定，必須縮小傳輸的數據量；但若是壓縮通話的數據，又會導致通話的音質變差、不易聽清楚。

因此，後來才會研發出不會降低音質、又能壓縮數據量的**混合編碼**技術。

＊1 就原理而言，固定電話會將人聲，也就是嘴巴直接發出的聲音傳送給受話方。

聲帶與聲道共同構成「語音」

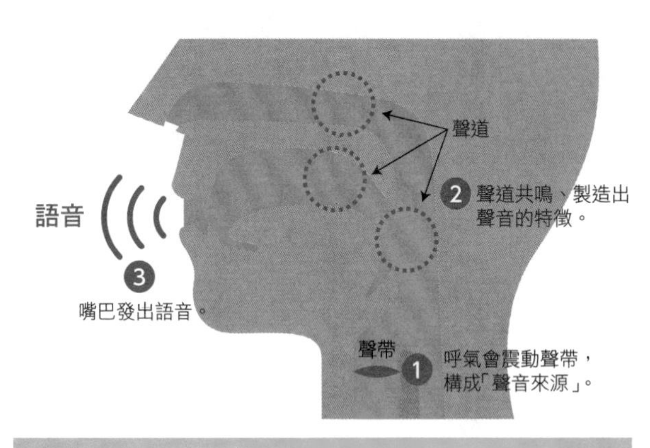

語音＝**聲帶的特性＋聲道的特性**

從類比語音到數位語音

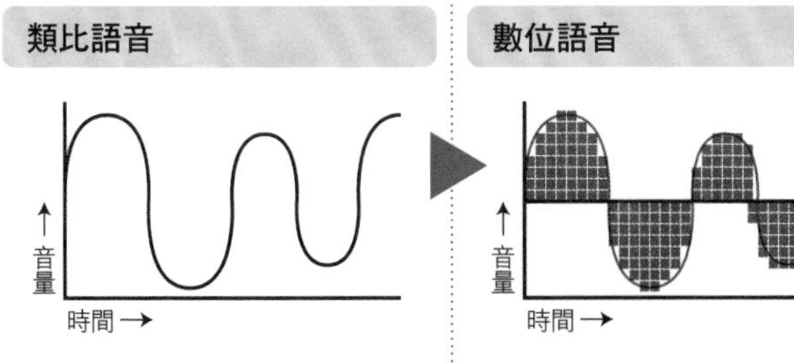

早期的手機語音傳輸是採用類比方式，將聲音轉換成無階段的類比電氣訊號、傳送到對方的手機。

數位型手機問世後，傳輸方式變成決定聲音強弱的數位訊號。

混合編碼結合了**波形編碼**[*2]和**參數編碼**[*3]這兩項技術，從事先製作的**固定性編碼簿**（一種聲音詞典），找出最接近本人聲音的**聲音編碼**，組合碼向量並配合喉嚨和嘴巴的形狀，瞬間合成聲音。此時也會使用**適應性編碼簿**，即在瞬間合成以前既存的聲音數據，所以混合編碼是一種可以有效率選用聲音的編碼機制。

附帶一提，這些工作全部都是在手機裡進行。發話方在手機輸入聲音的瞬間，聲音就會分解成音源和聲道[*4]的過濾器，並丟進適應性編碼簿和固定性編碼簿裡搜尋，在裡面搜尋到近似發話方聲音的模式後，就會和聲道濾波器的資訊一同乘著電波傳送到受話方的手機。

固定性編碼簿收錄的語音組合素材有二的三十二次方，也就是大約四十三億組，所以理論上**可以重現全世界所有人的聲音**。

＊2
波形編碼技術是將聲音的波長直接轉換成電磁波波長，使用於固定電話。

＊3
參數編碼技術是將人的發聲器官模型化，合成出類似機器人的聲音，所以常用於注重傳達內容的軍事用途。

＊4
從體內發聲器發出的聲音傳送到體外時，所通過的體內腔道。

模式化後傳輸的合成語音

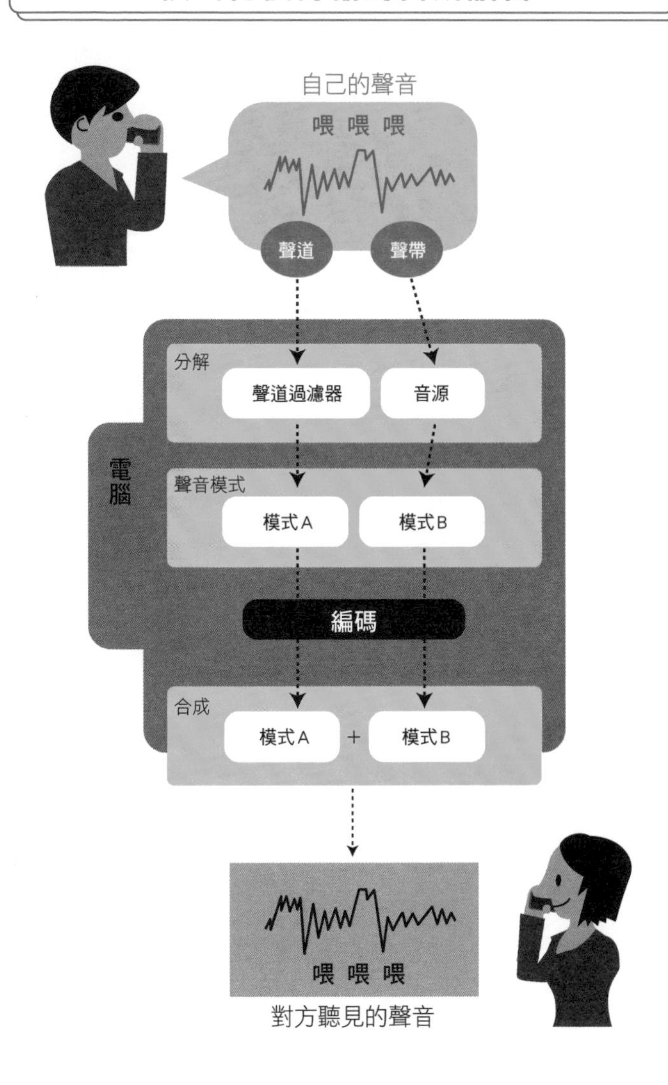

電風扇和循環扇

送風機制大不同！使房間快速涼爽的智慧家電

電風扇和循環扇雖然都是可起風的電器，但它們的功能與吹出的風卻各有不同的特徵。

電風扇基本上是**吹風納涼用的電器**。風扇旋轉時，扇葉[*1]會將空氣推出去形成風，由於扇葉是針對旋轉方向安裝成特殊的角度，所以朝前方推送的風是**向外擴散吹送**。它的特徵是可以擺頭和伸縮高度、調整風的強度、強調靜音程度等等，具備多種舒適納涼的功能。

循環扇則是**持續為室內空氣製造固定流向**的電器。它的目的是讓空

＊1 一般而言，扇葉的數量多一點，比較能製造出自然風。尤其是在低速旋轉的狀態下會形成微風，可以營造出舒適的風速。

電風扇與循環扇的差異

電風扇

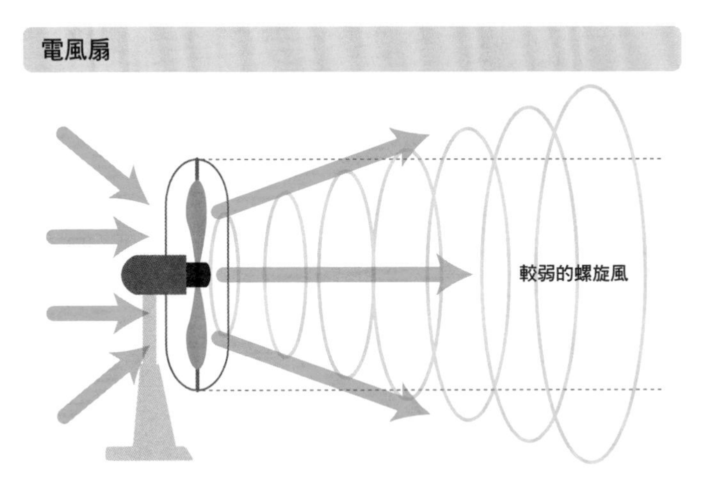

從後方大範圍緩慢吸入空氣，送出大量的風。

循環扇

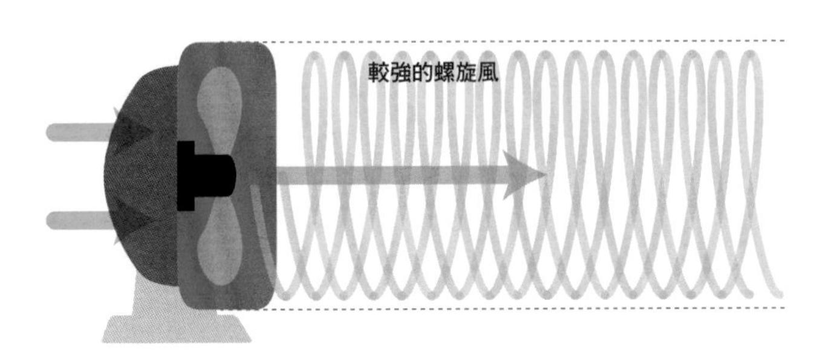

製造出柱狀直線性的風，朝特定方向推送。

調送出的暖氣和冷氣循環擴散至整個室內，使室內溫度達到平均一致，所以注重的是筆直吹送強風的功能。

因此，循環扇是在與電風扇同樣形狀的扇葉前方，加裝漩渦狀的切風板[*2]，阻斷原本向外擴散的風，將風向引導聚集成螺旋式並且**直線性送風**。

順帶一提，驅動電風扇運作的馬達有**AC馬達**與**DC馬達**兩種。AC是「交流電」的意思，電流和電壓值會隨著時間的經過，以波浪形反覆正、負變動；DC是「直流電」的意思，特徵是電流和電壓不會隨著時間變動，始終保持固定。

至於價格方面，DC馬達的電扇價位較高，但優點是震動少、可靜音運轉，耗電量也少，可以有效節省能源[*3]。

＊2 扇葉的旋轉比電風扇更快，在構造上，風會撞上前方的漩渦狀切風板，所以運轉聲往往比電風扇更大。

＊3 另外還有其他的差異，AC馬達只能大致調整功能，但DC馬達卻能做到無階段調節，可調整到任意的位置。

AC馬達與DC馬達的差異

AC馬達風扇　以AC（交流電）馬達旋轉扇葉的電風扇

- 可用強力馬達製造強風。
- 機體價格低廉。
- 旋轉數受到電力的頻率限制，不易調節，風量普遍分為「弱」、「中」、「強」三個階段。

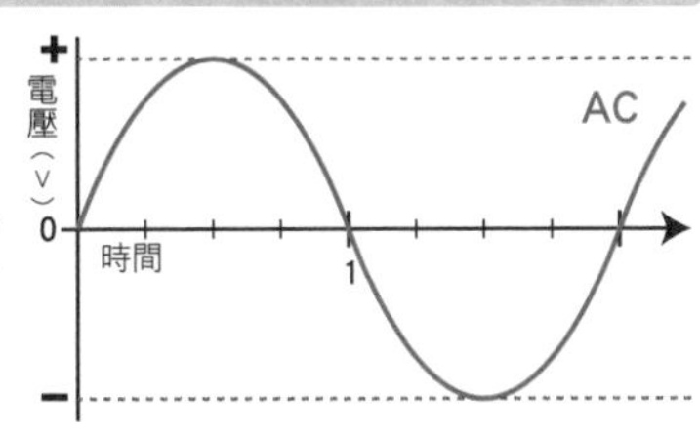

DC馬達風扇　以DC（直流電）馬達旋轉扇葉的電風扇

- 耗電量比AC馬達少。
- 機體價格比AC馬達機型要高。
- 可利用電力調整來控制風量（旋轉數），能調節出細微的風量差異。

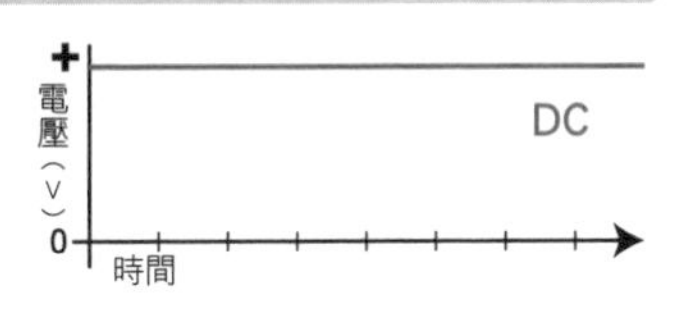

循環扇的高效率使用法

夏（開冷氣時）

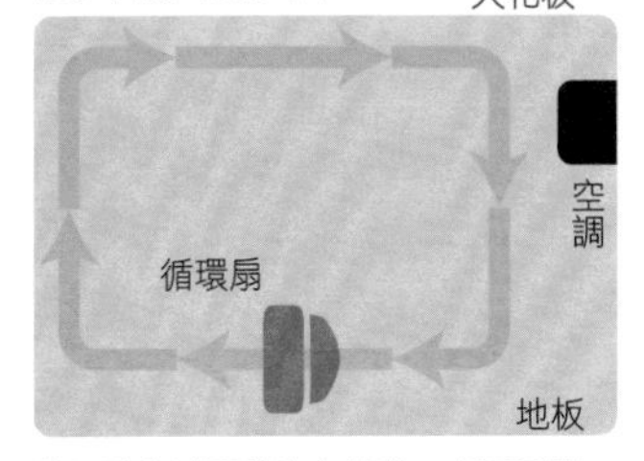

將沉降在地面的冷氣擴散、循環到整個室內。

冬（開暖氣時）

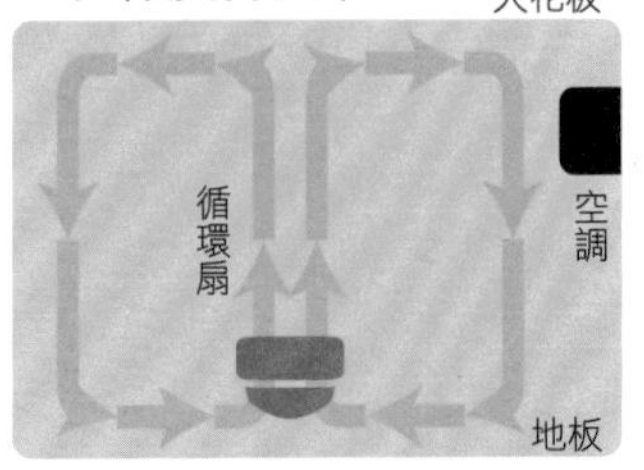

朝天花板送風，讓上方的暖氣循環至整個室內。

LED

由兩種半導體組成，不會發熱的冷光源燈泡

LED（發光二極體）是由正極電子較多的**P型**與負極電子較多的**n型**，這**兩種半導體**[*1]所構成。通電後，正極電子和負極電子就會猛烈撞擊並結合，這時雙方各自具備的能量會轉變成較小的能量，逐漸穩定下來，多餘的能量則是以光的形式釋放。LED產生的熱能比白熾燈[*2]要少，又可以有效率地發光，且消耗電力大約只有螢光燈的一半，從通電到發光並沒有太大的時差，所以經常應用在號誌燈、汽車的煞車燈，另外也可以發揮其小巧輕薄的優點，作為照亮手機或電腦

---

*1 像金屬一樣可通電的物質稱作導體，像玻璃一樣無法通電的物質稱作絕緣體。半導體則具備介於兩者之間的性質，可通電也不可通電。

*2 白熾燈是加熱細小的金屬線來發光，所以消耗的電力中有很大的比例都是逸散的熱能。

LED燈泡的構造

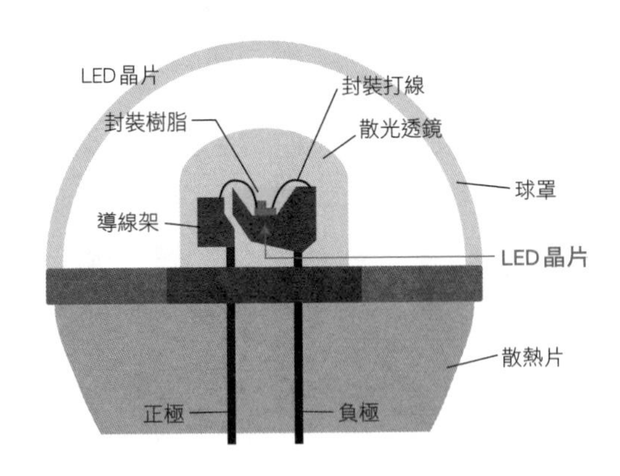

亮度的單位

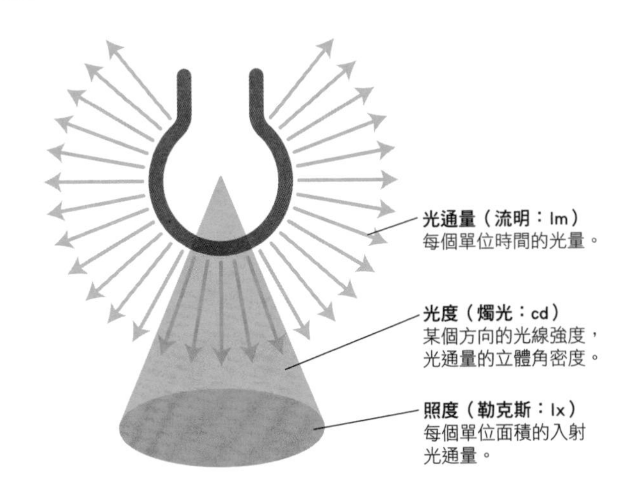

螢幕的燈源。

ＬＥＤ的特徵是只要更換半導體的原料，就能自由散發出紅光、藍光或綠光。產生這些顏色的電子撞擊時釋放的能量狀態不盡相同，其中**開發難度特別高的是藍色**。二〇一四年，三名日本學者[*3]發明了以氮化鎵結晶製造的半導體作為材料的藍色ＬＥＤ，並因此榮獲諾貝爾物理學獎。

近年來，照明光源已廣泛採用**白色ＬＥＤ**，不過白光的製造方式有很多種。過去是採用組合紅色、綠色、藍色ＬＥＤ的方式，或是組合藍色ＬＥＤ和黃色螢光體的方式，但兩種作法都有待加強。

近期開始採取以藍色ＬＥＤ散發紅色螢光體、綠色螢光體的方式[*4]，解決成本和效率雙方面的問題，又能製造出演色性[*5]更高的白色ＬＥＤ光源。

＊3　三人分別是赤崎勇、天野浩、中村修二。

＊4　比起藍色混合補色的黃色，藍、紅、綠三色混合後，由於光線裡增加了紅、綠的成分，更能顯現自然的白色。

＊5　這是指影響色彩效果的光源性質，只要變換照亮的光源，就能讓同一種顏色顯得不一樣。

LED的發光原理

LED晶片的基本構造

1 在p型與n型兩種半導體接合而成的LED晶片上施放電壓。

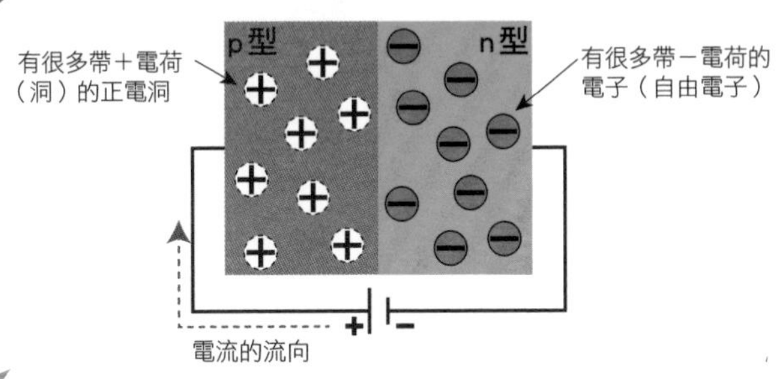

2 正（正電洞）與負（自由電子）開始移動。

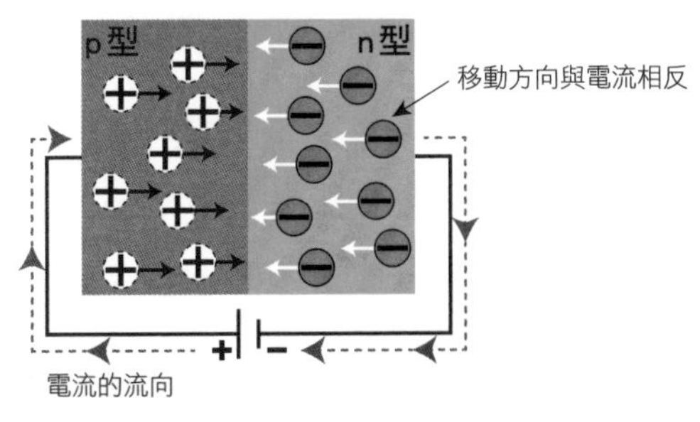

3 在移動中匯合的負極電子，會再度與正電孔結合、生成能量。

4 釋放的多餘能量會以「光」的形式呈現。

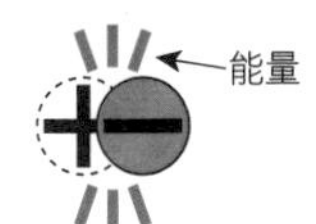

新幹線的煞車

減速的同時也能「發電」？由新幹線引領的電力再生技術

電車是從高架線透過**伸縮集電器**導入電氣，藉此轉動連接車輪的**馬達**。而電氣在這之後會傳到軌道，最後送回變電所[*1]。換句話說，用乾電池轉動小型馬達，和通電驅動電車行駛，兩者的驅動機制其實是**相同的原理**。

馬達可以在通電後產生動力，不過它還有另一項優秀的機制，就是「透過外力轉動旋轉軸即可產生電壓」。此時馬達既是**動力來源**，同時也是**發電機**。

＊1 日本新幹線使用的是在變電所轉換的25000伏特交流電。舊時的在來線使用的是1500伏特的直流電，或是2萬伏特的交流電。

電車行駛的機制

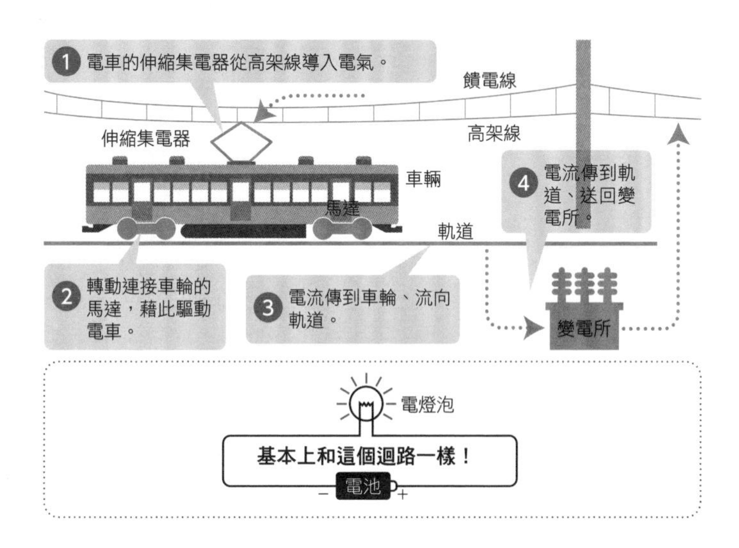

1 電車的伸縮集電器從高架線導入電氣。
饋電線
高架線
伸縮集電器
車輛
馬達
軌道
4 電流傳到軌道、送回變電所。
2 轉動連接車輪的馬達，藉此驅動電車。
3 電流傳到車輪、流向軌道。
變電所
電燈泡
基本上和這個迴路一樣！
電池
－
＋

再生制軔的原理

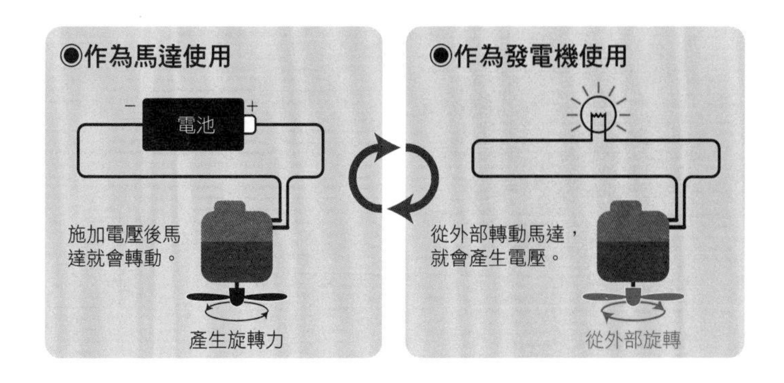

「**再生制軔**」正是活用馬達作為發電機功能的技術。以超過兩百八十公里的最高時速行駛、日本享譽全球的高速鐵路「**新幹線**」，即集結了各種可降低耗電量的技術，而再生制軔正是其中之一。

新幹線在一般行駛時是用馬達加速，但減速時會將馬達**切換成發電機，達到減速**[*2]。這時車輛會將生成的電氣送回高架線，提供其他電車加速時使用，因此可以有效活用電力。

再生制軔是長久以來就普遍運用在電車上的節能技術，可是卻難以應用在時速超過兩百公里的高速鐵路上。後來日本結合了馬達、變壓器、逆變器、功率半導體等最新技術，於一九九二年首度運用於三〇〇系新幹線，現今幾乎所有的新幹線都已經採用這項技術。

再生制軔可說是現代社會不可或缺的技術，目前已積極應用於電動汽車、混合動力車[*3]與電梯等。

---

*2
電車也會運用「電阻制軔」技術，將車輪旋轉所產生的馬達內部電氣當作熱能消耗以控制馬達轉動。

*3
混合動力車在煞車時，會利用車輛的動能轉動馬達、將生成的能量當作電氣回收。但是，光靠再生制軔技術無法得到足夠的制動力，所以通常會與液壓煞車一起協調來生產電氣。

新幹線的再生制軔技術原理

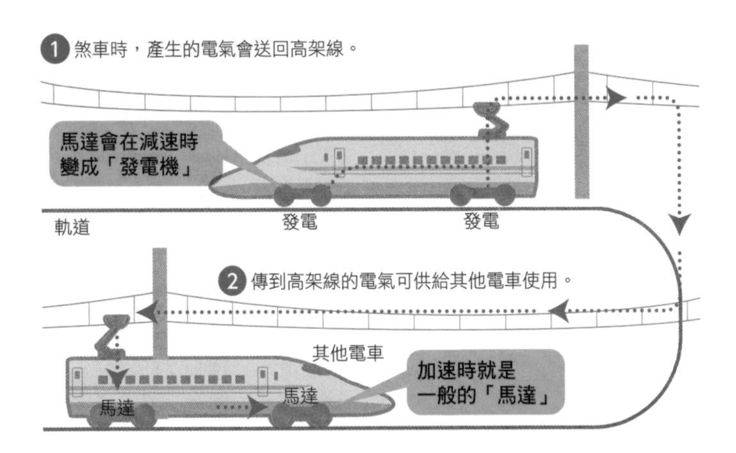

再生制軔的活用範例

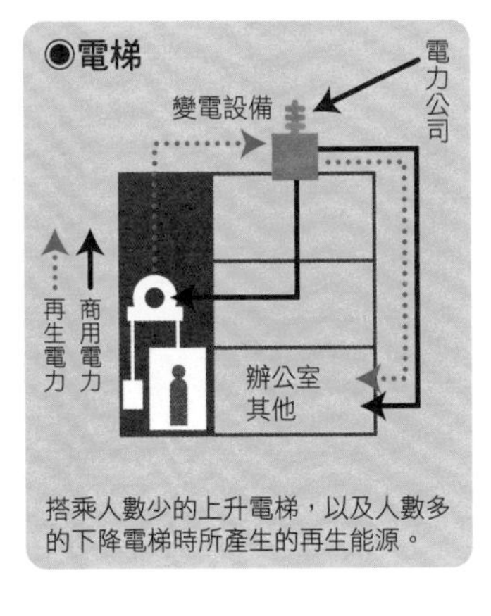

搭乘人數少的上升電梯，以及人數多的下降電梯時所產生的再生能源。

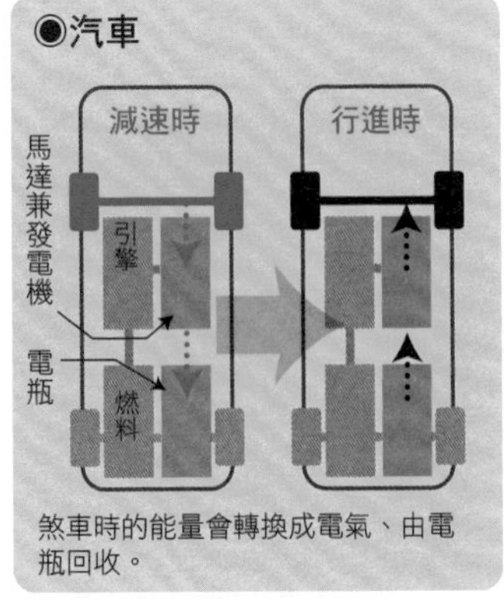

煞車時的能量會轉換成電氣、由電瓶回收。

加熱菸

不必使用打火機，充電就能吞雲吐霧的新型香菸

現在已經可以在日本街頭看見的「**加熱菸**[*1]」，又稱作新型香菸，但加熱菸的原理和傳統的香菸究竟有哪裡不一樣？從外觀來看，加熱菸感覺也很像「**電子菸**」，兩者又有什麼差別？

紙菸[*2]（Filter cigarette）顧名思義，就是用紙捲菸草做成的商品，是在菸草上**直接點火燃燒**，透過濾嘴同時吸入煙和尼古丁。點燃時，前端溫度約為攝氏九百度，產生的煙霧包含前端燃燒散發的二手煙，以及吸菸者吐出的呼出煙。

＊1　知名產品有菲利普莫里斯國際的「I-QOS」、英美菸草的「glO」、日本菸草產業的「Ploomtech」。

＊2　紙菸起源於南美洲原住民用玉米葉捲起菸草抽的煙，後來在歐洲殖民者之間流行起用紙捲菸草的抽法，最後才普及至全世界。

紙菸的構造

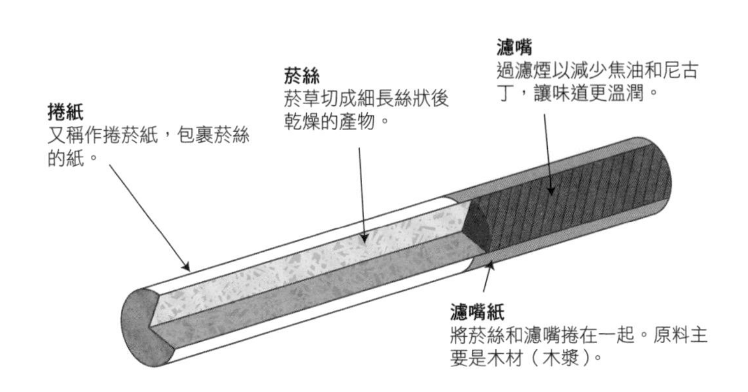

濾嘴
過濾煙以減少焦油和尼古丁，讓味道更溫潤。
菸絲
菸草切成細長絲狀後乾燥的產物。
捲紙
又稱作捲菸紙，包裹菸絲的紙。
濾嘴紙
將菸絲和濾嘴捲在一起。原料主要是木材（木漿）。

紙菸和電子菸的差異

◉紙菸

◉電子菸

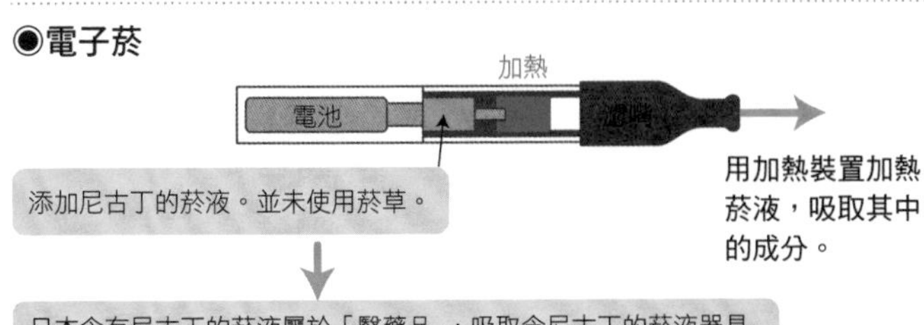

日本含有尼古丁的菸液屬於「醫藥品」，吸取含尼古丁的菸液器具算是「醫療器材」，所以日本一般流通的是不含尼古丁的電子菸。

加熱菸最大的特徵是不需要燃燒菸草，只需要「**加熱**」即可。加熱菸不會出現燃燒產生的煙，不會像紙菸一樣散發氣味，也沒有菸灰。

加熱溫度會因產品而異，代表的例子有**低溫加熱**型，不需要直接加熱菸草，而是加熱液體、使其霧化後通過菸草；**高溫加熱**型則是利用加熱裝置，直接加熱菸草。

電子菸則是不使用菸草，只加熱裝置內或專用菸彈內的菸液，享受它散發出的蒸氣煙（vape）。菸液裡添加了水果或甜點口味的香料，而在日本**最普遍的是不含尼古丁的產品**[*3]。

雖然市面往往宣傳「加熱菸的有害成分比紙菸更少」，但它危害健康的風險並沒有降低；儘管二手煙較少、可以減少被動吸菸，但仍然會產生呼出煙，所以對周圍的影響並不等於零。而電子菸對人體的影響，也依然**存在許多尚未釐清**的部分[*4]。

---

*3 電子菸並沒有使用菸草，所以在日本不得以「菸品」為名目販售。

*4 加熱菸在全世界的年輕族群中大受歡迎，也因此加快各國對其銷售限制的擬定。

加熱菸的基本構造

◉加熱裝置加熱型

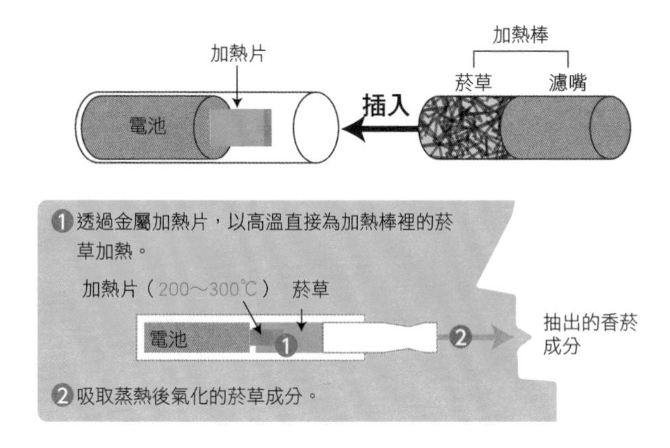

◉液態加熱型

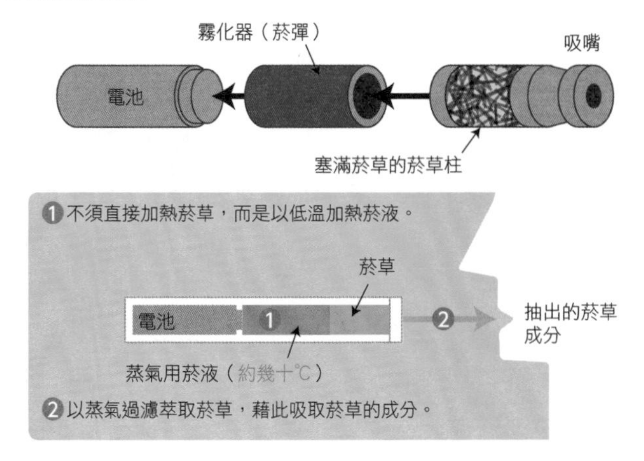

無線電波

手機通話不間斷，時時刻刻串聯你我的「切換」機制

手機並不是像無線電對講機一樣，直接和對方通訊。如果要製造一支可以直接將無線電波從北海道傳輸到沖繩的手機*1，大概需要一台可以輸出龐大電波的巨大裝置，那就會變成「不能拿在手上」的巨型手機了。

既然如此，手機實際上又是怎麼通訊的呢？

當我們用手機通訊時，透過電波發出的聲音、文字和圖片，都會傳送到距離最近的**無線基地台**，也就是附大型天線的無線通訊裝置。通

*1 日本的行動電話最早起始於1985年NTT提供的手提電話「shoulder phone」服務。雖說是手提電話，體積卻大到無法與現在的手機相比，重量也多達3公斤。

手機通訊的原理

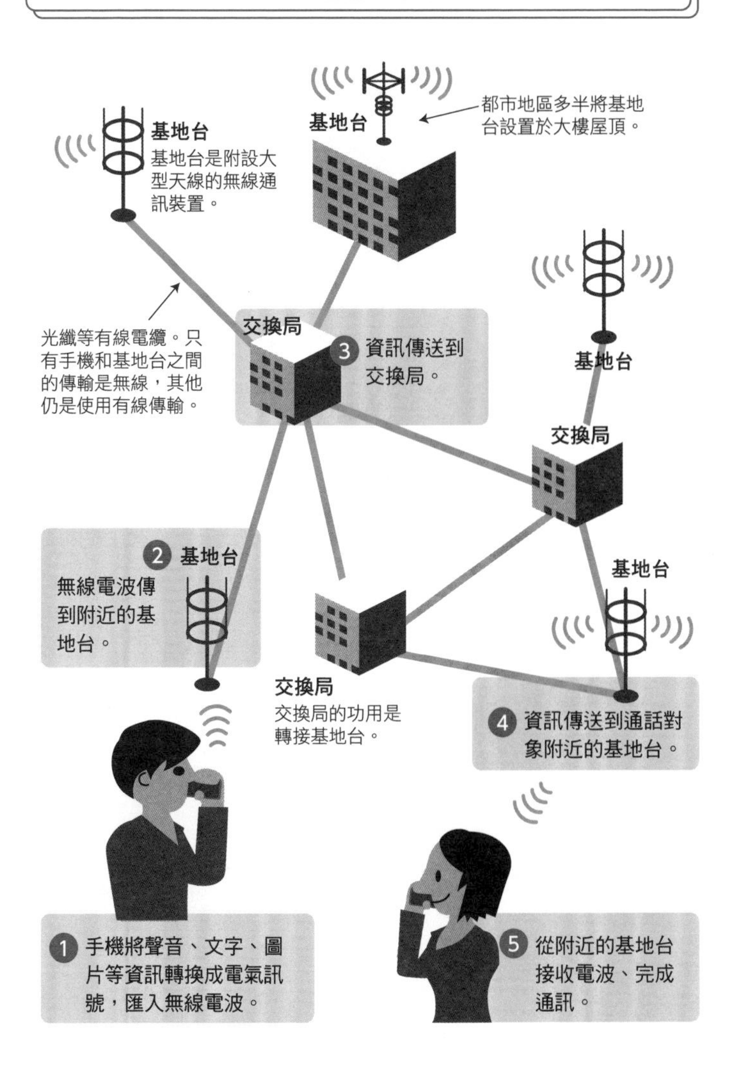

基地台
都市地區多半將基地台設置於大樓屋頂。
基地台
基地台是附設大型天線的無線通訊裝置。
光纖等有線電纜。只有手機和基地台之間的傳輸是無線，其他仍是使用有線傳輸。
交換局
3 資訊傳送到交換局。
基地台
交換局
2 基地台
無線電波傳到附近的基地台。
基地台
交換局
交換局的功用是轉接基地台。
4 資訊傳送到通話對象附近的基地台。
1 手機將聲音、文字、圖片等資訊轉換成電氣訊號，匯入無線電波。
5 從附近的基地台接收電波、完成通訊。

訊內容會從這裡沿著光纖等**有線電纜**，經過各種電信設備[*2]，抵達通訊對象附近的無線基地台，再從那裡發射無線電波，最終傳送到對方的手機，於是通話才能成立。

上述的機制，就算是在通訊雙方的距離非常近的狀況下，通話也一樣要經過最近的無線基地台。因此，如果因天災等意外導致有線線路故障時，通話就會隨之發生障礙。

一個無線基地台[*3]涵蓋的可通訊範圍稱作單元（cell），最大可至**半徑數十公里**，最小僅有半徑數公尺。不過，通訊之所以在移動過程間不會中斷，是因為手機會不斷**持續測量附近無線基地台的電波強度**。當測量發現無線電波減弱至一定的強度以下，手機就會切斷原有的訊號、換成強度更高的另一個訊號。這個機制就稱作**切換**。

＊2　基地台會將接收到的無線電波轉換成光和電氣訊號，透過電纜送到交換局。交換局選出需要傳送的對象基地台將訊號送出。對象基地台再度將訊號轉換成無線電波，送到對方的手機。

＊3　日本國內設置的無線基地台有120萬座以上。基地台和交換局是由各家電信公司各自整頓，不過各公司的交換局都會有部分電纜互相連接，所以與不同電信公司簽約的用戶也可以互相通話。

基地台天線的電波強度範例

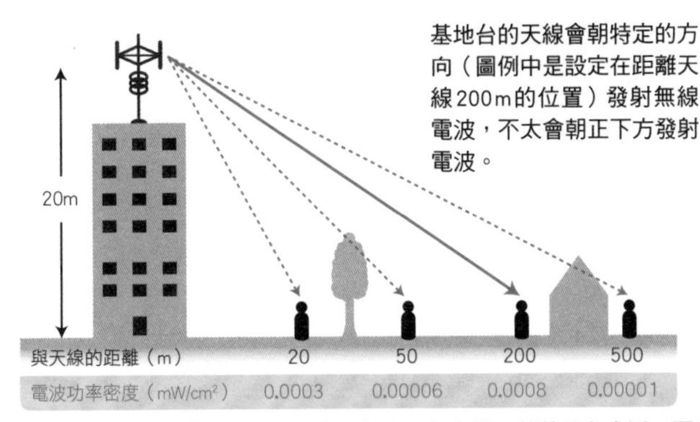

無線電波的強度是以「電波功率密度」標示。如上圖，離基地台愈近，不代表無線電波愈強。

移動卻不會斷訊的機制

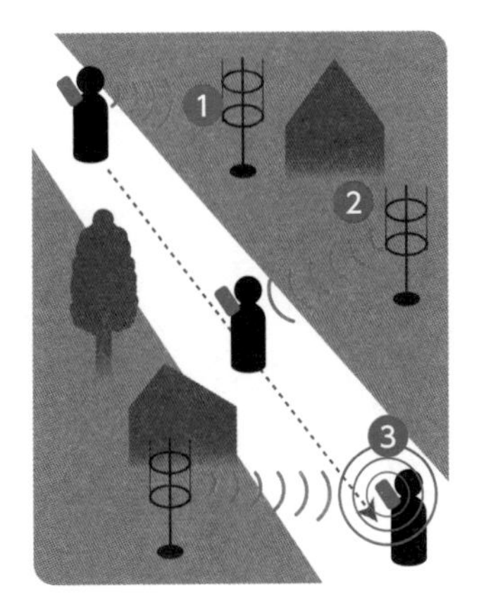

❶ 手機會隨時測量附近的無線基地台的電波強度。

❷ 當電波衰弱到一定強度以下時，手機就會切斷原本的訊號、換成強度更高的另一個訊號。

❸ 手機隨時隨地都在準備接收下一個訊號，所以能夠在使用者未察覺的狀態下順利更換訊號。這個機制就稱作「切換」。

本書參考了以下文獻與企業官方網站等資料。

●主要參考文獻

『天気と気象』岩槻秀明（笠倉出版社）／『空の図鑑 雲と空の光の観察ガイド』村井昭夫（学研教育出版）／『地震と火山』鎌田浩毅監修（学研パブリッシング）／『ポケット図解 身のまわりで学ぶ生物のしくみ』青野裕幸・桑嶋幹著 Wisdom96監修、『スマホ決済の選び方と導入がズバリわかる本』小宮紳一、『図解入門よくわかる高校生物の基本と仕組み』鈴木恵子、『図解入門よくわかる最新ヒトの遺伝の基本と仕組み』賀藤一示・鈴木恵子・福田公子・村井美代、『これだけ！組み込みシステム』藤広哲也、『ポケット図解 鳥の雑学がよ～くわかる本』柴田佳秀、『図解入門 よくわかる最新太陽光発電の基本と仕組み』東京理科大学総合研究機構太陽光発電研究部門（秀和システム）／『怖くて眠れなくなる植物学』『面白くて眠れなくなる植物学』稲垣栄洋（PHP研究所）／『入門 実践する統計学』藪友良（東洋経済新報社）／『眠れなくなるほど面白い 図解 科学の大理論』大宮信光（日本文芸社）／『からだと病気のしくみ図鑑』川上正舒・野田泰子・矢田俊彦監修（法研）／『なぜなぜ？ かいけつルーぺくん おうちのふしぎをさがせ!』うえたに夫婦著、左巻健男監修（パイ インターナショナル）／『ニュートン式 超図解 最強に面白い!! 統計』今野紀雄監修（ニュートンプレス）／『身近なアレを数学で説明してみる』佐々木淳（SBクリエイティブ）／『おもしろくてためになる 魚の雑学事典』富田京一・荒俣幸男・さとう俊（日本実業出版社）／『とんでもなくおもしろい宇宙』柴田一成（KADOKAWA）／『運動・からだ図解 栄養学の基本』渡邊昌（マイナビ出版）／『激わかる！実例つき ビジネス統計学』石井俊全（実業之日本社）／『図解 ビジネスモデル大全』（洋泉社） 等書

（以上書目未排序）

●主要參考網站

旭化成建材／アサヒビール／宇宙航空研究開発機構（JAXA）／エステー／塩化ビニリデン衛生協議会／海洋研究開発機構（JAMSTEC）／カゴメ／関西電力／気象庁／キヤノン／キヤノンメディカルシステムズ／厚生労働省／国立科学博物館／サーモス／サッポロホールディングス／サントリー／シチズン電子／首都高速道路／石油連盟／千寿製薬／象印マホービン／総務省／総務省統計局／ソフトバンク／第一三共ヘルスケア／タイガー魔法瓶／大日本住友製薬／武田コンシューマーヘルスケア／中外製薬／中国電力／中部電力／テレビ松本／電気事業連合会／デンソーウェーブ／電波産業会 電磁環境委員会／ドール／東京薬科大学 生命科学部／鳥取県警察／土木学会／トレンドマイクロ／内閣府／日産自動車／ニッセイ基礎研究所／ニデック／日本医療機器産業連合会／日本海事広報協会／日本化学会 化学だいすきクラブ／日本化学工業協会／日本眼科学会／日本気象協会／日本交通管理技術協会／日本製薬工業協会／日本たばこ協会／日本地下鉄協会／日本テレビ／ニュースイッチ（日刊工業新聞社）／ネピア／農林水産省／パナソニック／パワーアカデミー／日立／ビデオリサーチ／富士通研究所／富士メガネ／北海道大学／宮崎大学農学部／明治／明電舎／楽天モバイル／立体駐車場工業会／JAグループ福岡／JR東日本／JT／KDDI／LIFULL HOME'S／NHK／NIKKEI STYLE／Nobel Foundation／NTTドコモ／NTT西日本／NTT東日本／P&G／QT mobile／SUUMO／TDK／WAOサイエンスパーク／WWFジャパン　等

（依五十音排序）

涌井良幸 Wakui Yoshiyuki

1950年於東京出生，為貞美的哥哥。東京教育大學（現筑波大學）數學系畢業後，任教於千葉縣立高級中學。辭去教職後，現在專注於寫作活動。

涌井貞美 Wakui Sadami

1952年於東京出生，為良幸的弟弟。東京大學理學系研究科碩士課程修畢後，進入富士通公司任職，之後擔任神奈川縣立高級中學教師，接著獨立成為科學作家，現在的活動重心是為書籍和雜誌撰稿。

合著書籍包含《誰都看得懂的統計學超圖解》（楓葉社文化）、《深度學習的數學：用數學開啟深度學習的大門》（博碩）、《圖解小文具大科學：辦公室的高科技》（十力文化）、《情報致富的EXCEL統計學：上班有錢途，下班賺更多，大數據時代早一步財富自由的商業武器》（方言文化）等多本著作。

ZATSUGAKU KAGAKU DOKUHON
MI NO MAWARI NO SUGOI「SHIKUMI」DAIHYAKKA
© Yoshiyuki Wakui, Sadami Wakui 2020
First published in Japan in 2020 by KADOKAWA CORPORATION, Tokyo.
Complex Chinese translation rights arranged with KADOKAWA CORPORATION, Tokyo through CREEK & RIVER Co., Ltd.

生活科學大百科

出　　版／楓葉社文化事業有限公司
地　　址／新北市板橋區信義路163巷3號10樓
郵政劃撥／19907596 楓書坊文化出版社
網　　址／www.maplebook.com.tw
電　　話／02-2957-6096
傳　　真／02-2957-6435
作　　者／涌井良幸
　　　　　涌井貞美
翻　　譯／陳聖怡
責任編輯／江婉瑄
內文排版／洪浩剛
港澳經銷／泛華發行代理有限公司
定　　價／420元
初版日期／2021年10月

國家圖書館出版品預行編目資料

生活科學大百科 / 涌井良幸, 涌井貞美作 ; 陳聖怡翻譯. -- 初版. -- 新北市 : 楓葉社文化事業有限公司, 2021.10　面 ;　公分

ISBN 978-986-370-318-1（平裝）

1. 科學 2. 通俗作品

307.9　　110010756